高等教育“十三五”规划教材

生 态 学

主　编　王现丽　毛艳丽

副主编　曹文平　吴俊峰　薛　杨

中国矿业大学出版社

内容简介

本书内容分为三篇:第一篇基础(理论)生态学包括个体生态学、种群生态学、群落生态学和生态系统;第二篇城市生态学包括城市生态学的发展及基本原理,城市生态系统的结构组成、特征及其调控,城市景观,城市生态规划,城市生态建设,城市生态评价,城市生态管理;第三篇环境(应用)生态学包括环境污染生态效应,环境污染防治的生态对策和恢复生态学。

本书适合作为环境、城市规划、城市建设、城市管理等专业的教学用书,也可供从事环境生态、城市规划、城市建设、城市管理及相近专业的人员参考。

图书在版编目(CIP)数据

生态学/王现丽,毛艳丽主编.—徐州:中国矿业大学出版社,2017.6

ISBN 978-7-5646-3529-9

Ⅰ.①环… Ⅱ.①王… ②毛… Ⅲ.①环境生态学—高等学校—教材 Ⅳ.①X171

中国版本图书馆CIP数据核字(2017)第103826号

书　　名 生态学
主　　编 王现丽　毛艳丽
责任编辑 周　红
出版发行 中国矿业大学出版社有限责任公司
(江苏省徐州市解放南路　邮编221008)
营销热线 (0516)83885307　83884995
出版服务 (0516)83885767　83884920
网　　址 http://www.cumtp.com　**E-mail**:cumtpvip@cumtp.com
印　　刷 徐州中矿大印发科技有限公司
开　　本 787×1092　1/16　**印张** 17　**字数** 424千字
版次印次 2017年6月第1版　2017年6月第1次印刷
定　　价 33.00元

前　言

生态学是研究生物和人与环境之间的相互关系、自然生态系统和人类生态系统的结构和功能的一门科学。当代人口猛增所引起的环境问题和资源问题，使生态学的研究日益从以生物为主体发展到以人类为主体，从自然生态系统的研究发展到人类生态系统的研究。

城市是人类的主要集聚地之一，城市生态系统与城市环境是人类生态系统及人居环境的重要组成部分。随着人类社会的发展，城市在人类进步中所起的作用日益重要，城市生态与环境问题也日益被人们所重视。本书试图运用生态学的原理、知识，认识、分析城市生态系统及环境各方面的问题。

本书由王现丽、毛艳丽担任主编，由曹文平、吴俊峰、薛杨担任副主编。具体编写分工如下：河南城建学院市政与环境工程学院王现丽（第六、七章），毛艳丽（第八、九、十一章），吴俊峰（第十章）；徐州工程学院环境工程学院曹文平（第十三、十四、十五章，实验一、二、三、四、五）；辽宁工程技术大学环境科学与工程学院薛杨（第一、二、三、四、五章）；平顶山市建设工程质量监督站罗世田（第十二章）。王现丽对本书的统稿作了大量工作，袁英贤教授作了最后的审阅工作。

由于编者水平所限，错误在所难免，希望使用本书的教师和学生提出宝贵意见。本书在编写过程中得到了不少人士的关心和支持，扶咏梅、刘盼、王宇、姜紫薇同学协助绘制了部分插图和文本编辑；本书参考和引用了有关文献资料，在此一并致以衷心的感谢！

编　者
2017 年 3 月

目 录

第一篇 基础(理论)生态学

第一章 绪论 …… 3
第一节 生态学的研究对象 …… 3
第二节 生态学的分支学科及与其他学科的关系 …… 4
第三节 生态学的发展史 …… 5

第二章 个体生态学 …… 7
第一节 环境与生态因子 …… 7
第二节 生态因子对环境的影响 …… 8

第三章 种群生态学 …… 15
第一节 种群及其基本特征 …… 15
第二节 环境承载力和种群增长方程 …… 22
第三节 种群的生存策略 …… 24
第四节 种群间的相互关系 …… 25
第五节 种群关系的调节 …… 32

第四章 群落生态学 …… 37
第一节 群落的含义及性质 …… 37
第二节 群落的种类组成 …… 39
第三节 群落的结构 …… 43
第四节 群落演替 …… 48
第五节 生物在群落中的生态位 …… 53

第五章 生态系统生态学 …… 58
第一节 生态系统的概念和组成成分 …… 58
第二节 生态系统的营养结构 …… 60
第三节 营养级和生态金字塔 …… 62
第四节 生态系统的反馈调节和生态平衡 …… 64

第五节　生态系统中的能量流动 …… 65
第六节　生态系统中的物质循环 …… 74

第二篇　城市生态学

第六章　城市生态学 …… 89
第一节　城市生态学产生背景 …… 89
第二节　城市生态学的概念 …… 93
第三节　城市生态学的发展简史 …… 95
第四节　城市生态学基本原理 …… 98

第七章　城市生态系统 …… 103
第一节　城市生态系统的概念 …… 103
第二节　城市生态系统的组成和结构 …… 103
第三节　城市生态系统的功能 …… 108
第四节　城市生态系统的特征 …… 111
第五节　城市生态系统的生态平衡与调节 …… 112
第六节　城市生态系统的调控 …… 114

第八章　城市景观 …… 135
第一节　城市景观的概念 …… 135
第二节　城市景观结构 …… 138
第三节　城市景观功能 …… 142
第四节　城市景观动态 …… 144

第九章　城市生态规划 …… 149
第一节　城市生态规划的概念 …… 150
第二节　城市生态规划的原则 …… 150
第三节　城市生态规划的内容与程序 …… 152

第十章　城市生态建设 …… 158
第一节　城市生态建设的概述 …… 158
第二节　生态县、生态市和生态省建设指标 …… 159
第三节　国内外生态城市建设 …… 170
第四节　国内外生态海绵城市建设案例 …… 175

第十一章　城市生态评价 …… 191
第一节　城市生态评价的概念和意义 …… 191

第二节 城市生态评价的内容…………192
第三节 城市生态评价的程序及方法…………194

第十二章 城市生态管理…………203
第一节 城市生态管理的概述…………203
第二节 城市生态管理的原则…………204
第三节 城市生态管理的内容…………205
第四节 城市生态管理的方法…………209

第三篇 环境(应用)生态学

第十三章 环境污染生态效应…………215
第一节 环境污染…………215
第二节 污染物在环境中的迁移…………217
第三节 生物在污染生态过程中的作用…………221
第四节 污染生态效应…………222
第五节 污染生态效应评价的基本方法…………226

第十四章 环境污染防治的生态对策…………229
第一节 生物治理技术…………229
第二节 环境生态工程…………234
第三节 污染环境防治和修复工程措施…………244

第十五章 恢复生态学…………247
第一节 退化生态系统的定义及其形成原因…………247
第二节 受损生态系统的恢复与重建…………248
第三节 退化生态系统恢复原理和技术理论…………249
第四节 受损生态系统恢复和重建的程序及方法…………251

实验一 种间关系分析、群落演替分析和重金属在水生食物链中的积累和分布…………253
实验二 不同污染水体中植物叶绿素含量与水质关系的研究…………254
实验三 种群空间分布格局的调查(湿地调研)…………256
实验四 植物群落中种的多样性测定…………258
实验五 水质净化过程中常见生物种类及其作用…………260

参考文献…………262

第一篇　基础(理论)生态学

第一章　绪　　论

生态学“ecology”一词源于希腊文“oikos”(原意为房子、住处或家务)和“logos”(原意为学科或讨论),原意是研究生物住处的科学。1866年,德国动物学家黑克尔(Haeckel)首次为生态学下的定义是:生态学是研究生物与其环境相互关系的科学。他所指的环境包括非生物环境和生物环境两类。著名生态学家奥德姆(Odum)在《生态学基础》一书中,认为生态学是研究生态系统的结构和功能的科学,具体内容应包括:① 一定地区内生物的种类、数量、生物量、生活史及空间分布;② 该地区营养物质和水等非生命物质的质量和分布;③ 各种环境因素(如湿度、温度、光、土壤等)对生物的影响;④ 生态系统中的能量流动和物质循环;⑤ 环境对生物的调节(如光周期现象(photoperiodism))和生物对环境的调节(如微生物的固氮作用)。现代生态学的发展已越来越把人放在了中心的位置。当代人口猛增所引起的环境问题和资源问题,使生态学的研究日益从以生物为主体发展到以人类为主体,从自然生态系统的研究发展到人类生态系统的研究。因此,在生态学的定义中,应当反映这种变化,把研究人与环境的相互关系包括在定义之内。总之,我们可以这样说:生态学是研究生物和人与环境之间的相互关系,研究自然生态系统和人类生态系统的结构和功能的一门科学。

第一节　生态学的研究对象

生态学的研究对象很广,从个体的分子直到生物圈。但是,生态学研究者对于其中4个组织层次(level of organization)特别感兴趣,即个体(individual)、种群(population)、群落(community)和生态系统(ecosystem)。

在个体层次上,生态学家最感兴趣的问题是有机体对于环境的适应。经典生态学的最低研究层次是有机体(个体)。个体生态学(autecology)研究有机体个体与环境的相互关系。物理环境如温度、湿度、光等通过影响有机体的基础生理过程而影响其生存、生长、繁殖和分布。

种群是栖息在同一地域中同种个体组成的集合。种群是由个体组成的群体,并在群体水平上出现了一系列群体的特征,这是个体层次上所没有的。例如种群有出生率、死亡率、增长率,有年龄结构和性别比,有种内关系和空间分布格局等。在种群层次上,多度及其波动的决定因素是生态学家感兴趣的问题。

群落是栖息在同一地域中的动物、植物和微生物组成的集合。同样,当群落由种群组成为新的层次结构时,群落产生了一系列新的群体特征,例如群落的结构、演替、多样性、稳定性等。

生态系统是一定空间中生物群落和非生物环境的集合，生态学家感兴趣的是能量流动和物质循环过程。

现代生态学的研究对象进一步向微观与宏观两个方面发展，例如分子生态学、景观生态学和全球生态学（即生物圈的生态学）。生物圈（biosphere）是指地球上的全部生物和一切适合于生物栖息的场所，它包括岩石圈的上层、全部水圈和大气圈的下层。岩石圈是所有陆生生物的立足点，土壤中还有植物的地下部分、细菌、真菌、大量的无脊椎动物和掘土的脊椎动物。在大气圈中，生命主要集中于最下层，也就是与岩石圈的交界处。水圈中几乎到处都有生命，但主要集中在表层和底层。随着全球性环境问题日益受到重视，如全球变暖、臭氧层破坏、酸雨，全球生态学已经应运而生。分子生态学是应用分子生物学方法研究生态学问题所产生的新的分支学科。现代生态学十分重视生态学研究的尺度（scale）。广义地说，尺度是指某一现象或过程在空间和时间上所涉及的范围和发生的频率。以空间尺度为例，像大气中二氧化碳含量的上升对气候变化的影响研究，就需要在全球尺度上进行。当然这并不否认各个地区范围的较小尺度的类似研究，因为其结果也有助于解释全球的气候变化；甚至于在温室中进行实验，例如人工控制温室的气体以模拟二氧化碳浓度增加，并研究其对于植物光合作用强度的影响，也是有用的。小尺度研究的例子如两种细菌在单个生物细胞中的资源竞争；再大一些的尺度研究如白蚁肠道中细菌与原虫的竞争。就时间尺度而言，植物群落的生态演替，有的以百年计，有的以十年计，而原生动物演替在人工培养皿中要以天数计。生态学中一般认为有三类尺度，即除了空间和时间尺度外，还有组织尺度，上面介绍的个体-种群-群落-生态系统等的组织层次就是其例。近几十年来，生态学迅速发展的另一个非常重要的特征是应用生态学的发展，例如生态系统服务价值评估、生态系统管理等。应用生态学研究方向之多，涉及领域和部门之广，与其他自然科学和社会科学结合交叉点之多，难以给其划定范围和界限。

第二节　生态学的分支学科及与其他学科的关系

生态学是一门综合性很强的学科，一般可分为理论生态学和应用生态学两大类。理论生态学依据生物类别可区分为：动物生态学（animal ecology）、植物生态学（plant ecology）、微生物生态学（microbial ecology）、哺乳动物生态学（mammalian ecology）、鸟类生态学（avian ecology）、鱼类生态学（ecology of fishes）、昆虫生态学（ecology of insects）等。理论生态学依据生物栖息地可区分为：陆地生态学（terrestrial ecology）、海洋生态学（marine ecology）、河口生态学（estuaries ecology）、森林生态学（forest ecology）、淡水生态学（freshwater ecology）、草原生态学（grassland ecology）、沙漠生态学（desert ecology）、太空生态学（space ecology）等。

应用生态学包括：环境生态学（environmental ecology）、农业生态学（agricultural ecology）、野生动物管理学（wildlife management）、自然资源生态学（ecology of natural resources）、人类生态学（human ecology）、经济生态学（economic ecology）、城市生态学（city ecology）等。

现代生态学还促使了一些新的分支学科诞生，包括：行为生态学（behavioural ecology）、化学生态学(chemical ecology)、数学生态学(mathematical ecology)、物理生态学(physical ecology)、进化生态学(evolutional ecology)等。生态学是生物学的一个重要组成部分,它与其他生物科学如形态学、生理学、遗传学、分类学及生物地理学有着非常密切的关系。此外,生物的生活环境是很复杂的,上至天文,下至地理,地球内外的一切自然现象都可能成为生物生存的环境因子,因此,深入地研究生态学必然会涉及数学、化学、自然地理学、气象学、地质学、古生物学、海洋学和湖泊学等自然科学以及经济学、社会学等人文科学。

第三节 生态学的发展史

古希腊最早的医药学家希波克拉底(Hipporates)曾写过一本书《空气、水和草地》,指出必须研究植物与季节变化之间的关系。亚里士多德(Aristotle)在《自然史》一书中,曾描述了生物与环境之间的相互关系以及生物之间的竞争。他的学生特奥夫拉斯图斯(Theophrastus)在《植物的群落》一书中,研究了陆地及水域中植物群落及植物类型与环境的关系,被后人认为是最早的一位生态学家。

从16世纪欧洲文艺复兴开始,西方科学文化蓬勃发展,有关生物学家陆续开展了动物、植物、昆虫与环境之间关系的系列研究。1798年,T. Malthus的著作《人口论》发表,对人口与生产资料增长速率之间关系进行了思考。1859年,达尔文的《物种起源》问世,促进了生物与环境关系的研究。1866年,海克尔提出了生态学的定义。1898年,波恩大学教授A. F. W. Schimper出版《以生理为基础的植物地理学》,1909年,丹麦植物学家E. Warming出版了《植物生态学》。这两本书全面总结了19世纪末叶之前生态学的研究成就,被公认为生态学经典著作,标志着生态学作为一门生物学分支学科的成立。此后一直到20世纪50年代,生态学主要集中在种群生态学、群落生态学领域开展研究,生态学基础理论框架得以建立。

20世纪50年代以来,人类的经济和科学技术获得了史无前例的飞速发展,既给人类带来了进步和幸福,也带来了环境、人口、资源和全球变化等关系到人类自身生存的重大问题。而这些问题的控制和解决,都要以生态学原理为基础,因而引起社会上对生态学的兴趣与关心。在解决这些重大社会问题的过程中,生态学与其他学科相互渗透,相互促进,并获得了重大发展。

由于现代生态学所倡导的整体观思想,以及关于生态系统的能量流、物质流、信息流的理论,它在逻辑观念上,就很自然地把人类引回了自然界,作为自然界的一部分而存在,而不是继续错误地自以为凌驾于自然界之上,或挑战性地站在自然界的对立面。

经典的生态学以研究自然现象为主,很少涉及人类社会。现代生态学则超越自然科学界限,与经济学、社会学、城市科学相结合,生态学成了自然科学和社会科学相连接的桥梁之一。随着经济建设的需要和公众生态意识的提高,生态学原理被越来越多地应用到人类的日常生产生活实践当中,应用的焦点集中在保障人类可持续发展方面。

本章小结

本章主要介绍了生态学的基本概念、生态学与人类发展的关系、生态学的分支学科以及生态学的研究对象。

生态学的研究对象很广，从个体的分子直到生物圈。生态学研究者对于其中 4 个组织层次特别感兴趣，即个体、种群、群落和生态系统 。

生态学是一门综合性很强的科学，一般可分为理论生态学和应用生态学两大类。这两大类中仍有许多分支。

第二章　个体生态学

第一节　环境与生态因子

一、生态因子的基本概念

环境(environment)是指某一特定生物体或生物群体以外的空间及直接、间接影响该生物体或生物群体生存的一切事物的总和。环境总是针对某一特定主体或中心而言的，离开了这个主体或中心也就无所谓环境，因此环境只具有相对的意义。在环境科学中，一般以人类为主体，环境是指围绕着人群的空间以及其中可以直接或间接影响人类生活和发展的各种因素的总和。在生物科学中，一般以生物为主体，环境是指围绕着生物体或者群体的一切事物的总和。所指主体的不同或不明确，往往是造成对环境分类及环境因素分类不同的一个重要原因。生态因子(ecological factor)是指环境中对生物的生长、发育、生殖、行为和分布有着直接或间接影响的环境要素，如温度、湿度、食物、氧气、二氧化碳和其他相关生物等。生态因子是生物存在所不可缺少的环境条件，也称生物的生存条件。生态因子也可认为是环境因子中对生物起作用的因子，而环境因子则是指生物体外部的全部环境要素。

二、生态因子的分类

在任何一种生物的生存环境中都存在着很多生态因子，这些生态因子在其性质、特性和强度方面各不相同，它们彼此之间相互制约、相互组合，构成了多种多样的生存环境，为各类极不相同生物的生存进化创造了不计其数的生境类型。生态因子的数量虽然很多，但可依其性质归纳为五类：① 气候因子。如温度、湿度、日光、降水、风、气压和雷电等。② 土壤因子。土壤是岩石风化后在生物参与下所形成的生命与非生命的复合体，土壤因子包括土壤结构、土壤有机和无机成分的理化性质及土壤生物等。③ 地形因子。如地面的起伏，山脉的坡度和阴坡、阳坡等，这些因子对植物的生长和分布有明显影响。④ 生物因子。包括生物之间的各种相互关系，如捕食、寄生、竞争和互惠共生等。⑤ 人为因子。把人为因子从生物因子中分离出来是为了强调人的作用的特殊性和重要性。人类的活动对自然界和其他生物的影响已越来越大和越来越具有全球性，分布在地球各地的生物都直接或间接受到人类活动的巨大影响。

除了上述分类以外，史密斯曾把生态因子分成密度制约因子(density dependent factors)和非密度制约因子(density independent factors)两大类。前者的作用强度随种群密度的变化而变化，因此有调节种群数量，维持种群平衡的作用，如食物、天敌和流行病等各种生物因子；后者的作用强度不随种群密度的变化而变化，因此对种群密度不能起调节作用，如温度、降水和天气变化等非生物因子。但有些科学家(如安德鲁沃斯和比奇)反对把生态因子分为密度制约因子和非密度制约因子。前苏联学者蒙恰茨基则依据生态因子的稳定程度将其分为稳定因子和变动因子两大类。稳定因子是指终年恒定的因子,如地磁、地心引力和太阳辐射常数等,这些稳定生态因子的作用主要是决定生物的分布。变动因子又可分为周期变动因子和非周期变动因子,前者如一年四季变化和潮汐涨落等;后者如刮风、降水、捕食和寄生等,这些生态因子主要影响生物的数量。蒙恰茨基的分类法具有一定的独创性,对了解生态因子作用的性质有很大帮助。

三、生态因子作用的特点

概括起来,生态因子作用有四大特点:① 综合性。每一个生态因子都是在与其他因子的相互影响、相互制约中起作用的,任何一个因子的变化都会在不同程度上引起其他因子的变化。例如光强度的变化必然会引起大气和土壤温度和湿度的改变,这就是生态因子的综合作用。② 非等价性。对生物起作用的诸多因子是非等价的,其中必有1~2个是起主要作用的主导因子。主导因子的改变常会引起许多其他生态因子发生明显变化或生物的生长发育发生明显变化,如光周期现象中的日照长度和植物春化阶段的低温因子就是主导因子。③ 不可替代性和互补性。生态因子虽非等价,但都不可缺少,一个因子的缺失不能由另一个因子来替代。但某一因子的数量不足,有时可以靠另一个因子的加强而得到调剂和补偿。例如:光照减弱所引起的光合作用下降可靠二氧化碳浓度的增加得到补偿;锶大量存在时可减少钙不足对动物造成的有害影响。④ 限定性。生物在生长发育的不同阶段往往需要不同类型或不同强度的生态因子。因此某一生态因子的有益作用常常只限于生物生长发育的某一特定阶段。例如:低温对某些作物的春化阶段是必不可少的,但在其后的生长阶段则是有害的;很多昆虫的幼虫和成虫生活在完全不同的生境中,因此它们对生态因子的要求差异极大。

第二节　生态因子对环境的影响

一、生物与环境

地球上这些生物的生存需要一定的环境条件。鱼儿离不开水,植物离不开土壤和阳光,人类离不开新鲜的空气、洁净的淡水和适宜的食物。脱离了环境的生物是不可想象的。然而,生物和环境是互相影响、互相渗透、互相转化而又不可分割的统一体。如果没有生物,环境也就不复存在了。例如,土壤的概念总是包括生活在土壤里的大量生物。据统计,在一小勺土壤里就含有亿万个细菌;森林腐殖土中所包含的霉菌,如果一个挨一个排列起来,其长度可达11 km。如果排除这些生物的积极活动,土壤也就失去了原来的含义。可以说,土壤的形成从一开始就是和生物的活动密不可分的。

从地球出现生命到现在的近40亿年中,生生灭灭,总共大约有3亿种不同的生物曾经在地球上生存过。这些生物不仅彼此之间互相联系、互相影响,而且也和人类、整个地球的非生物环境密切联系在一起,构成一个统一的有机整体,即生物圈(它是由大气圈、岩石圈和水圈含有生命的部分组成的,见图2-1)。

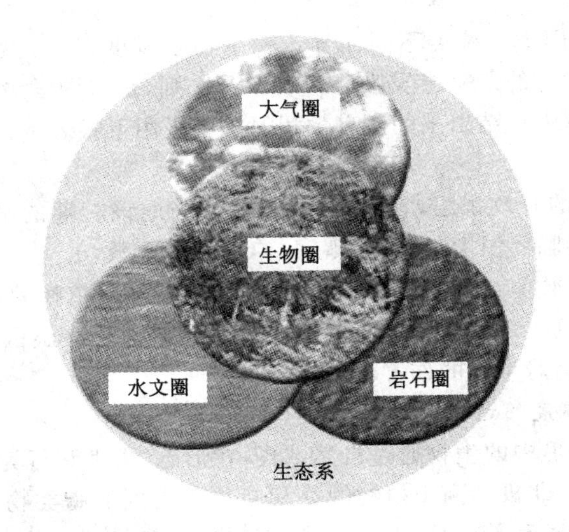

图 2-1　地球表面的大气圈、岩石圈、水圈与生物圈的相互关系

二、生物与水因子

水是任何生物都不可缺少的组成成分，而且生命的一切新陈代谢活动都必须以水为介质。生物体内营养的运输、废物的排除、激素的传递以及生命赖以存在的各种化学反应，都必须在溶液状态下进行，而所有物质也都必须以溶液状态才能进入或离开细胞。所以，水不仅在大气、陆地和海洋之间进行无休止的循环，也在每个生物体和它们的环境之间不断地进行交换。

各种生物之所以能够生存至今，都有赖于水的一种奇异特性，即在 3.98 ℃时密度最大。水的这一特殊性质，使任何地方的水都不会同时全部冻结。当水温降到 3.98 ℃以下的时候，总是暖水在底层，冷水在表层，结冰过程总是从上到下地进行。这就在冰层下为所有水生生物的生存保持了一个适宜的环境条件。这对地球历史上曾经多次出现的冰河时期和现今寒冷地区生物的生存来说是极为重要的。此外，水的热容量很大，既能容纳也能放出大量的热，这个过程是一个缓慢的过程，因此水温不像大气温度那样变化剧烈，也较少受气温波动的影响。这样，水就为生物创造了一个非常稳定的温度环境。

三、生物与温度因子

地表受到太阳辐射，产生气温、水温和土温的变化，因此温度因子存在周期性变化，称节律性变温。节律性变温对生物有影响，极端温度对生物的生长发育也有十分重要的意义。

（一）温度的生态作用

温度是生物生命活动不可缺少的因素，任何生物都生活在具有一定温度的外界环境中并受着温度变化的影响。生物在长期的演化过程中，各自选择了自己最适合的温度，通常分为最低温度、最适温度和最高温度，在生态学上称为温度的“三基点”。在适温范围内，生物生长发育良好，超过这一范围，则生长发育停滞、受限，甚至死亡。不同生物的“三基点”是不一样的。

生物必须在温度达到一定界限以上，才能开始发育和生长，这一界限称为生物学零度

(biological zero)，它们因生物种类不同而异。在生物学零度以上，温度的提高可加速生物的发育。温度与生物发育的最普遍规律是有效积温法则，是法国学者 Reaiimur(1735) 从变温动物的生长发育过程中总结出来的。有效积温法则可用下式表示：

$$K = N(T - T_{0})$$

式中，K 为该生物所需的有效积温，它是个常数；T 为当地该时期的平均温度，℃；T_{0} 为该生物生长活动所需最低临界温度（生物学零度），℃；N 为天数，d。

当温度低于一定的数值，生物便会因低温而受害。低温对植物的伤害主要是冷害（0 ℃以上的低温）和冻害（0 ℃以下的低温）两种。温度超过生物适宜温区的上限后也会对生物产生有害作用，温度越高对生物的伤害作用越大。

（二）生物对极端温度的适应

长期生活在低温环境中的生物通过自然选择，在形态、生理和行为方面表现出很多明显的适应性。在形态方面，北极和高山植物的芽和叶片常受到油脂类物质的保护，芽具鳞片，植物体表面生有蜡粉和密毛，植物矮小并常成匍匐状、垫状或莲座状等，这种形态有利于保持较高的温度，减轻严寒造成的影响。生活在高纬度地区的恒温动物，其身体往往比生活在低纬度地区的同类个体大。因为个体大的动物，其单位体重散热量相对较少，这就是 Bergman 规律(Bergman's law)。另外，恒温动物身体的突出部分如四肢、尾巴和外耳等在低温环境中有变小变短的趋势，这也是减少散热的一种形态适应，这一适应常被称为 Allen 规律(Allen's law)。例如北极狐的外耳明显短于温带的赤狐，赤狐的外耳又明显短于热带的大耳狐。恒温动物的另一形态适应是在寒冷地区和寒冷季节增加毛或羽毛的数量和质量或增加皮下脂肪的厚度。

在生理方面，生活在低温环境中的植物常通过减少细胞中的水分和增加细胞中的糖类、脂肪和色素等物质来降低植物的冰点，增加抗寒能力。动物则靠增加体内产热量来增强御寒能力和保持恒定的体温。

生物对高温环境的适应也表现在形态、生理和行为三个方面。就植物来说，有些植物生有密绒毛和鳞片，能过滤一部分阳光；有些植物体呈白色、银白色，叶片革质发亮，能反射一大部分阳光，使植物体免受热伤害；有些植物叶片垂直排列使叶缘向光或在高温条件下叶片折叠，减少光的吸收面积；还有些植物的树干和根茎生有很厚的木栓层，具有绝热和保护作用。植物对高温的生理适应主要是降低细胞含水量，增加糖或盐的浓度，这有利于减缓代谢速率以抗高温。其次植物靠旺盛的蒸腾作用使植物体避免因过热受害。还有一些植物具有反射红外线的能力，夏季反射的红外线比冬季多，这也是使植物体避免受到高温伤害的一种适应。动物对高温的适应多适当放松恒温性使体温有较大的变幅，或在洞穴中生活，以夏眠、昼伏夜出等方式来抵抗高温，如黄鼠。

四、生物与光因子

（一）光强的生态作用

光照强度是指单位面积上的光通量大小。在一定范围内光合作用的效率与光强成正比，但达到一定强度若继续增加光强，光合作用的效率开始下降，这时的光照强度称为光饱和点(light saturation point)。另外，植物在进行光合作用的同时也会进行呼吸作用。光合积累和呼吸消耗这两个过程之间平衡时的光照强度是光补偿点(light compensation point)。

光照强度对植物形态建成有重要作用，光促进组织和器官的分化，制约着器官的生长发育速度，使植物各器官和组织保持发育上的正常比例。植物叶肉细胞中的叶绿体必须在一定的光强度条件下才能形成与成熟。弱光下植物色素不能形成，细胞纵向伸长，碳水化合物含量低，植株为黄色软弱状，发生黄化现象。

（二）光质的生态作用

自然光是由不同波长的光组合成的，不同波长的光对生物的意义也不相同，0.4～0.7 μm 波长的光对生物是最重要的，因为这不仅是一般动物视觉器官所能感受的光波范围，而且也是绿色植物的光合作用能够吸收的光波范围。波长在 0.4 μm 以上的红外光，一般只具有产生热的意义。而波长在 0.4 μm 以下的紫外光，对生物具有杀伤作用，并可诱发突变和畸形。因为地球有浓密的大气层和臭氧层的保护，所以生物才不致受到紫外光的伤害。

紫外光对动物有害也有益。因为在动物和人的皮肤或毛发里，紫外光是合成维生素 D 的动力。人对紫外光的敏感程度主要体现在皮肤色素所受的影响。生活在有强光照射的热带地区的黑色人种，对紫外光最不敏感，但刚好能产生足够量的维生素 D；而白色人种在这样的条件下，对紫外光要敏感得多。所以，人类的肤色只是在不同地理条件下形成的，和人的智力水平毫无关系。夏天皮肤变黑，也是因为晒黑的皮肤可以大大降低对紫外光的敏感性，从而减少紫外光的有害作用。

（三）光周期现象

光的季节变化和日变化是地球上最严格、最稳定的周期变化，因此也是生命节律最可靠的信号系统，对很多生物的生活史和繁殖周期起着重要的控制作用。据研究，鸟类的迁飞和光周期有密切的关系。为什么每年春季迁飞鸟类都能按时到达营巢区，而秋季又能在大体相同的日期飞向南方？为什么迁飞鸟类在不同年份迁来和飞走的时间都不会相差几天？如此严格的迁飞历程，是任何其他因素如气候和温度的变化、食物的缺乏等因素所无法解释的，因为这些因素各年相差太大。看来，只有日照长度的改变才是唯一合理的解释。当春天日照时间逐日延长的时候，就促使鸟类生殖腺的发育，生殖腺发育到一定程度，就激发了鸟类向北方迁飞的本能。繁殖季节过后，当夏末和秋季的日照一天天缩短的时候，就引起了鸟类生殖腺的萎缩，而这又是决定鸟类向南方迁飞的内在刺激因素。

日照长度的变化对动植物的生长发育都具有重要的生态作用。每天光照与黑夜交替称为一个光周期。由于分布在地球各地的动植物长期生活在各自光周期环境中，各类生物在自然选择和进化中形成了所特有的对光照长度变化的反应方式，这就是生物中普遍存在的光周期(photoperiod)现象。

光周期现象对哺乳动物的繁殖周期和毛皮颜色也具有十分明显的影响。鹿总是随着秋天短日照的到来而进入交配期，而雪貂在日照时间渐渐加长的春季开始进行繁殖。在实验室内用人工控制光照的方法所进行的实验证明，日照时数的变化控制着这些动物的繁殖周期。室内实验还证明，雪兔换白毛也完全是对秋天短日照的一种生理反应，而同温度的改变和有无降雪完全无关。

长期在周期性极为严格的光作用下，各种生物都形成了自己所固有的生活节律(或称生物钟)，以使它们的活动和环境条件的周期变化十分合拍，从而有利于生物的生存。这种节律是非常稳固而且能够遗传的。白足鼠是一种夜晚活动、白天睡觉的小动物。在实验室内把它放在完全黑暗的环境中长达7个月之久，虽然它已经分辨不出哪是白天，哪是黑夜了，但是它的起居仍然遵循原自然环境中的生活节律。

五、生物与土壤因子

土壤的基本物理性质是指土壤的质地、结构、容量、孔隙度等。土壤的质地、结构性质引起土壤水分、土壤空气和土壤温度的变化，从而对植物根系的生长和植物的营养状况及土壤动物的生活状况产生明显的影响。

砂土类土壤中以粗砂和细砂为主，粉砂和黏粒所占比例不到10%，因此土壤黏性小，孔隙多，通气透水性强，蓄水和保肥能力差，抗旱力弱。砂质土含水少，热容量比黏质土小，白天增温快，晚上降温快，昼夜温差大，对块茎、块根作物的生长有利。砂质土通气好，好气微生物活动强烈，有机质迅速分解并释放养分，使农作物早发，但有机质积累难，土壤动物也少。

黏土类土壤中以粉砂和黏粒为主，约占60%以上，甚至可超过85%。黏土类土壤质地黏重，结构致密，湿时黏，干时硬，孔隙细微，通气透水性差。黏质土含矿质养分丰富，有机质含量高，但由于孔隙较细，好气微生物活动受抑制，腐殖质和黏粒结合紧密，难于分解，因而有机质积累较多。

土壤酸碱度是土壤的很多化学性质特别是岩基状况的综合反应，它对土壤的一系列肥力性质有深刻的影响。土壤中微生物的活动，有机质的合成与分解，氮、磷等营养元素的转化与释放，微量元素的有效性，土壤保持养分的能力等都与土壤酸碱度(pH)有关。在pH值6～7的微酸条件下，土壤养分有效性最好，最有利于植物生长。酸性土壤容易引起钾、钙、镁、磷等元素的短缺，而强碱性土壤容易引起铁、硼、铜、锰和锌等元素的短缺。

土壤的酸碱度(pH)直接影响生物的生理代谢过程，pH值过高或过低都会影响体内蛋白酶的活性水平。不同生物对pH值的适应性存在较大差异。生物对于长期生活的土壤会产生一定的适应性，因而形成了以土壤为主导因素的各种生态类型。根据植物对土壤酸碱度的反应和要求不同，可以把植物分为酸性土植物、中性土植物和碱性土植物三种类型。

土壤动物依其对酸碱性的适应范围可分为嗜酸性种类和嗜碱性种类。如金针虫在pH值为4.0～5.2的土壤中数量最多，在pH值为2.7的强酸性土壤中也能生存；如麦红吸浆虫通常分布在pH值为7～8的碱性土壤中，当pH值$<$6.0时便难以生存；蚯蚓和大多数土壤昆虫喜欢生活在微碱性土壤之中。

六、指示生物

环境塑造生物，生物反映环境，这是生物和环境之间最一般的关系。根据这一原理，人们可以通过生物去了解环境质量的现状和变化。

指示生物的概念最早是在1909年由德国学者柯克威茨和马逊提出来的，他们在对一些受污染的河流进行生物种类调查的时候，发现生物种类随着污染程度不同而发生变化。在比较清洁的水质中，生活着蜉蝣、石蝇和石蚕的稚虫；而在受到严重污染的水质中却只能找到颤蚓和食蚜蝇幼虫。大量的研究分析证明，可以根据这些生物的出现判断水的污染程度。其他生物如原生动物、轮虫和藻类，同样对水的污染具有指示作用。

在陆生动物和植物中也有很多指示生物。人们用金丝雀监测煤矿坑道中的一氧化碳含量，因为鸟类对大气中一氧化碳的含量比人敏感得多。植物也常被用作环境污染的“指示剂”，如地衣和紫花苜蓿对二氧化硫特别敏感。20世纪50年代的时候，北京大学校园里到处都生长着地衣，现在已经很难找到它们的踪影，这说明大气中的二氧化硫含量已经大为增加了，但人是觉察不出来的。

指示生物的概念提出以后，很多学者又相继补充和发展了这一概念，并利用指示生物对水体污染和大气污染进行监测和评价。

当大气受到污染或发生变化的时候，有些生物的反应非常敏感，能迅速发出污染信息。植物会出现某些症状，如生长发育受阻、生理代谢发生变化和体内积累污染物等。生物对大气污染的反应比人敏感得多。例如人在二氧化硫浓度达到$1\times10^{-6}\sim5\times10^{-6}$时才能嗅到，在接触二氧化硫浓度$3\times10^{-6}\sim10\times10^{-6}$超过8 h，才对健康有影响；而一些植物只要$0.5\times10^{-6}$，接触2～4 h就会出现明显症状。上面曾提到过的地衣，只要二氧化硫的年平均浓度为$0.015\times10^{-6}\sim0.105\times10^{-6}$时就会死亡。

有些小动物对一氧化碳的反应不仅比人敏感得多，而且比植物还敏感，因此像金丝雀、鼷鼠、麻雀、鸽子和狗这样的动物，常被用作一氧化碳的指示动物。经过训练的狗可以用来监测煤气管道漏气和一氧化碳污染源。最近，一些生态学家用灯光诱捕昆虫，统计单位时间内诱集到的昆虫种类和数量，经数学处理求出一个多样性指数，并以此表示大气污染程度。不过，由于动物活动性强，而且会躲避不利环境，所以指示动物的利用远不如指示植物那么普遍。

目前，很多植物都站在了人类和污染作斗争的前哨。如指示二氧化硫污染的植物有紫花苜蓿、荞麦、芝麻、向日葵等；报告氟化氢污染信息的植物有唐昌蒲、郁金香、小苍兰、金荞麦和葡萄等；监测臭氧的植物有烟草、矮牵牛、光叶榉和牵牛花等；指示乙烯污染程度的植物有香石竹、芝麻和香茄等。这些指示植物大大延长了人的感官，在人类和环境污染所作的斗争中发挥了监察哨的作用。

七、营养限制着植物的生长和繁殖

1840年，德国化学家利比希(J. V. Liebig)开创性地研究了各种因素对作物生长的影响。他发现，影响作物产量的常常是那些供应不足的营养物质，而不是那些充分供应的营养物质。例如，作物经常缺磷，因此磷就成了限制作物产量的一种因素。另一方面，由于碳和水经常是大量存在的，因此作物的产量一般不会受到它们的限制。

利比希把这一现象概括为“最小法则”(law of the minimum)，这个法则的含义是：植物的生长依赖于那些数量不足的营养物质。利比希在提出最小法则的时候，只研究了营养物质对植物生长和繁殖的影响，并没有想到他提出的法则还能应用于其他的环境因素。后来，人们才发现这个法则对于温度和光等环境因素也是完全适用的。利比希以后又有很多人作了大量的研究，认为对最小法则的概念必须作两点补充才能使它更为实用。第一，最小法则只能应用于稳态条件下，也就是说，如果在一个系统中物质、能量的输入和输出不是处于平衡状态，那么植物对各种营养物质的需要量就会不断变化，在这种情况下，利比希的最小法则就不能应用。第二，应用最小法则的时候，还必须考虑到各种因素之间的相互关系。如果有一种物质的浓度很高或很容易吸收，它就会影响到数量不足的那种物质的利用率。又如，生物常常可以利用所谓的代用元素(如果两种元素是近亲元素的话，常常可以互相代用)。如果环境中钙少锶多，一些软体动物就会以锶代替钙来建造自己的贝壳。

八、生物的忍受法则

1913年，美国生态学家谢尔福德在利比希最小法则的基础上又提出了忍受法则(law of tolerance)的概念，他试图用这个法则来解释生物在自然界的分布。忍受法则是指生物对每一种环境因素都有其忍受的上限和下限，上下限之间就是生物对这种环境因素的忍受范围，其中包括最适环境条件。

对同一环境因素，不同生物的忍受范围是不相同的。生物对温度的忍受范围差异极大，可忍受很广温度范围的叫广温性生物，如豹蛙和斑鳝等；只能忍受很窄温度范围的叫狭温性生物，如鲑鱼和南极鳕等。对其他的环境因素也是一样，有所谓的广湿性、狭湿性，广盐性、狭盐性，广食性、狭食性，广栖性、狭栖性，广光性、狭光性等之分。

如果一种生物对所有环境因素的忍受范围都是广的，那么这种生物在自然界的分布也一定很广。一般说来，各种生物在生殖阶段对环境因素的要求比较严格，也就是说，它们所能忍受的环境因素的范围比较狭窄，例如种子、卵、胚胎以及正在繁殖的成年个体所能忍受的环境范围要比非生殖个体窄。

生物在自然界不仅受各种营养物质的限制，而且也受其他各种环境因素的限制。其中任何一种因素只要接近或超过了生物的忍受范围，它就会成为这种生物的限制因素。如果一种生物对某一环境因素的忍受范围很广，而且这种因素又非常稳定，那么这种因素就不太可能成为一种限制因素；相反，如果一种生物对某一环境因素的忍受范围很窄，而且这种因素又易于发生变化，那么这种因素就值得加以详细研究，因为它很可能构成一种限制因素。

限制因素概念的主要价值是使生态学家掌握了一种研究生物和环境复杂关系的方法，因为各种环境因素对生物来说并非同等重要，生态学家一旦找到了限制因素，就意味着找到了影响生物生存和发展的关键因素，并可集中力量研究它。

本章小结

本章主要介绍个体生态学中环境与生态因子的关系以及生态因子对环境的影响。

个体生态学中的生态因子是指环境中对生物的生长、发育、生殖、行为和分布有着直接或间接影响的环境要素，主要有气候因子、土壤因子、地形因子、生物因子、人为因子等，主要特点有综合性、非等价性、不可替代性和互补性限定性。

生态因子对环境的影响主要包括生物与环境、生物与水因子、生物与温度、生物与光、生物与土壤、指示生物、生物活动周期等。

思 考 题

1. 什么是环境？什么是生态因子？环境与生态因子的联系与区别是什么？
2. 简述水的生态作用。
3. 简述土壤酸碱度对生物的影响。
4. 指示生物对环境有什么影响？
5. 什么是时间调节器？

第三章　种群生态学

第一节　种群及其基本特征

一、种群的概念

种群是由同种个体组成的，占有一定的领域，由同种个体通过种内关系组成的一个统一体或系统；种群概念既可指具体的某些生物种群，如一个保护区内的熊猫种群，也可用于抽象名词如泛指所有熊猫种群。另外，种群也可指实验室内饲养或培养的一群生物，这时称之为实验种群。

一般来说，自然种群有 3 个基本特征：① 空间特征，即种群具有一定的分布区域；② 数量特征，每单位面积（或空间）上的个体数量（即密度）是变动的；③ 遗传特征，种群具有一定的基因组成，即系一个基因库，以区别于其他物种，但基因组成同样是处于变动之中的。

二、种群的结构特征

（一）种群的大小和密度

种群的大小（size），是一定区域内种群个体的数量，也可以是生物量或能量。种群密度（population density）是单位面积、单位体积或单位生境中个体的数目，如每立方米水体的硅藻总数、池塘每亩水面鲤鱼总数等。不同生物种群密度变化很大，如土壤节肢动物每平方米可能有几十万只，而大型哺乳动物如鹿可能每平方千米仅有几头。有时候，对于区分天然密度（crude density）与生态密度（ecological density）是很重要的，天然密度就是单位总空间的个体数（或生物量），生态密度则是单位栖息空间（种群实际上占据的有用的面积或空间）的个体数（或生物量）。知道种群是否有改变（增加或减少）往往比知道某一时刻种群的大小更重要，在此种情况下，相对丰度（relative abundance）指标就很有用了，相对丰度可以以时间的相对性来表示，例如每小时观测到的鸟的数目。另一个有用的指数是出现频度（frequency of occurrence），例如，某个单种群内该物种的年龄百分比。在植被的描述性研究中，通常将密度、优势种和频度合并起来导出每个物种的重要值（important value）。

林肯指数（LinColn index），是用来估测某特定区域内整个种群密度（某物种的个体数目）的一种标记重捕法。这种方法依靠捕获和标记整个种群的部分个体并通过这部分个体来估测整个种群的密度。

如下方程可用于估测种群密度：

$$\frac{\text{种群估测}(x)}{t_1\text{ 时样本 }S_1\text{ 捕获和标记的动物的数量}}=\frac{t_2\text{ 时样本 }S_2\text{ 捕获的动物的数量}}{t_2\text{ 时样本 }S_2\text{ 标记的动物的数量}}$$

因为只要我们知道方程4个量其中3个量，就能算出方程的 x(种群估测)。

此方法仅在下列假设成立的情况下才有效：① 标记技术对被标记个体的死亡率没有任何负面影响；② 被标记的个体在它们原来被捕获的地点被释放并且使它们和种群在自然行为上有所混杂；③ 标记技术并不影响被重新捕获的概率；④ 标记(例如耳标法)不会丢失或不被注意；⑤ 在 t_1 和 t_2 时间，没有大量的被标记或没有被标记的个体的迁徙或移居；⑥ 在 t_1 和 t_2 时间，没有显著的死亡率或出生率变化。不符合上述假设就会明显影响种群密度的估测。

枚举法(minimum known alive, MKA)是另一种用来估测持续的一个时间段内种群密度的标记重捕法。该方法在最初发表时称为捕获日历法，每个个体都有一个捕获史(日历)，隔一段时间对日历进行更新直到研究结束。

其他方法分为以下几类：① 总量统计(total counts)，有时可将这类方法用于大型的、易于发现的生物(例如，开放平原的野牛或较大海域的鲸)，或群聚生活的生物。② 样方法或横截面取样法(quadrat or transect sampling)，选择适宜大小和数目的样方或样线，计数单一物种的生物数，以获得取样地段的密度估什。这个方法应用于从森林到海底范围内的多种陆生和水生生物物种。③ 去除取样(removal sampling)，在调查面积上连续地取样，以相继每次取样去除的有机体数目为纵坐标，先前取样去除的总数目为横坐标作图，假如被捕的概率保持相当稳定，那么各点将沿着直线在图中下降，一直到达横坐标的零点，这一点表示从调查面积上去除的理论点。④ 无样方法(plotless method)(适用于树木等固着生活的生物)。如四分法，即在四个分块中，测量一系列随机点与最近个体的距离，从这些平均距离就能估算出单位面积上的密度。⑤ 重要比率值(importance percentage value)是一个群落中物种的相对密度、相对优势度和相对频度的总和。相对密度(relative density, A)等于一个物种密度除以所有物种的总密度再乘以100。相对优势度(relative dominance, B)等于一个物种断面积除以所有物种的断面积再乘以1 000 相对频度(relative frequency, C)是一块地上一个物种的频度(出现率)除以所有物种的总频度再乘以1 000，这样每一个物种的重要值等于相对密度、相对优势度和相对频度之和：$A+B+C$。考察某个物种在生境中的重要性和功能时，用密度、优势度以及发生的频度联合在一起的指标比只是单单用一个密度作为指标要好。每一个树种(胸径大于3英寸的树木)重要值的表格或总结为森林群落里某特定树种的排序提供了数据。

为了估测种群的密度，人们已经尝试了许多技巧和方法。取样技术本身就是一个重要的研究领域。参考野外实验手册或者咨询一些有经验的调查者能够更有效地了解这些方法，这些调查者已浏览过相关文献，并调整和改进了一些现有的方法，从而更适合某些特殊野外。在野外调查中经验往往是不可替代的。

(二) 种群的分布

组成种群的个体在其生活空间中的位置状态或布局，称为种群的内分布型(internal distribution pattern)或简称分布。种群的内分布型一般可分为3类：均匀的(uniform)、随机的(random)和成群的(clumped)(图3-1)。

均匀分布在自然界中较少见，形成原因主要是种群内个体间的竞争。例如，森林植物竞争阳光和土壤中营养物，繁殖期鸟类的鸟巢也常常均匀分布。随机分布指的是每一个体在

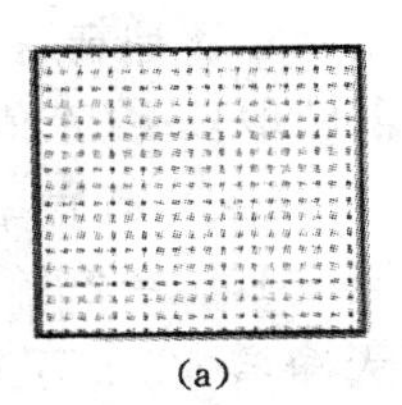
(a)

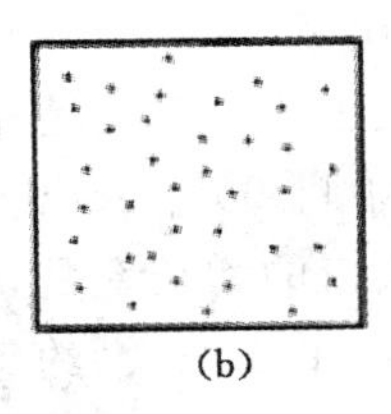
(b)

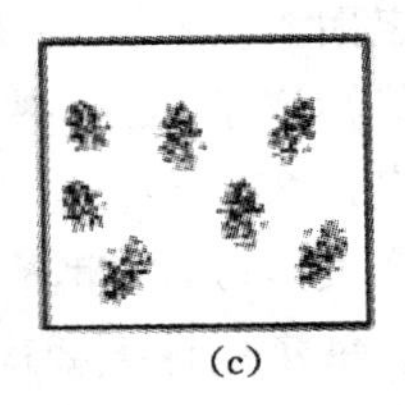
(c)

图 3-1 种群的 3 种内分布型或格局
(a) 均匀分布；(b) 随机分布；(c) 成群分布

种群领域中各个点上出现的机会是相等的，并且某一个体的存在不影响其他个体的分布，如面粉中黄粉虫幼虫的分布，通过实验连续多次取样，可发现其分布模式符合统计学上泊松分布(Poisson distribution)，因而可判断其分布是随机的。这种分布模式也很少，多出现在资源分布均匀、丰富的情况下。成群分布是最常见的内分布型，其形成原因有：① 资源分布不均匀；② 植物种子传播方式以母株为扩散中心；③ 动物的集群行为。

最常用而简便的检验内分布型的指标是方差/平均数的比率，首先把图 3-1 中的分布区分成许多小方块，进行样方取样和统计分析。如果个体是均匀分布，则各方格内个体数是相等的，标准差应该等于零，所以 $S^2/m=0$。同样，如果小方块中个体是随机分布，则样方中个体数出现频率符合泊松分布序列，$S^2/m=1$。如果个体是成群分布，则样方中含很少个体数的样本，和含较多个体数的样本的出现频率较泊松分布的期望值高，从而 S^2/m 的值明显大于 1。即：若 $S^2/m=0$，属均匀分布；若 $S^2/m=1$，属随机分布；若 $S^2/m>1$，属成群分布。

个体平均数与方差的计算公式如下：

$$m=\frac{f_x}{N}$$

$$S^2=\frac{\sum(f_x{}^2)-[(\sum f_x)^2/N]}{N-1}$$

式中 $\sum$ 表示总和；x 表示样方中个体数；f 表示出现频率；N 表示样本总数。

种群内分布型的研究是静态研究，比较适用于植物、定居或不大活动的动物，也适用于测量鼠穴、鸟巢等栖居地的空间分布。构件生物的构件包括地面的枝叶系统和地下根系统，其空间排列是一重要生态特征。枝叶系统的排列决定光的摄取效率，而根分支的空间分布决定水和营养物的获得。虽然枝叶系统是"搜索"光的，根系统是"逃避"干旱的，但与动物依仗活动和行为进行搜索和逃避不同，植物靠的是控制构件生长的方向。

(三) 初级种群参数

初级种群参数，包括出生率(natality)、死亡率(mortality)、迁入(immigration)和迁出(emigration)，这些参数与种群数量的变化密切相关。种群的年龄结构可以使我们预测种群未来的数量动态，但是年龄结构是通过影响出生率和死亡率而间接对种群动态起作用的，而直接影响种群动态的是出生率和死亡率、迁入率和迁出率这两对变量(图 3-2)。其中出生率和迁入率是决定种群增长的变量，而死亡率和迁出率是决定种群数量下降的变量。如果种群的出生率加迁入率大于死亡率加迁出率，种群数量就会增加；反之，种群数量就会减少；两者相等，种群数量就会维持不变。如果不考虑迁入和迁出，那么出生率和死亡率就是影响种群兴衰的决定因素。在这种情况下，看一个种群是兴旺还是衰退，只要计算一下种群的出生率和死亡率就知道了，出生率减去死亡率就是种群的增长率（正值或负值）。例如，目前世界人口的出生率是35‰（即每年每1 000个人出生35个人），死亡率是15‰（即每年每1 000个人死亡15个人），因此，世界人口的增长率是35‰－15‰＝20‰（或20～）。按当前世界人口60亿计算，每年地球上要净增1.2亿人，约每天净增32.1万人。因此我们说，出生率和死亡率是种群兴衰的晴雨表。

出生率和迁入率是决定种群增长的因素。实际上，只有出生率才是最本质的因素，迁入率虽然也可使种群增长，但是迁入个体归根结底还是其他种群出生率的产物，对一个种群来说是迁入，对另一个种群来说却是迁出。

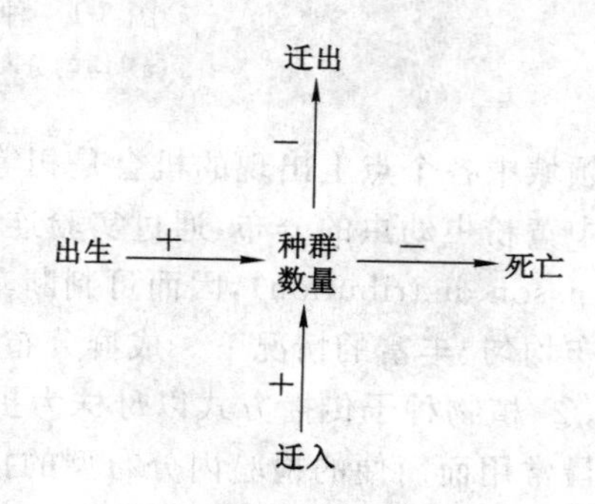

图 3-2 出生率、死亡率、迁入和迁出率

出生率是种群增加的固有能力。出生率是一个很广义的术语，它泛指任何生物产生新个体的能力，不管这些新个体是通过生出、孵化、出芽或是分裂等哪种方式，都可以用出生率这个术语。最大出生率（maximum natality）（有时还称绝对或生理出生率）是在理想的条件下（即无任何生态因子的限制作用，繁殖只受生理因素所限制）产生新个体的理论上最大数量，对某个特定种群，它是一个常数。生态出生率（ecological natality）或实际出生率（realized natality）表示种群在某个现实或特定的环境条件下的增长。种群的实际出生率不是一个常数，它随着种群大小、年龄结构以及物理环境条件的变化而变化。出生率通常以比率来表示，即将新产生个体数除以时间（绝对出生率或总出生率），或以单位时间每个个体的新生个体数表示（特定出生率）。

死亡率（mortality）是描述种群中个体死亡的速率。它在某种程度可以说是出生率的反义词。像出生率一样，死亡率可以用给定时间内死亡个体数（单位时间死亡个体数目）表示，也可以用特定死亡率，即单位时间内死亡个体数占初始种群个体数的比例来表示。生态死亡率（ecological mortality）或实际死亡率（realized mortality），指某特定环境条件下种群丧失个体的数目。如同生态出生率一样，它也不是一个常数，而是随着种群和环境条件不同而变化。最低死亡率（minimum mortality）是个理论值，对种群来说它是一个常数，表示在理想的或无限制的条件下的最小死亡率。在最适环境条件下，种群中的个体都是由于老年而死亡，即活到生理寿命。当然，生理寿命常常远远超过平均的生态寿命。存活率常比死亡率更有研究价值。假如死亡率以分数 M 表示，那么存活率（survival rate）就是（$1-M$）。

死亡率也像出生率一样，随个体年龄不同而发生很大变化，尤其高等生物更是如此，因此，尽可能测定各个不同年龄或生活史阶段的特定死亡率是很有意义的，这样生态学家可以根据这个数据得出天然、全面的种群死亡率的机制。

（四）年龄结构和性比

种群的年龄结构把每一年龄群个体的数量描述为一个年龄群对整个种群的比率。年龄群可以是特定分类群，如年龄或月龄，也可以是生活史期，如卵、幼虫、蛹和龄期。年龄锥体是以不同宽度的横柱从下到上配置而成的图（图3-3），横柱从下至上的位置表示从幼年到老年的不同年龄组，宽度表示各年龄组的个体数或各年龄组在种群中所占数量的百分比. 按锥体形状，年龄锥体一般有下列 3 种类型：① 典型金字塔形锥体，基部宽，顶部窄，表示种群中有大量幼体，而老年个体很少，种群的出生率大于死亡率，代表增长型种群。② 钟形锥体，锥体形状和老、中、幼个体的比例介于①型和③型种群之间，出生率和死亡率大致相平衡，年龄结构和种群大小都保持不变，代表稳定型种群。③ 壶形锥体，锥体基部比较狭，而顶部比较宽，表示种群中幼体比例减少，而老年个体占高比例，说明种群正处于衰老阶段，死亡率大于出生率，该类型年龄锥体代表衰退型种群。

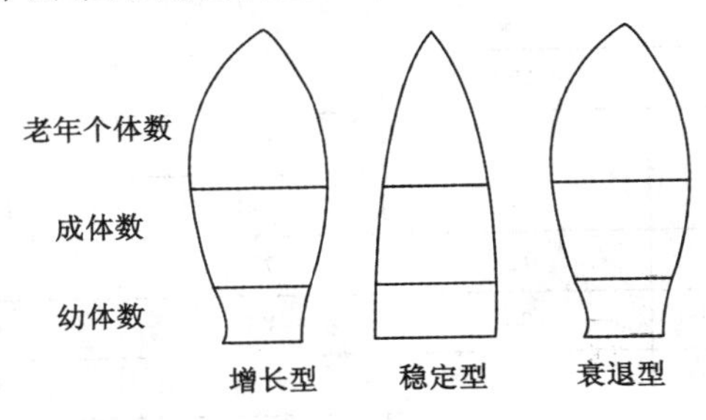

图 3-3　种群的年龄结构

图 3-4 为不同人类种群的人口年龄金字塔，是基于种群内的出生和死亡数据建立起来的，它并不包括外来移民，结果表明这种伴随着老龄个体增加的年龄结构的改变已经深深影响人们的生活方式和经济利益。

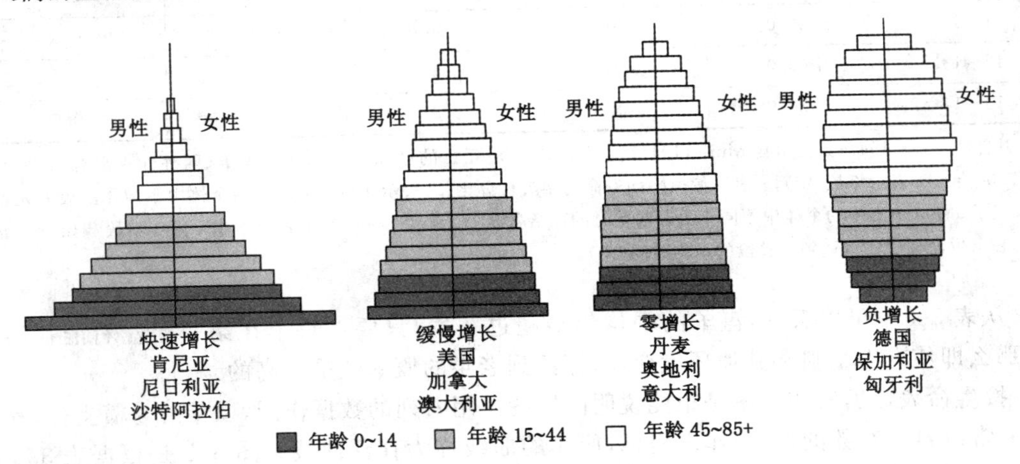

图 3-4　不同人类种群的人口年龄金字塔（数据源自：人口资料局）

（五）生命表及存活曲线

生命表（life table）能系统地表示出种群完整的死亡过程。生命表是人口统计学工作者所设计的统计方法，由 Raymond Pearl 首次引入到普通生物学，应用于果蝇（drosophila）的实验室研究数据中（Pearl 和 Parker，1921）。Deevey（1947，1950）搜集了许多自然种群包括从轮虫到山羊的数据，并将其编制成生命表。自 Deevey 之后，其他学者发表了许多有关自然和实验种群的生命表。阿拉斯加的达氏盘羊种群的生命表可能是目前大多数教科书中最著名的生命表，如表 3-1 所示。羊的年龄可以根据角测定(羊越老，羊角上的横向环状突起越多)。当羊被狼捕杀或死于其他原因时，其角能保留很久。Adolph Murie 多年进行大量野外工作，研究阿拉斯加麦金莱山(Mount McKinley)国家公园的狼(Canis lupus)与达氏盘羊的关系。在此期间，他采集了大量羊角，得到不同年龄阶段下羊死于各种自然危险的详尽数据，包括狼捕食下的死亡(但不包括人的捕食，因为在麦金莱山公园禁猎羊)。

表 3-1　达氏盘羊(Ovis dalli)的生命表

x	x'	d_x	l_x	q_x	e_x
0～1	−100	199	1 000	199.0	7.1
1～2	−85.9	12	801	15.0	7.7
2～3	−71.8	13	789	16.5	6.8
3～4	−57.7	12	776	15.5	5.9
4～5	−43.5	30	764	39.3	5.0
5～6	−29.5	46	734	62.6	4.2
6～7	−15.4	48	688	69.9	3.4
7～8	−1.1	69	640	108.0	2.6
8～9	+13.0	132	571	231.0	1.9
9～10	+27.0	187	439	426.0	1.3
10～11	+41.0	156	252	619.0	0.9
11～12	+55.0	90	96	937.0	0.6
12～13	+69.0	3	6	500.0	1.2
13～14	+84.0	3	3	1 000	0.7

引自：Deevey，1947；数据引自 Murie，1944，基于 1937 年前死亡的已知年龄的 608 头羊(两种性别混合)。平均寿命＝7.06 年。x 表示年龄(年)；x'表示偏离平均寿命的年龄百分比；d_x表示 1 000 个出生的个体中不同年龄段的死亡数量；l_x表示 1 000 个出生的个体中不同年龄段起始时的存活数量；q_x表示 1 000 个存活个体在不同年龄段起始时的死亡率；e_x表示生命期望值＝达到年龄段的平均时间(年)。

从表 3-1 中可以看到，盘羊的平均年龄超过 7 岁，只要一只羊在第一年左右能存活下来，那么即使有大量狼和其他环境变动，存活到老年的概率还是很高的。

按生命表数据所作的图是很能说明问题的。用 l_x列的数据作图，以年龄为横坐标，存活数(通常以自然对数的形式)作纵坐标，所作的曲线称为存活曲线。图 3-5 是根据表 3-1 的达氏盘羊的数据绘制的存活曲线。

存活率数据通常可用图表示为存活曲线。为了方便不同动物的比较，横轴的年龄可以各年龄期占总存活年限的百分数来表示。一般可将存活曲线分为如下 3 种基本类型(图 3-6)：

类型Ⅰ：这类动物的绝大多数个体都能活到其平均的生理年龄，早期死亡率很低，但是在达到一定生理年龄的时候，短期内几乎全部死亡。人类和许多高等动物的存活曲线十分接近这一类型，羽化后的果蝇在不给食物的条件下，也属于这一类型。

类型Ⅱ：这类动物在整个生命过程中，死亡率基本上是稳定的，即各个年龄组的死亡率

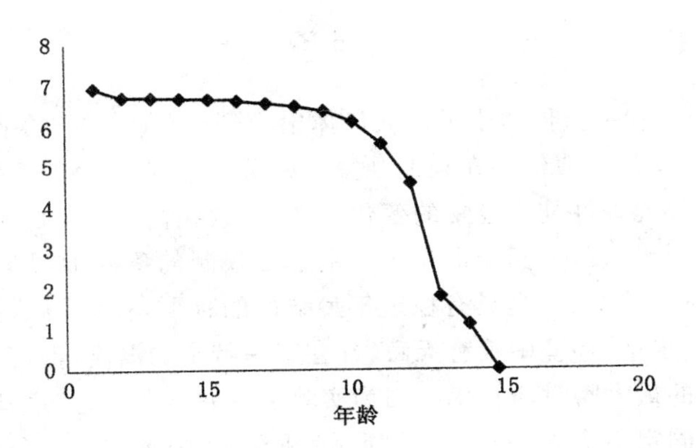

图 3-5 根据表 3-1 的达氏盘羊的数据绘制的存活曲线

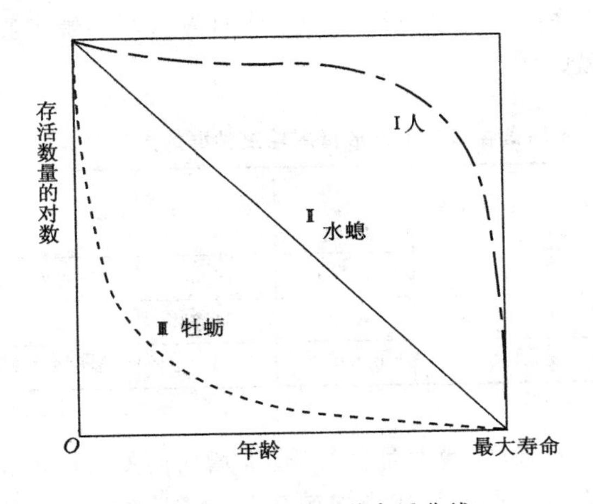

图 3-6 种群的三种存活曲线

基本相同。腔肠动物的水螅就是属于这一类型，一些鸟类和小型哺乳动物比较接近这种类型。

类型Ⅲ：这类动物在年幼时有极高的死亡率，但是一旦活到了某一年龄，以后的死亡率就变得很低而且稳定。软体动物的牡蛎是比较典型的，它在自由游泳的幼虫期死亡率极高，一旦在适宜的物体上固着后，它们的死亡率就很低。属于这个类型的生物都具有高度的生殖能力，能补偿发育早期的高死亡率，不过如果环境变得合适，死亡率就会下降，于是种群就会突然爆发，造成数量大发生。

不同动物的存活曲线，反映了各个物种的死亡年龄分布状况，有助于了解物种的种群特性、种群状况及其与环境的相互关系。

（六）种群增长率 r 和内禀增长率 T_m

种群的实际增长率称为自然增长率，用 r 来表示。自然增长率可由出生率和死亡率相减计算得出。世代的净增殖率 R_0 虽是很有用的参数，但由于各种生物的平均世代时间并不相等，进行种间比较时 R_0 的可比性并不强，而种群增长率 r 则显得更有应用价值。r 可按下式计算：

$$r=\frac{\ln R_0}{T}$$

式中，r 表示世代时间，它是指种群中子代从母体出生到子代再产子的平均时间。用生命表资料可估计出世代时间的近似值。在长期观察某种群动态时，r 值的变化是很有用的指标。但是，由于自然界的环境条件处于经常的变化之中，导致我们所观测的种群实际增长率也是不断变化的。为了进行比较，人们经常在实验室不受限制的条件下观察种群的内禀增长率 r_m。按 Andrewartha 的定义，r_m 是具有稳定年龄结构的种群，在食物不受限制、同种其他个体的密度维持在最适水平，环境中没有天敌，并在某一特定的温度、湿度、光照和食物等的环境条件组配下，种群的最大瞬时增长率。因为实验条件并不一定是"最理想的"，所以由实验测定的 T_m 值不会是固定不变的。如表 3-2 所示，马蕊等(2004)在 20 ℃，其他水质条件适宜的情况下观测了不同食物浓度对方形臂尾轮虫种群内禀增长率的影响，发现在食物浓度为 2.0×10^6 cell/mL 下轮虫种群增长率趋于最大，从而为水产养殖中轮虫培养提供了较适宜的培养用食物浓度的信息。

表 3-2 不同食物浓度下方形臂尾轮虫种群的内禀增长率

食物浓度/(cell·mL^{-1})	0.1×10^6	0.5×10^6	1.0×10^6	2.0×10^6	4.0×10^6	8.0×10^6	12×10^6
净生殖率(R_0)	5.12	12.10	12.69	16.54	16.22	16.23	13.58
世代时间(T)	101.91	105.54	90.25	84.62	85.17	85.16	96.00
内禀增长率(r_m)	0.016 0	1.023 6	0.028 2	0.033 2	0.032 7	0.032 7	0.027 2

从 $r=\text{In}\ R_0/T$ 来看，r 随 R_0 增大而变大，随 T 增大而变小。据此式，控制人口、计划生育有两条途径：① 降低 R_0 值，即使世代净增殖率降低，这就要限制每对夫妇的子女数。② 增大 T，可以通过推迟首次生殖时间或晚婚来达到。

第二节 环境承载力和种群增长方程

种群的增长都具有特征，为了方便比较，根据增长曲线的形状，可以将种群增长分为两个基本型，即"J"型增长和"S"型增长。在"J"型增长(J-shaped growth form)中，密度呈指数快速增加，然后当环境阻力或其他限制因子或多或少地突然发生有效影响时，密度增长突然地停止。

在"S"型增长(sigmoid 或 S-shaped growth form)中，开始的时候种群增长较为缓慢(建立期或正加速期)，然后加快(可能接近于对数期)，但不久后，由于环境阻力按百分比增加，增长也就逐渐降低(负加速期)，直至达到平衡状态并维持下去。

种群增长的最高水平(即超过此水平种群不再增长)在方程式中以常数 K 来代表，称为"S"型曲线的上渐近线，或称为最大承载力(maximum carrying capacity)。

环境承载力在生态学上是一个很有用的概念，下文将结合种群增长的数学方程介绍环境承载力。

采用严格的数学方法来论证环境承载力，并把这一概念同描述种群增长的数学方程联系起来（图 3-7）。

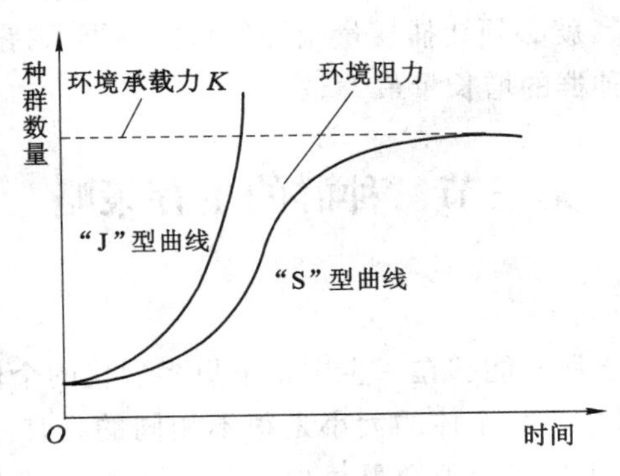

图 3-7　种群的两种增长类型

指数增长（即"J"型增长）方程，即：

$$dN/dt=rN$$

任何一个种群的指数增长都可以用这个方程加以描述，其中的 dt 代表种群的瞬时增长量（d 是微分符号），dN 代表种群的瞬时增率，N 代表种群数量。

值得注意的是，其中的 r 所代表的是在理想条件下的最大增长率。在特定条件下，由于存在着环境阻力，种群不可能按最大增长率增长，因此为了描述种群的实际增长过程，就必须在方程中增加一个系数 $(K-N)/K$，即：

$$dN/dt=rN(K-N)/K$$

这个方程是描述种群实际增长的方程，叫逻辑斯谛方程（或"S"型增长方程），它把环境阻力和环境承载力（K）的作用均包括在方程之中了。$(K-N)/K$ 实际上代表着环境阻力效应。其中的 K 是环境承载力，N 是种群数量。当 N 远远小于 K 的时候，$(K-N)/K$ 接近于 1；当 N 等于 K 的时候，$(K-N)/K$ 等于零。可见 $(K-N)/K$ 的取值范围在 0～1 之间。

逻辑斯谛方程告诉我们，当种群数量远远低于环境承载力 K 的时候，种群的实际增长系数 $(K-N)/K$ 接近于 1，于是 $dN/dt=rN$，这时种群呈指数增长；但当种群数量等于环境承载力的时候（即 $N=K$ 时），种群的实际增长系数 $(K-N)/k=0$，即 $dN/dt=0$，这时，种群完全停止增长。

环境承载力的含义及其对种群增长所起的作用，在上述方程中得到了严格和明确的表达。种群的指数增长方程和逻辑斯谛方程不仅同环境承载力有关，而且也是生态学上用来描述种群增长的两个基本方程。

环境承载力的概念和种群增长方程有助于寻找最有效的方法控制有害生物的数量。例如，当住房中的家鼠活动猖獗的时候，安放捕鼠器捕鼠是不会从根本上解决鼠害问题的，因为不管捕鼠器能捕杀多少只家鼠，只要环境承载力维持不变就无济于事。家鼠种群的增长率极高，大约每天能增长种群数量的 1.47%，这在短期内就可使家鼠数量重新恢复到环境承载力的水平。所以，最好的办法是设法降低家鼠种群的环境承载力，使家鼠在住房附近找不到食物，没有栖身繁殖的场所。随着环境承载力的下降，家鼠的数量自然就会减少。

人类捕鱼技术的改进曾经使很多海洋鱼类的捕捞量下降，这显然是由于捕捞强度太大，致使很多鱼类种群难以恢复。根据逻辑斯谛曲线，要使海洋鱼类资源的更新能力不受到破坏，而又能获得最大鱼产量，就必须让捕捞量刚好使鱼类种群保持在1/2环境承载力的水平上(即 $K/2$)，因为 $K/2$ 时种群的增长量最大。

第三节　种群的生存策略

一、种群的生殖对策

自然选择无疑将有利于那些能够在一生中留下更多后代的个体。不同种类的动物和植物，一生中留下后代的数目和后代个体的大小是很不相同的。有些生物后代的个体很小但数量极多，另一些生物后代个体虽大但数量很少。在任何时候，亲代用在生殖上的能量都是有限的。这些能量如果用于增加后代的数目，那么每个后代的存活概率就会下降，结果在这两者之间总会存在一种最优权衡。

生物从外界摄取的能量无非是用于维持自身的生存生长和繁殖后代这两个方面。生物的生殖存在着两种极端情况。一种情况是生物以牺牲自身的未来生存为代价把自己的全部能量用于繁殖后代，这些生物往往可以产出大量的后代，但产出后，亲代因能量耗尽而立即死亡，如很多种昆虫和鲑鱼；另一种情况是生物每次繁殖只产生少量后代，但在一生中，可以进行多次生殖。遗传调节学说也注意到了这一点，认为种群中具有遗传二型或多型现象，即认为种群是由两类或多类具有不同遗传性的个体组成的。其中一类个体可能在种群数量上升时占优势，这类个体往往是属于高进取性的基因型，繁殖能力强，当种群密度低时可促使种群数量增加；而另一类个体属于保守性的基因型，繁殖能力弱，但是适应种群的高密度环境，所以当种群数量达高峰时，这类个体就占了优势，因而促使种群数量下降。这样就能达到种群数量自我调节的目的。

二、种群的生态对策

英国鸟类学家 Lack(1954)在研究鸟类生殖率进化问题时提出：每一种鸟的产卵数，有以保证其幼鸟存活率最大为目标的倾向。成体大小相似的物种，如果产小型卵，其生育力就高，但由此导致的高能量消费必然会降低其对保护和关怀幼鸟的投资。也就是说，在进化过程中，动物面临着两种相反的可供选择的进化对策。一种是低生育力的，亲体有良好的育幼行为；另一种是高生育力的，没有亲体关怀(parental care)的行为。Mac Arthur 和 Wilson (1967)推进了 Lack 的思想，将生物按栖息环境和进化对策分为 r-对策者和 K-对策者两大类，前者属于 r-选择(r-selection)，后者属于 K-选择(K-selection)。E. R. Pianka(1970)又把 r/K 对策思想进行了更详细、深入的表达，统称为 r-选择和 K-选择理论。该理论认为 r-选择种类是在不稳定环境中进化的，因而使种群增长率 r 最大。K-选择种类是在接近环境容纳量 K 的稳定环境中进化的，因而适应竞争。这样，r-选择种类具有所有使种群增长率最大化的特征：快速发育，小型成体，数量多而个体小的后代，高繁殖能量分配和短的世代周期，如：昆虫、细菌、杂草及一年生草本植物。与此相反，K-选择种类具有使种群竞争能力最大化的特征：慢速发育，大型成体，数量少但体型大的后代，低繁殖能量分配和长的世代周期，如乔木、大型肉食动物。表 3-3 比较了 *r*-选择和 *K*-选择的有关特征。

表 3-3　**_r_-选择和 _K_-选择的相关特征比较**

	r-选择	*K*-选择
气候	多变，难以预测，不确定	稳定，可预测，较确定
死亡	常是灾难性的，无规律，非密度制约	比较有规律，受密度制约
存活	存活曲线Ⅲ型，幼体存活率低	存活曲线Ⅰ、Ⅱ型，幼体存活率高
种群大小	时间上变动大，不稳定，通常低于环境容纳量 *K* 值	时间上稳定，密度临近环境容纳量 *K* 值
种内、种间竞争	多变，通常不紧张	经常保持紧张
选择倾向	发育快，增长力高，体型小，单次生殖	发育缓慢，竞争力高，延迟生育，体型大，多次生殖
寿命	短，通常小于 1 年	长，通常大于 1 年
最终结果	高繁殖力	高存活率

在不同分类单元间进行广泛的比较，一般模式支持上述类型的生态对策差异。例如，在所有大小相似的动物中，蚜虫具有最高的种群增长率(表明它们是 *r*-选择的)，却生育较大型的后代(一个 *K*-选择特征)。现在一般不认为 *r*/*K* 理论是错误的，而认为这是一种特殊情况，被具有更广预测能力的更好的模型所包含。*r*-对策和 *K*-对策在进化过程中各有其优缺点。*K*-对策种群竞争性强，数量较稳定，一般稳定在 *K* 附近，大量死亡或导致生境退化的可能性较小。但一旦受危害造成种群数量下降，由于其低 *r* 值，种群恢复会比较困难。大熊猫、大象、虎等都属此类，在动物保护中应特别注意。相反，*r*-对策者死亡率甚高，但高 *r* 值使其种群能迅速恢复，而且高扩散能力还可使其迅速离开恶化生境，在其他地方建立新的种群。*r*-对策者的高死亡率、高运动性和连续地面临新局面，更有利于形成新物种。

第四节　种群间的相互关系

种内个体间或物种间的相互作用可根据相互作用的机制和影响来分类。主要的种内相互作用是竞争(competition)、自相残杀(cannibalism)、性别关系、领域性和社会等级等，而主要的种间相互作用是竞争、捕食(predation)、寄生(parasitism)和互利共生(mutualism)(表 3-4)。根据表 3-4 中定义，草食者或者属于捕食者(如角马)，或者属于寄生者(如蚜虫)。拟寄生(parasitoidism)是一种寄生的形式，也称作重寄生，发生在一些昆虫种类(主要是拟寄生蜂和蝇)，拟寄生者在寄主体上或体内产卵，通常引起寄主死亡。

表 3-4　**种内个体间与物种间相互关系的分类**

	种间相互作用(种间的)	同种个体间相互作用(种内的)
利用同样有限资源，导致适合度降低	竞争	竞争
摄食另一个的全部或部分	捕食	自相残杀
个体紧密关联生活，具有互惠利益	互利共生	利他主义或互利共生
个体紧密关联生活，宿主付出代价	寄生	寄生

种内寄生相对稀少,可能与互利共生难以区别,特别在个体相互关联的情况下。偶尔,种间相互作用对一方没有影响,而对另一方或有益(偏利共生),或有害(偏害共生)。不管是否存在承受恶性影响的物种,以相互作用的影响是正(+)、负(-)还是中性(0)为基础划分相互作用可能会更方便(表 3-5)。

表 3-5 根据影响结果对种间相互作用进行的分类

相互作用的类型	物种 A 的反应	物种 B 的反应
互利共生	+	+
偏利共生	+	0
捕食	+	-
寄生	+	-
偏害共生	-	0
竞争	-	-
中性	0	0

一、对双方都有利(+,+)

共生(facultative mutualism)是生物之间相依为命的一种互利关系。共生的双方都能从这种关系中得到好处,如果失去一方,另一方也就不能生存。所以,共生的双方总是共同生活在一起的。

昆虫和植物之间相依为命的共生关系绝非罕见。无花果和鹗榕小蜂之间的微妙关系是更加复杂的一例。食用无花果只有在鹗榕小蜂为它授粉以后才能结出果实来。而鹗榕小蜂必须依靠三种无花果的帮助,才能完成它的生活史:它必须在一种无花果上过冬;到了生长季节,再转移到另一种无花果上完成发育;成虫羽化后才飞去为食用无花果传粉。如果没有无花果,鹗榕小蜂也就失去了栖身和发育的场所。

二、对一方有利,对另一方无利也无害(+,0)

共栖(commensalism)是指对一方有利,对另一方无利也无害的种间关系,所以又叫偏利。受利的一方可在营养、栖地、安全和移动等方面得到好处,因而有利于这个物种的生存和繁殖,但是这种单方面的好处绝不会对与之共栖的另一方带来任何损害。

在高等动物,特别是在大型有蹄动物(如马、牛、羊和鹿等)的消化道里,常常有许多共栖的细菌和酵母菌,这些微生物最适于在消化道内繁殖,并以肠道内的废物为营养,它们对栖主完全无害。

三、对一方有利,对另一方有害(+,-)

(一) 寄生

密切生活在一起的两种生物,如果一方获益并对另一方造成损害,就称为寄生(parasitism)。寄居在别种生物身上并获益的一方就叫寄生物,被寄居并受害的一方就叫寄主。

寄生物以寄主的体液、血液、各种组织和已经消化好的食物为食,并永久地或暂时地利用寄主身体作为栖所。寄生物常常影响寄主的生长发育、降低寄主的生殖力和生活能力,但是一般不会引起寄主死亡，因为寄主死亡对寄生物也不利。

寄生物对寄主的寄生程度有很大不同。有些寄生物只在吃食时才和寄主接触，它们大部分时间都是自由生活的，如蚊子、牛虻、百蛉、蚂蟥和鲫鱼等，这些寄生物在寄主身上逗留的时间只限于吸血的几分钟或较短时间（图 3-8）。另一些寄生物经常寄居在寄主体上，但是有的在生活史的一定阶段（幼虫或成虫）要离开寄主自由生活，如钩虫、吸虫和寄生桡足类等；有的终生都和寄主发生关系。

有些寄生物必须要在两个或更多的寄主体内寄生，才能完成它们的整个发育过程，因此它们必须适时地从一个寄主转到另一个寄主，这就使生活史变得十分复杂。寄生物在其中进行有性生殖的寄主叫终寄主，在其中进行无性生殖的寄主叫中间寄主。例如，日本血吸虫的终寄主是人，中间寄主是钉螺；华肝蛭（又叫华枝睾吸虫）的终寄主是人，第一中间寄主是淡水螺，第二中间寄主是淡水鱼类。

由于寄生的压力，寄主也相应地发展了各种保护机制。如体外的机械覆盖层可阻止寄生物的潜入；体内的吞噬作用和血液分泌的抗毒素可杀死部分侵入身体的寄生物等。寄主发展保护机制，虽然可以减少寄生物的侵入，但是却无法避免被寄生。人是万物之灵，但是人类却同样遭受着寄生物严重的侵扰，仅蠕虫病一类，整个人类患病率之高是令人吃惊的。据最近在全世界范围的调查，目前整个人类被蠕虫寄生的人次为 45 亿，平均每人都被一种蠕虫所寄生。

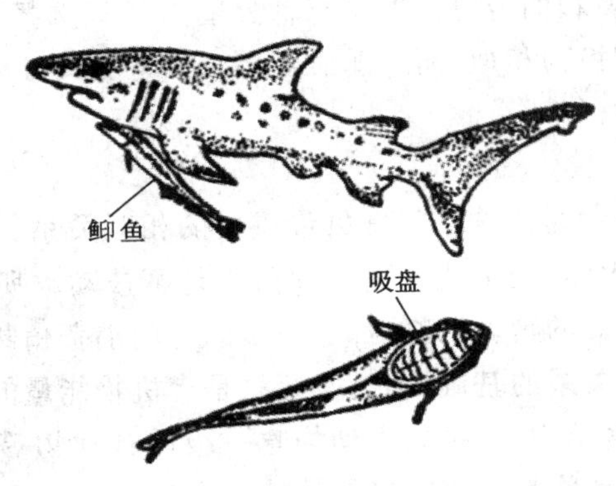

图 3-8　鲫鱼用吸盘寄生在鲨鱼体表

（二）类寄生

寄生的特点是寄生物一般不把寄主杀死，类寄生（para-sitoidism）总是导致寄主的死亡，这一特点使类寄生现象同捕食现象很相似。类寄生现象在昆虫中极为普遍，可以说昆虫对昆虫的寄生都是类寄生，几乎所有的昆虫都被某种或某些其他昆虫所寄生。寄生昆虫的成虫大都是自由生活的，这有利于它们寻找寄主和广泛分布。雌性成虫一般把卵产在寄主的体表（如寄生蝇）或体内（如寄生蜂），从卵中孵出的幼虫取食寄主的体液或组织。幼虫成熟后就在寄主体内化蛹（如蚜虫寄生蜂）或钻出来在寄主体表结茧化蛹（如玉米螟小茧蜂和七星瓢虫小茧蜂），并伴随着寄主的死亡（图 3-9）。

有的寄生昆虫把卵产在寄主的食物（如植物叶片）上，当寄主取食的时候，卵就随着食物被吃了进去。在一个寄主体内可以同时有几个寄生昆虫发育或只能有一个寄生昆虫发育，这就要看是哪一种寄生昆虫了。有些寄生蜂(如小茧蜂)可以进行奇异的多胚生殖,即产在寄主体内的一个卵可以发育出成百上千个幼虫,这是寄生昆虫增强繁殖力的一种极特殊的适应。

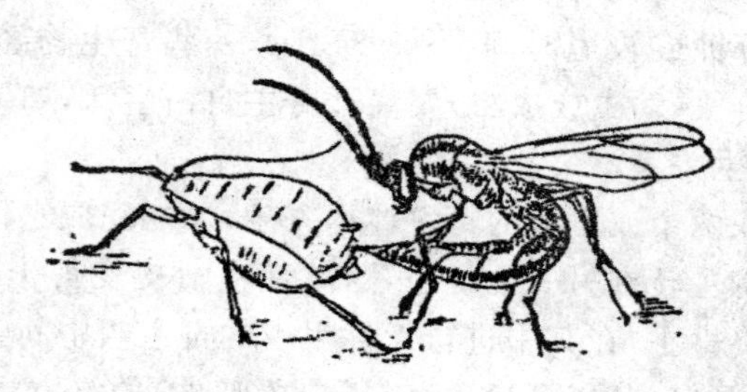

图 3-9 一个类寄生小茧蜂正在蚜虫体内产卵

(三)巢寄生

巢寄生是指一种动物(寄生者)自己不抚养后代,而是把卵产在其他动物的巢内,靠其他动物(被寄生者或养父母)喂养自己后代的现象。

杜鹃是最著名的巢寄生鸟类。杜鹃的种类很多,我国有十几种,如大杜鹃、小杜鹃、四声杜鹃和鹰鹃等,它们大部分都有巢寄生的习性。被它们寄生的鸟类也很多,如大苇莺、篱莺、喜鹊、灰喜鹊、燕雀、红尾鸲和伯劳等。但是每种杜鹃常常只选择 1~2 种鸟巢去产卵,使卵的大小和色斑与寄生鸟卵极为相似,而且鹃雏孵出后常将养父母的卵和幼雏排挤出巢外,以便独占养父母带回的食物。

(四)植食

动物吃植物(herbivory)是生物中最常见最重要的相互关系。从热带雨林到极地苔原,从沙漠到高山,从海岸到大洋,几乎找不到一种植物是不被动物所取食的。而在动物中,从最低等的原生动物到最高等的哺乳动物,都有许多以专门消费植物为生的种类。

植物是生物之间营养关系的基础,动物吃植物是有机物能量的第一次转化,而能量的再次转化,如肉食动物吃植食动物,二级肉食动物吃一级肉食动物等,都有赖于植食现象的存在。因此,归根结底,一切动物都直接间接依赖植物为食。

仅仅在营养方面,动物和植物之间就有如此密切的关系,所以植物的进化过程是和动物的发展紧密联系在一起的,这就是协同进化。

植食动物的存在给植物造成了巨大的选择压力,迫使一些植物发展像细毛、棘刺,坚硬的皮层、革质的叶片、黏性的分泌物等机械性的保护物。另一些植物采取了化学防御手段。例如,颠茄里的颠茄碱可有效地防御反刍动物的取食;大戟属植物对家畜有毒;水仙属、鸭跖草属、兰科植物和其他很多植物都含有对动物有毒的物质。但是,这种防御适应只具有相对的意义,因为动物也不断改进它们对有毒植物的适应。例如,颠茄跳甲能吃颠茄的叶子;某些天蛾幼虫主要以大戟为食;很多鸟类(雀、鹬、鸥和鹑鸡)能吃有毒的浆果和种子(如龙葵、瑞香和曼陀罗等)而对自己无害。这些动物或是依靠生化解毒机制把有毒物质分解为无毒的物质,或把吃进的有毒物质集中在体内某个无害的部位,把它们贮存起来。采取后一种办法对动物还有一个好处,就是可以利用这种毒物毒害捕食它们的动物。

植物作为动物的食物,往往对动物的分布和数量有更直接的影响。单食性昆虫,只在有食料植物的地方才能遇到。它们的分布区通常要小于食料植物的分布区,如我国的三化螟只分布在南方种植水稻的地区,因为它们唯一的食物是水稻。

对多食性动物来说,它们受食料植物变化的影响比较小,因为当一种食料植物歉收的时候,它们可以转而取食其他的植物。如粘虫可吃160多种植物;东亚飞蝗仅野生食料植物就有27种,它们可吃小麦、玉米、水稻、高粱、粟和稷等多种农作物。

总之,植食动物的存在影响着植物的数量,而植物的数量反过来又限制着动物的数量。在长期进化和自然选择过程中,已经形成了一种微妙的平衡,植物的生产量足够养活所有的动物,而动物吃掉的仅仅是植物生产量中"剩余"的那一部分。所以,在一个自然群落中,虽然动物要吃掉大量的植物,但是却不会影响群落成分和结构的稳定性。

(五) 捕食

捕食现象(predation)是指动物吃动物这样一种弱肉强食的种间关系(图3-10)。虽然所有动物都直接间接依赖植物为生,但是有的动物直接吃植物,有的动物通过捕食植食动物或其他肉食动物而间接依赖于植物。这些动物称为肉食动物或捕食者,而作为它们食物的动物称为被捕食者或猎物。

图3-10 捕食现象—动物吃动物

由于捕食现象是在长期进化过程中形成的,所以捕食者和被捕食者在形态、生理和行为上对这种关系都有许多适应性,这种适应性的形成常常表现为协同进化的性质。例如,被捕食者在自然选择下,会跑得越来越快,而且变得越来越机警;而捕食者也相应地会越来越改进它们的捕食技巧。

被捕食者在捕食的压力下形成了保护性的适应。在形态上常利用毒丝(腔肠动物)、毒腺(蜂和毒蛇)、墨囊(头足类)、外壳(软体动物、龟鳖和鲮鲤)、保护色、警戒色和拟态等进行防卫。在行为上用变色(甲壳类、比目鱼、红鱼、雨蛙和蜥蜴等)、恐吓姿态(许多蜥蜴、蛇、蛙、蟾蜍、鸟和哺乳动物等)、发出可怕的声音(响尾蛇、昆虫)、排放恶臭气味(臭虫、臭鼬和步行虫等)、穴居(蜂虎、沙燕、蜥蜴、蛇和昆虫)、集群性和迅速的移动等方式进行自卫。但是,一切防卫适应都只有相对的意义,只能减少被捕食,不能完全避免被捕食。

捕食者和猎物在数量上有着微妙的相互关系,捕食者对猎物数量的影响取决于每一捕食者的食量和捕食者总数量。在猎物数量很多的情况下，由于食物丰富，捕食者会很快通过繁殖而增加数量。但是捕食者数量增加，最终会导致猎物数量的下降，结果捕食者的数量也就随着下降。这种相互作用常使许多捕食者-猎物种群表现出周期性的数量波动规律，而且捕食者的数量高峰总是出现在猎物数量高峰之后。

根据 1845～1942 年连续近 100 年的观察，生活在北方针叶林中的猞猁和雪兔的数量，就是按照大约每 10 年一个周期的规律变动的，而且在雪兔数量高峰之后紧跟着就会出现猞猁数量高峰(图 3-11)。

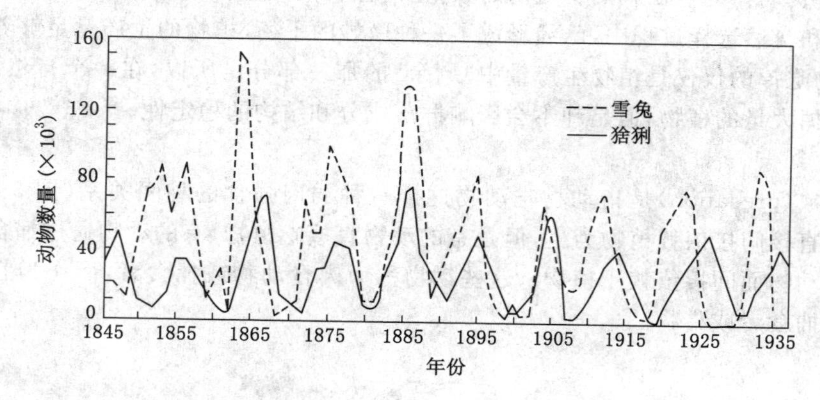

图 3-11　雪兔和猞猁数量的周期变动规律

另一方面，捕食者对猎物种群也有很强的控制作用，这一点在昆虫上表现得特别明显。一旦天敌数量减少，常会造成害虫的大发生。因此，农业上常用引进和释放天敌的方法达到防治害虫的目的，全世界至今已经有 100 多个生物防治成功的事例。我国的生物防治工作处于世界先进水平，引起了世界各国的注意。如利用捕食性螨防治红蜘蛛，用大红瓢虫防治吹绵介壳虫，用胡蜂防治棉铃虫，用蜘蛛防治农田害虫，用七星瓢虫防治棉蚜，用灰喜鹊防治松毛虫等，都取得了明显效果。

四、对一方有害，对另一方无利也无害(－，0)

(一) 种间竞争

两个物种之间的竞争现象(competition)，是俄国生态学家高斯在 1934 年首先用实验方法观察到的。他把大草履虫和双小核草履虫共同培养在一个培养液中，用一种杆菌作为它们的食物，培养的结果，总是一种草履虫战胜另一种。实验中，优胜者是双小核草履虫，它最终总是把大草履虫完全排除掉。

其后，巴克在 1948 年和 1954 年用赤拟谷盗和杂拟谷盗(两种吃仓粮和面粉的甲虫)混养所作的实验，也得出了同样的结论(图 3-12)。

从实验可以看出，当两个物种利用同一资源(如食物和空间)的时候，就会发生种间竞争，两个物种的形态越相似，它们的生态需求越一致，竞争也就越激烈。因此，生态需求完全相同的两个物种，就无法在同一个生存环境中长期共存，要么是一个物种被完全排除，要么是两个物种发生分化，使它们的生态需求略有不同。这是一条基本的生态学原理，叫竞争排除原理。

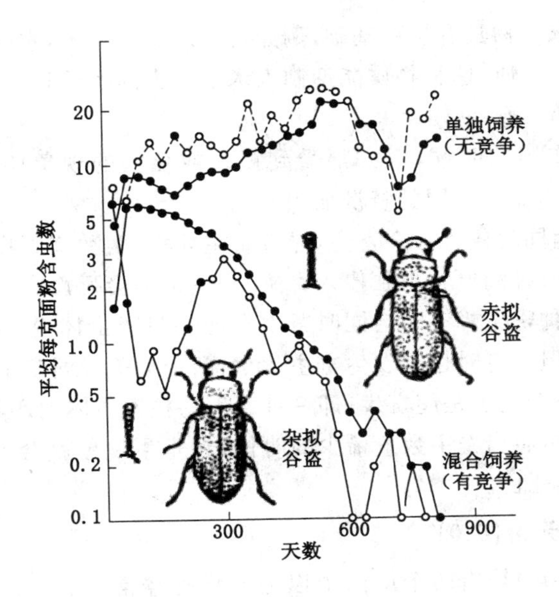

图 3-12　两种面粉甲虫在混合饲养时的竞争情况（数量都下降）

两个物种之间的竞争排除现象，在自然条件下是很难观察到的，通常我们看到的只是竞争的结果。但是，当一个物种被人为地引入一个新地区的时候，这种竞争过程才容易被觉察。

最有趣的是加拉帕戈斯群岛上的 14 种达尔文地雀。加拉帕戈斯群岛因 1835 年 10 月达尔文乘贝格尔舰进行环球旅行时考察过这个群岛而闻名于世。这个群岛离最近的南美大陆约 900 海里，生活在群岛上的 14 种达尔文地雀都是这个群岛所特有的，显然它们都是来自南美大陆的某一个祖种地雀的后裔。至于这个祖种是怎样来到这个远离大陆的群岛的，那就很难说了，很可能是偶然的。总之，通过地理隔离逐渐从一种地雀形成了现在的 14 种地雀，这些地雀有些生活在同一个岛上，有些生活在不同的岛上，显然它们的亲缘关系都很密切，但是为什么还能共同生活在一个小小的群岛上呢？关键就在于它们通过竞争已经有了明显的形态和生态分化。仔细分析起来，它们的栖息地和食性都截然不同。就栖息地来说，有地栖的、树栖的、仙人掌栖的；就食性来说，有食虫的、食种子的、食仙人掌的，还有专门吃果实的；就形态来说，它们的大小和喙形都各不相同。

可见，通过物种之间形态和生态的分化，不仅能够减少种间竞争，而且可以使大自然容纳越来越多的物种。物种之间通过竞争所发生的分化，有时是极其微小的，不一定总能被人们的眼睛所觉察到，甚至连经验非常丰富的分类学家，有时也难以分辨两个近缘物种。但是从生态学原理出发，它们之间肯定会存在形态上的、生理上的或行为上的微小差异，而且这些差异足以保证它们的生态要求不会完全一样。

（二）抗生

一种生物通过分泌化学物质妨碍和损害另一种生物的现象就叫抗生（antibiosis）。抗生现象最早是在细菌和真菌中发现的，例如青霉菌能够分泌一种叫青霉素的化学物质，可强烈抑制其他细菌和微生物的生长、繁殖，这一发现曾经导致了医学上的一次重大革命。

抗生现象使很多农作物具有抗虫基础，例如抗玉米螟的玉米，它的抗虫机制主要是由于含有一种叫丁布的化学物质，这种物质能抑制玉米螟幼虫的生长和发育。

（三）互抗

当两种生物相互作用的时候，双方都受到损害或死亡的现象叫互抗（mutual antagonism）。互抗大都是由于竞争有限的资源而引起的。

当两种致病生物因同时侵入一个寄主，导致寄主死亡，两种病原物也随着死亡。这是明显的抗生，因为如果是一种病原物单独侵入寄主，寄主是不会死亡的。

与此相似的是，两种寄生蜂有时会同时寄生在同一只蚜虫体内，在这种情况下，一般只会有一种寄生蜂存活，但是有时也会发生寄主死亡、两个竞争者同归于尽的现象。

作为种内互抗的一个例子是超寄生，即一种寄生物在寄主体内产卵过多，通常除一卵成活外，其他全部死亡。然而当寄主数量稀少的时候，超寄生现象就会严重发生，并常常导致寄生物幼虫和寄主一起死亡。

五、对双方无利也无害(0,0)

中性关系（neutralism）是指两个或两个以上的物种经常一起出现，但是它们彼此之间并没有任何利害关系。当很多物种所利用的一种资源高度集中在一个地方，并能充分满足所有物种需求的时候，常常会出现物种间的中性关系。例如，一个水源经常会把很多种饮水动物吸引到一起，虽然它们总是一起出现，但是彼此并没有利害关系。

另外，一些食虫鸟类、啮齿动物和捕食性昆虫，经常伴随着大群觅食的军蚁出现，它们不是以军蚁为食，而是以被军蚁所惊扰的其他动物为食，但是它们彼此之间不发生任何关系，只是结伴而行，寻找各自的食物。

第五节 种群关系的调节

一、种群关系的调节控制

种群的数量变动是互相矛盾的两组过程出生和死亡、迁入和迁出相互作用的综合结果。因此，所有影响上述 4 个因素的因子都会影响种群的数量变动，决定种群数量变动过程的是各种因子的综合作用。如果这些因子对种群出生率、死亡率等参数产生的影响在各水平种群密度下都是均一的，即其所产生的影响与种群本身的密度无关，则称为非密度制约因子。许多灾难性环境变化如洪水、火灾、严寒等都可直接导致生物种群密度下降，这种数量下降与密度无关。例如，春天的霜冻会损坏植物的花蕊，导致种子减产，从而使翌年新生植物数量下降。一般来说，环境的季节或年变化通常会使种群数量出现不规则的波动。

与以上因素相反，有些因素对种群初级参数产生的影响与种群本身的密度密切相关，如食物、空间等资源因素。当种群密度达到很高时，这些因素的不足会加剧种群内个体之间的竞争作用，从而导致种群增长率的下降。这些因素对种群的作用大小决定于种群密度的高低，称为密度制约因子。如我们之前学到的种群“S”形的增长曲线，环境容纳量这一概念预示在种群增长率与环境资源可获得性之间存在着一个负反馈，决定环境容纳量的诸因素构成种群的密度制约因子。当然，密度依存种群调节的机制并不仅仅限于资源的可获得性，一些因素如流行病中寄生物的传播也与寄主密度密切相关，从而呈现随种群密度而变化的作用结果。总之，有关种群数量动态的影响因素很复杂，为了解释种群数量变动的机制，生态学家提出了许多不同的学说。

二、种群调节理论

外源性种群调节理论强调外因，认为种群数量变动主要是外部因素的作用。该理论又分为非密度制约的气候学派和密度制约的生物学派。

（一）非密度制约的气候学派

最早提出气候是决定昆虫种群密度的是以色列的 Bodenheimer(1928)。他认为天气条件通过影响昆虫的发育和存活来决定种群密度，证明昆虫早期死亡率的 85%～90%是由于天气条件不良而引起的。气候学派多以昆虫为研究对象，认为生物种群主要是受对种群增长有利的气候的短暂所限制。因此，种群从来就没有足够的时间增殖到环境容纳量所允许的数量水平，不会产生食物竞争。

（二）密度制约的生物学派

生物学派主张捕食、寄生和竞争等生物过程对种群调节起决定作用。澳大利亚生物学家 Nicholson 是生物学派的代表。他虽然承认非密度制约因子对种群动态有作用，但认为这些因子仅仅是破坏性的，而不是调节性的。Smith 支持 Nicholson 的观点，认为种群是围绕一个“特征密度”而变化的，而特征密度本身也在变化。他将种群与海洋相比，海平面有一个普遍的高度，但是不断因潮汐和波浪而变化。Smith 强调了平衡密度的思想。

生物学派中还有些学者强调食物因素对种群调节的作用。Lack(1954)通过对鸟类种群动态的分析，认为种群调节的原因可能有 3 个：食物的短缺、捕食和疾病，而其中食物是决定性的。Pitelka(1964)与 Schultz(1964)提出了营养物恢复学说(nutrient recovery hypothesis)(图 3-13)。他们发现在阿拉斯加荒漠上，旅鼠的周期性数量变动是植食动物与植被间交互作用所导致的。在旅鼠数量很高的年份，食物资源被大量消耗，植被量减少，食物的质和量下降，幼鼠因营养条件恶化而大量死亡，种群数量下降。植被受其营养因素的恢复及土

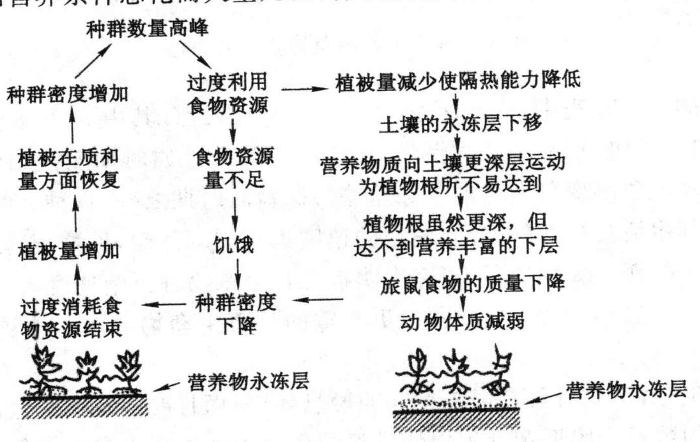

图 3-13　营养物恢复学说图解

壤可利用性所调节，植被的质和量逐步恢复，旅鼠种群数量再度回升，周期为3～4年。种群的调节取决于食物的量，也取决于食物的质。也有学者对气候学派和生物学派的激烈论战提出折中的观点。如A. Milne既承认密度制约因子对种群调节的决定作用，也承认非密度制约因子对种群数量的重要影响。他把种群数量动态分成3个区：极高数量、普通数量和极低数量。在对物种有利的典型环境中，种群数量最高，密度制约因子决定种群的数量；在环境极为恶劣的条件下，非密度制约因子左右种群数量变动。折中观点认为气候学派和生物学派的争论反映了他们工作地区环境条件的不同。

三、种群关系的人为破坏及后果

当种群长久处于不利条件下(人类过捕或栖息地被破坏)，其数量会出现持久性下降，即种群衰落(decline)，甚至消亡(extinction)。个体大、出生率低、生长慢、成熟晚的生物最易出现这种情况。图3-14表示的就是鲸种群由于人类的极端捕捞而种群衰落的现象。当一个地域种群死亡率超过出生率，迁出大于迁入，r呈现负值后，如果这种趋势长期得不到恢复，种群就会衰落，进而消亡。如果不同地域种群均出现衰落状态，则最终导致一个物种在其整个分布范围内消失。

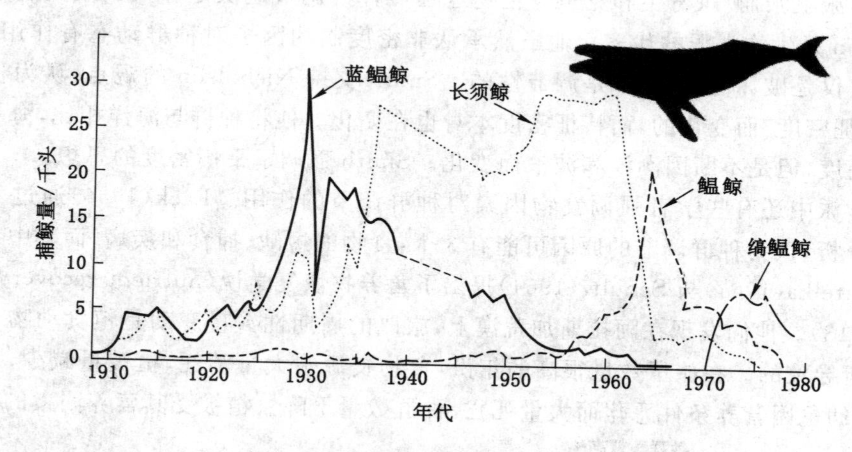

图3-14 南半球鲸鱼捕获量的变化

在地球漫长的演化过程中，曾经历过二叠纪物种大灭亡(其中90%的浅海无脊椎动物灭绝)和白垩纪物种灭绝(所有的恐龙消失)。这种在某个地质时期发生的物种集中灭绝的现象是由于地球环境急剧变化造成的。除这些特殊地质时期之外，物种灭绝速度非常缓慢，不同的物种由于其生活史特性的不同，消亡的速度也不同。然而，种群衰落和灭亡的速度在近代由于人类的干扰而大大加快了，研究表明近几百年来物种灭绝速度人为地提高了1 000多倍。究其原因，不仅是人类的过度捕杀，更严重的是野生动物的栖息地被破坏，剥夺了物种生存的条件。

种群的持续生存，不仅需要有保护良好的栖息环境，而且要有足够的数量达到最低种群密度。因为过低的数量会因近亲繁殖而使种群的生育力和生活力衰退。保护生物学研究的一个热点问题就是进行下降种群的生存力分析，判断最小可存活种群(minimum viable population)，即种群以一定概率存活一定时间的最小种群的大小。

还有一点，由于人类有意识或无意识地把某种生物带入适宜其栖息和繁衍的地区，其种群不断扩大，分布区逐步稳定地扩展，这种过程称为生态入侵(ecological invasion)。如紫茎泽兰(图 3-15)，原产墨西哥，新中国成立前由缅甸、越南进入我国云南，现已蔓延到北纬 25°33′地区，并向东扩展到广西、贵州境内。紫茎泽兰可以入侵各种生态环境，其生命力非常旺盛，根系分泌释放的化学物质和腐烂的枝叶能抑制其他物种的种子萌发和幼苗生长，因此常连接成片，发展成单种优势群落，导致本地植物群落的衰退和消失。其对土壤肥力吸收力强，该草入侵农田后可使农作物减产 3%～18%。

(a)

(b)

图 3-15　我国云南(a)、四川(b)大面积入侵的紫茎泽兰

判定入侵物种的关键是其改变了原有生态系统的结构、功能并造成危害。其取代本地物种，降低物种多样性，改变本地物种生境，导致原有生态系统的破坏或消失。外来物种成功入侵往往需要经过引进、入侵、建立和传播等几个主要阶段。外来物种入侵成活后，通常有一个较长的滞后阶段，之后才会爆发性扩展。我国已知外来归化植物超过 600 种，初步确定为外来入侵植物的有 90 种，其中危害较大的有紫茎泽兰、微甘菊、空心莲子草(水花生)、豚草、毒麦、互花米草、飞机草、凤眼莲(水葫芦)和假高粱等；初步确定为外来入侵动物的约有 40 种，其中危害较大的有蔗扁蛾、湿地松粉蚧、松树线虫、强大小蠹、美国白蛾、非洲大蜗牛、福寿螺和牛蛙等。

本章小结

本章主要介绍种群生态学，主要包括种群的基本特征，环境承载力和种群增长方程，种群的生存策略，种群间的相互关系以及种群关系的调节。

种群是由同种个体组成的、占有一定的领域、是同种个体通过种内关系组成的一个统一体或系统。

种群增长分为两个基本型，即“J”型增长和“S”型增长。环境承载力的概念和种群增长方程有助于寻找最有效的方法控制有害生物的数量。

种群间的相互关系有互利共生、偏利共生、捕食、寄生、偏害共生、竞争、中性七个方面。

种群关系的调节包括非密度制约因子和密度制约因子。当种群长久处于不利条件下(人类过捕或栖息地被破坏)，其数量会出现持久性下降，即种群衰落，甚至消亡，这是种群关系的人为破坏及后果。

思 考 题

1. 简述种群的概念以及结构特征。
2. 简述种群增长的两个基本类型以及它们的特点。
3. 简述 r-选择和 K-选择理论的区别。
4. 种群间的相互关系有哪些?

第四章　群落生态学

第一节　群落的含义及性质

一、群落的概念

群落(community)这一概念最初来自于植物生态学的研究。不同生态学家研究的对象与采用的研究方法不同，导致对群落概念的认识也有所不同。目前生物群落可定义为：在相同时间聚集在同一地段上的各物种种群的集合。在这个定义中，首先强调了时间的概念，其次是空间的概念，即相同的地段。在相同的地段上，随着时间的推移，群落从组成到结构都会发生变化，所以群落一定是指在某一时间段内的群落。物种在群落中的分布不是杂乱无章的，而是有序的，这是群落中各种群之间以及种群与环境之间相互作用、相互制约而形成的。

1902 年，瑞士学者 C. Schroter 首次提出了群落生态学的概念，他认为，群落生态学是研究群落与环境相互关系的科学。1910 年，在比利时布鲁塞尔召开的第三届国际植物学会议上正式决定采纳群落生态学这个科学名称。

对于群落生态学的研究以植物群落研究得最多。植物群落学(phytocoenology)也叫地植物学(geobotany)或植被生态学(ecology of vegetation)，主要研究植物群落的结构、功能、形成、发展以及与所处环境的相互关系。目前对植物群落的研究已经形成比较完整的理论体系。动物生活的移动性特征使得动物群落的研究比植物群落困难，所以动物群落学研究晚于植物群落学。但是如果没有后来动物群落生态学家的参加，有关生态锥体、营养级间能量传递效率等原理的发现是不可能的；同时，如捕食、食草、竞争、寄生等许多重要生态学原理，多数也由动物生态学研究开始；对近代群落生态学作出重要贡献的一些原理，如中度干扰说对形成群落结构的意义、竞争压力对物种多样性的影响等都与动物群落学的发展分不开。因此，最有成效的群落生态学研究，应该是对动物、植物以及微生物群落研究的有机结合。

二、群落的基本特征

群落和种群一样，种群的特征是组成种群的个体所不具有的，而群落的特征是组成群落的各个种群所不具有的，这些特征只有在群落的水平上才有意义。群落主要有以下 5 个基本特征。

1. 物种的多样性

一个群落总是包含着很多种生物，其中有动物、植物和微生物。因此，我们在研究群落的时候，首先应当识别组成群落的各种生物，并列出它们的名录。这是测定一个群落物种多样性的一个最简单的方法。

2. 植物的生长型和群落结构

组成群落的各种植物常常具有极不相同的外貌，根据植物的外貌可以把它们分成不同的生长型，如乔木、灌木、草本和苔藓等。对每一个生长型还可以作进一步的划分，如把乔木分为阔叶树和针叶树等。这些不同的生长型将决定群落的层次性。

3. 优势现象

当你观察一个群落的时候，就会发现，并不是组成群落的所有物种对决定群落的性质都起同等重要的作用。在几百种生物中，可能只有很少的种类能够凭借自己的大小、数量和活力对群落产生重大影响，这些种类就称为群落的优势种。优势种具有高度的生态适应性，它的存在常常影响着其他生物的生存和生长。

4. 相对数量

群落中各种生物的数量是不一样的，因此，我们就可以计算各种生物数量之间的比例，这就是物种间的相对数量。

5. 营养结构

营养结构指生物之间的取食关系，如谁吃谁，这种取食关系将决定群落中的能流流动和物质循环（植物—植食动物—肉食动物）。

群落的这五个特征是随着群落的变化而变化的。群落随时间而发生的变化就是演替，演替总是导致一个群落走向稳定的顶极群落；群落随空间位置的不同（如沿着一个环境梯度分布）也会发生变化，因此，当我们沿着一个湿度或温度的环境梯度（由低湿到高湿或由低温到高温）旅行的时候，虽然是在同一个群落中，但是它的特征却会逐渐显现变化。

三、群落的性质

在生态学界，对于群落的性质问题，一直存在着两派决然对立的观点，通常被称为机体论学派和个体论学派。

1. 机体论学派

机体论学派（organismic school）的代表人物是美国生态学家 Clements，他将植物群落比拟为一个生物有机体，看成是一个自然单位。他认为任何一个植物群落都要经历一个从先锋阶段（pioneer stage）到相对稳定的顶级阶段（climax stage）的演替过程。如果时间充足的话，森林区的一片沼泽最终会演替为森林群落。这个演替过程类似于一个有机体的生活史。因此，群落像一个有机体一样，有诞生、生长、成熟和死亡的不同发育阶段，而这些不同的发育阶段，可以解释成一个有机体的不同发育时期。他指出这种比拟是真实的，因为每一个顶极群落被破坏后，都能够通过基本上是同样形式的发展阶段而再达到顶极群落阶段。

2. 个体论学派

个体论学派（individualistic school）的代表人物之一是 H. A. Gleason。他认为将群落与有机体相比拟是欠妥的。因为群落的存在依赖于特定的生境与不同物种的组合，但是环境条件在空间与时间上都是不断变化的，故每一个群落都不具有明显的边界。环境的连续变化使人们无法划分出独立的群落实体，群落只是科学家为了研究方便而抽象出来的一个概念。

个体论学派反对将群落比拟为有机体的依据是:如果将植物群落看成一个有机体,它与生物有机体之间存在着很大的差异。第一,生物有机体的死亡必然引起器官死亡,而组成群落的种群不会因植物群落的衰亡而消失;第二,植物群落的发育过程不像有机体发生在同一体内,它表现在物种的更替与种群数量的消长;第三,与生物有机体不同,植物群落不可能在不同生境条件下繁殖并保持其一致性;第四,相同物种的个体之间在遗传上密切相关,但是在同一群落类型之间却无遗传上的任何联系。上述这些方面都是将群落比拟为生物有机体所具有的缺陷。

群落组织的机体论概念和个体论概念,预测了生态梯度和地理梯度上物种的不同分布格局。机体论认为,属于一个群落的物种相互紧密联系,这表明,每个物种的分布与作为整体的群落的分布的生态限制是一致的。生态学家称这种群落组织观点为封闭群落(closed community)。个体论认为在一个特定群落中,每个物种与其共存物种都是独立分布的,这样的开放群落没有自然边界。所以,就其成员物种的地理和生态分布而言,其界线是清晰的,这些成员物种可能独立地将分布范围扩展到其他群落中。

以上两派观点的争论并未结束,因研究区域与对象不同而各持己见。还有一些学者认为,两派学者都未能包括全部真理,并提出目前已经到了停止争论的时刻了。这些学者认为,现实的自然群落,可能处于自个体论所认为的到机体论所认为的连续谱中的任何一点,或轴中的任何一点。

第二节　群落的种类组成

一、种类组成

种类组成是决定群落性质最重要的因素,也是鉴别不同群落类型的基本特征。群落学研究一般都从分析种类组成开始。为了得到一份完整的生物种类名单(如高等植物名录或动物名录),通常采用最小面积的方法来统计一个群落或一个地区的生物种类名录,现以植物群落为例来具体阐述。

在选择的样地内,设置抽样样方。通常采用最小面积的方法设置样方。所谓最小面积,是指基本上能够表现出某群落类型植物种类的最小面积。如果抽样面积太大,会花费很大的财力、人力与时间等;如果抽样面积太小,则不可能完全反映组成群落的物种情况。通常以绘制种-面积曲线来确定最小面积的大小。具体做法是:逐渐扩大样方面积,随着样方面积的增大,样方内植物的种数也在增加,但当物种增加到一定程度时,曲线则有明显变缓的趋势,即新物种的增加已经很少。通常把曲线陡度开始变缓处所对应的面积,称为最小面积。通常,组成群落的种类越丰富,其最小面积越大。

植物种类不同,群的类型和结构不相同,在群落中的地位和作用也不相同。因此,可以根据各个种在群落中的作用而划分群落成员型。在植物群落研究中,常用的群落成员型有以下几类。

1. 优势种和建群种

对群落结构和群落环境的形成有明显控制作用的植物种称为优势种(dominant species),它们通常是那些个体数量多、投影盖度大、生物量高、体积较大、生活能力较强的植物种类。群落的不同层次可以有各自的优势种，如森林群落中，乔木层、灌木层、草本层和地被层分别存在各自的优势种，其中乔木层的优势种，即优势层的优势种常称为建群种（constructive species）。如果群落中的建群种只有一个，则称为“单建群种群落”或“单优种群落”；如果具有两个或两个以上同等重要的建群种，则称为“共建种群落”或“共优种群落”。热带森林几乎全是共建种群落，北方森林和草原则多为单优种群落，但有时也存在共优种群落。

2. 亚优势种

亚优势种（subdominant species）指个体数量与作用都次于优势种，但在决定群落性质和控制群落环境方面仍起着一定作用的植物种。在复层群落中，它通常居于下层，如大针茅草原中的小半灌木冷蒿就是亚优势种。

3. 伴生种

伴生种（companion species）为群落的常见种类，它与优势种相伴存在，但对群落环境的影响不起主要作用。

4. 偶见种或罕见种

偶见种（rare species）可能偶然地由人们带入或随着某种条件的改变而侵入群落中，也可能是衰退中的残遗种。它们在群落中出现频率很低，个体数量也十分稀少。但是有些偶见种的出现具有生态指示意义，有的还可作为地方性特征种来看待。

由此可见，在一个植物群落中，不同植物种的地位和作用以及对群落的贡献是不相同的。如果把群落中的优势种去除，必然导致群落性质和环境的变化；但若将非优势种去除，只会发生较小的或不明显的变化。

二、数量特征

为了更深入地研究植物群落，在查清了它的种类组成之后，还需要对种类组成进行定量分析。种类组成的数量特征是近代群落分析技术的基础。数量特征包括以下几种指标。

1. 多度与密度

多度（abundance）是对植物群落中物种个体数目多少的一种估测指标，多用于植物群落的野外调查。目前国内外尚无统一的标准，我国多采用 Drude 的七级制多度，即：

Soc (Sociales)	极多，植物地上部分郁闭
Cop3(Copiosae)	数量很多
Cop2	数量多
Cop1	数量尚多
Sp(Sparsal)	数量不多而分散
Sol(Solitariae)	数量很少而稀疏
Un(Unicum)	个别或单株

2. 密度（density）

密度是单位面积或单位空间上的一个实测数据。相对密度（relative density）是指样地内某一种植物的个体数占全部的百分比。某一物种的密度占群落中密度最高的物种密度的百分比称为密度比（density ratio）。

3. 盖度

盖度(coverage)是指植物体地上部分的垂直投影面积占样地面积的百分比,又称投影盖度。盖度是群落结构的一个重要指标,因为它不仅反映了植物所占有的水平空间的大小,而且还反映了植物之间的相互关系。通常以百分比来表示盖度,而林业上常用郁闭度表示林木层的盖度。

群落中某一物种的分盖度占所有分盖度之和称为该物种的相对盖度。某一物种的盖度占盖度最大物种的盖度的百分比称盖度比(cover ratio)。基盖度是指植物基部的覆盖面积。对于草原群落,常以离地面1英寸(2.54 cm)高度的断面积计算;而对森林群落,则以树木胸高(1.3 m处)断面积计算。基盖度也称真盖度。乔木的基盖度特称为显著度(dominant)。

4. 频度

频度(frequency)是指群落中某物种出现的样方数占整个样方数的百分比,即:

频度=某物种出现的样方数/样方总数×100%

群落中或样地内某一物种的频率占所有物种频度之和的百分比称为相对频度;样地内某一物种的频度与样地频度最高物种的频度比称为频度比。

5. 高度

高度作为测量植物体的一个指标,测量时取其自然高度或绝对高度。

6. 重量

重量用来衡量种群生物量或现存量的指标,可分鲜重与干重。

7. 重要值

重要值(important value)是J. T. Curtis和R. P. Mclntosh(1951)在研究森林群落时首次提出的,它是某个种在群落中的地位和作用的综合数量指标。因为它简单、明确,所以近年来得到普遍采用。计算公式如下:

重要值(I. V.)=相对密度+相对频度+相对优势度(相对基盖度)

上式用于草原群落时,相对优势度可用相对盖度代替:

重要值=相对高度+相对频度+相对盖度

三、物种多样性

生物多样性(biodiversity)是指生物中的多样化和变异性以及物种生境的生态复杂性,它包括植物、动物和微生物的所有种及其组成的群落和生态系统。生物多样性可以分为遗传多样性、物种多样性和生态系统多样性3个层次。遗传多样性是指地球上生物个体中所包含的遗传信息的总和;物种多样性是指地球上生物有机体的多样化;生态系统多样性涉及的是生物圈中生物群落、生境与生态过程的多样化。

物种多样性具有两种涵义:其一是种的数目或丰富度(species richness),它是指一个群落或生境中物种数目的多寡;其二是种的均匀度(species evenness),它是指一个群落或生境中全部物种个体数目的分配状况,反映的是各物种个体数目分配的均匀程度。

多样性指数正是反映丰富度和均匀度的综合指标。测定多样性的公式很多,这里仅介绍其中2种有代表性的作一说明。

1. 辛普森多样性指数

辛普森多样性指数(Simpson's diversity index)是基于在一个无限大小的群落中，随机抽取两个个体，它们属于同一物种的概率是多少这样的假设而推导出来的。用公式表示为：

$$D = 1 - \sum_{i=1}^{S} P_i^2$$

式中 S——群落中物种数目；

D——辛普森多样性指数；

P_i——种 i 的个体数(N_i)占群落中总个体数(N)的比例，$P_i = N_i/N$。

辛普森多样性指数的最低值是 0，最高值($1-1/S$)。前一种情况出现在全部个体均属于一个种的时候，后一种情况则出现在每个个体分别属于不同种的时候。例如，甲群落中有 A、B 两个物种，A、B 两个种的个体数分别为 99 和 1，而乙群落中也只有 A、B 两个物种，A、B 两个种的个体数均为 50，按辛普森多样性指数计算，甲、乙两群落种的多样性指数分别为：

$$D_1 = 1 - \sum_{i=1}^{2} (N_i/N)^2 = 1 - [(99/100)^2 + (1/100)^2] = 0.0198$$

$$D_2 = 1 - \sum_{i=1}^{2} (N_i/N)^2 = 1 - [(50/100)^2 + (50/100)^2] = 0.5000$$

从计算结果可以看出，乙群落的多样性高于甲群落。造成这两个群落多样性差异的主要原因是甲群落中两个物种分布不均匀。从丰富度来看，两个群落是一样的，但均匀度不同。

2. 香农-威纳指数

香农-威纳指数(Shannon-Weiner index)是用来描述种的个体出现的紊乱和不确定性。不确定性越高，多样性也就越高。其计算公式为：

$$H = -\sum_{i=1}^{S} P_i \log_2 P_i$$

式中 S——物种数目；

P_i——属于种 i 的个体在全部个体中的比例；

H——物种的多样性指数。

公式中对数的底可取 2，e 和 10，但单位不同，分别为 nit，bit 和 dit。若仍以上述甲、乙两群落为例计算，则 $H_1 = 0.081$nit，$H_2 = 1.00$nit。由此可见，乙群落的多样性更高一些，这与用辛普森多样性指数计算的结果是一致的。

香农-威纳指数包含两个因素：一是种类数目，二是种类中个体分配上的均匀性(evenness)。种类数目越多，多样性越大；同样，种类之间个体分配的均匀性增加，也会使多样性提高。当群落中有 S 个物种，每一物种恰好只有一个个体时，H 达到最大，即为 $\log_2 S$；当全部个体为一个物种时，多样性最小，即为 0。因此，我们定义下面两个公式：

均匀度： $E = H/H_{max}$

其中 H 为实际观察的种类多样性，H_{max} 为最大的种类多样性。

不均匀度： $R = (H_{max} - H)/(H_{max} - H_{min})$

其中 R 取值为 0～1。

第三节　群落的结构

一、群落的外貌

生活型(life form)是生物对外界环境适应的外部表现形式。同一生活型的生物，不但体态相似，而且在适应特点上也是相似的。植物生活型的研究工作较多。对植物而言，其生活型是植物对综合环境条件的长期适应，而在外貌上反映出来的植物类型。它的形成是植物对相同环境条件趋同适应的结果。

分类以温度、湿度、水分作为揭示生活型的基本因素，以植物体在渡过生活不利时期(冬季严寒、夏季干旱等)时对恶劣条件的适应方式作为分类的基础。具体的是以休眠或复苏芽所处位置的高低和保护的方式为依据，把高等植物划分为五大生活型类群(图 4-1)。在各类群之下，再按照植物体的高度、芽有无芽鳞保护、落叶或常绿、茎的特点以及旱生形态与肉质性等特征，细分为较小的类群。

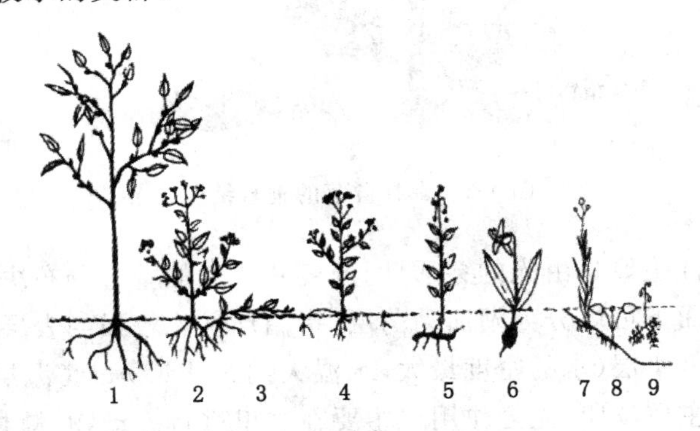

图 4-1　Raunkiaer 生活型图解

1——高位芽植物；2,3——地上芽植物；4——地面芽植物；5-9——地下芽植物；
图中黑色部分为多年生，非黑色部分当年枯死

(1) 高位芽植物：高位芽植物(phanerophytes)的芽或顶端嫩枝是位于离地面 25 cm 以上的较高处的枝条上。如乔木、灌木和一些生长在热带潮湿气候条件下的草本等。

(2) 地上芽植物：地上芽植物(chamaephytes)的芽或顶端嫩枝位于地表或很接近地表处，一般都不高出土表 20～30 cm，因而它们受土表的残落物保护，在冬季地表积雪地区也受积雪的保护。

(3) 地面芽植物：地面芽植物(hemicryptophytes)在不利季节，植物体地上部分死亡，只是被土壤和残落物保护的地下部分仍然活着，并在地面处有芽。

(4) 地下芽植物：地下芽植物(geophytes)，又称隐芽植物(cryptophytes)，渡过恶劣环境的芽埋在土表以下，或位于水体中。

(5) 一年生植物：一年生植物(therophytes)是只能在良好季节中生长的植物，它们以种子的形式渡过不良季节。统计某个地区或某个植物群落内各类生活型的数量对比关系称为生活

型谱。通过生活型谱可以分析一个地区或某一植物群落中植物与生境(特别是气候)的关系。

二、群落的垂直结构

群落还具有清楚的层次性,即群落的垂直结构。群落的层次性主要是由植物的生活型所决定的。苔藓、草本植物、灌木和乔木自下而上分别配置在群落的不同高度上,形成了群落的垂直结构(图 4-2)。其中林冠层是森林木材产量的主要来源,对森林群落其他部分的结构影响也最大。如果林冠层比较稀疏,就会有更多的阳光照射到森林的下层,因此下木层和灌木层的植物就会发育得更好;如果林冠层比较稠密,那么下面的各层植物所得到的阳光就很少,植物发育也就比较差。其他群落也和森林群落一样具有垂直结构,只是没有森林那么高大,层次也比较少。

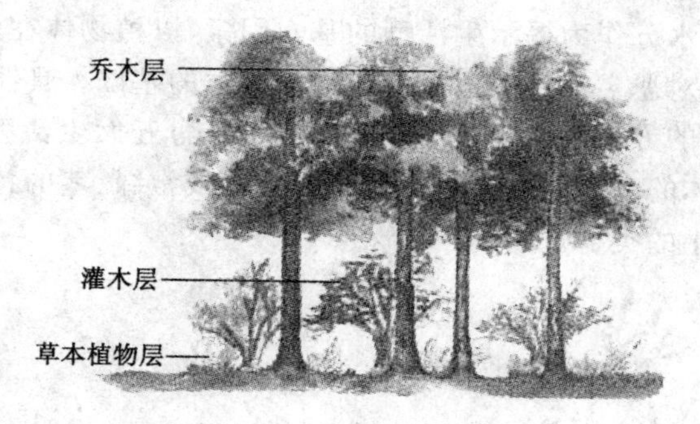

图 4-2 森林群落的垂直结构

水生群落的层次性主要是由光的穿透性、温度和氧气的垂直分布决定的。夏天,一个层次性较好的湖泊自上而下可以分为湖面动荡层(指循环性比较强的表层水)、斜温层(湖水温度变化比较大)、湖下静水层(水的密度最大,水温大约为 4 ℃)和底泥层等四层。湖面动荡层是浮游植物活动的主要场所,光合作用也主要在这里进行。动物、植物残体的腐败和分解过程主要发生在底泥层。

无论是陆生群落还是水生群落,从生物学结构的角度都可以把它们区分为自养层和异养层。自养层的光线充足,生物具有利用无机物制造食物的能力并可固定太阳能,如森林的林冠层、草原的草本植物层和海洋湖泊动荡层。异养层只能利用自养生物所贮存的食物,并借助于最广义的捕食作用和分解作用,使能量和营养物质得以流动和循环。

三、群落的水平结构

植物群落的结构特征,不仅表现在垂直方向上,而且也表现在水平方向上。植物群落水平结构的主要特征就是它的镶嵌性(mosaic)。镶嵌性是植物个体在水平方向上的分布不均匀造成的,从而形成了许多小群落(microcoense)。小群落的形成是由生态因子的不均匀性造成的,如小地形和微地形的变化,土壤湿度和盐渍化程度的差异,群落内部环境的不一致,动物活动以及人类的影响等。

分布的不均匀性也受到植物种的生物学特性、种间的相互关系以及群落环境的差异等因素制约。如一个种在某个群落成单茎生长,但在另一个群落中又可能成丛或成堆、成斑块生长。林冠下光照的不均匀性对林下植物的分布就有密切影响。在光照强的地方,生长着较多的阳性植物，如郁闭林冠中的林窗处；而在光照强度弱的地方，只生长着少量的耐阴植物，如郁闭的热带雨林下的草本植物。总之，群落环境的异质性越高，群落的水平结构就越复杂。群落的水平结构就如同在一个绿色的地毯上镶嵌了许多五颜六色的宝石一样。绿色的地毯就是某一植物群落类型，而五颜六色的宝石就是由不同生态因子引起而形成的不同小群落，正是它们构成了植物群落的水平结构。

四、群落的时间结构

群落随着季节的更替而呈现出明显的变化，因此任何群落的结构都不是固定不变的。陆生植物的开花具有明显的季节性，各种植物的开花时间和开花期的长短有很大不同。植物和传粉动物之间的协同进化过程决定着群落的季节性，植物和传粉动物都能从它们的相互关系中得到好处。植物为动物提供了食物（花粉和花蜜），而传粉动物促进了植物的异型杂交（远交），使各种遗传物质得到融合。

植物在进化过程中形成一定的开花期，有利于增加它们异花授粉的机会，同时也会减弱植物之间为争夺传粉动物而进行的竞争。动物为植物授粉是为了获得能量，因此，传粉动物能量收支的效益对植物花朵形态的进化有着重要影响。

在很多热带地区，降雨是一个关键的生态因子，旱季和雨季的交替对于群落结构有着强烈的影响。在湿地热带雨林中，也有季节落叶现象，但是不像在旱地阔叶林那样明显。热带雨林的脱叶情况依树种而不同，一般说来，上层树种有较明显的季节性脱叶和长叶现象，而下层树种没有季节性，而是全年陆续不断有旧叶脱落和新叶萌发。

五、影响群落结构的因素

（一）竞争

由于竞争导致生态位的分化，因此，竞争在生物群落结构的形成中起着重要作用。例如MacArthur在研究北美针叶林中5种林莺的分布时，发现它们在树的不同部位取食，这是一种资源分隔现象，可以解释为因竞争而产生的共存。Pyke(1982)研究了美国科罗拉多州熊蜂的吻长（是对被采蜜花大小的适应性特征），发现每一被调查地点，熊蜂群落的优势种包括一个长吻种、一个短吻种和一个中长吻种。他还进一步进行了去除试验，当移去某一种，其余种很快扩大资源利用范围，在原来不"喜好"的但由于去除种放空的花上采蜜。由此可见，物种之间的竞争，对群落的物种组成与分布有很大影响，进而影响群落的结构。

群落中的种间竞争出现在生态位比较接近的种类之间。通常将群落中以同一方式利用共同资源的物种集团，称为同资源种团(guild)。同资源种团内的种间竞争十分激烈，它们占有同一功能地位，是等价种。如果一个种由于某种原因从群落中消失，别的种就可能取而代之，这对竞争和群落结构进行实验研究是有利的。

对高等植物的竞争与生态位分化和共存的研究有相当难度，因为植物是自养生物，都需要光、CO_2、水和营养物。Tilman的研究是一重要进展，他以两种植物竞争两种资源的结局的分布范围，确定其胜败或共存。图4-3(a)表明了A+B两物种的共存区范围（以两种资源供应率为坐标轴）。当5种植物竞争两种资源时，其结局就多样了，除有A+B，B+C，C+D，…共存的范围外，还有一个区5种可以同时共存（图4-3(b)中虚线圈内），这表明仅对两种资源的竞争，5种植物（甚至更多种）都是能共存的。由此可见，许多种植物在竞争少数相同资源中能够共存是有根据的。Tilman 的研究结果是一种解释，另一种解释是在一个生境中各种生态因素并不是均匀分布的，空间的异质性是物种共存的另一根据。

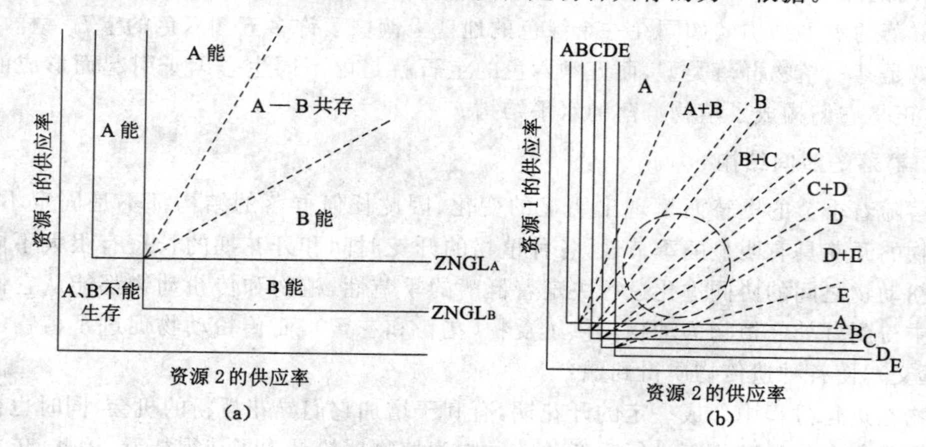

图 4-3 Tilman 模型

(a) 两种植物竞争两种资源的 Tilman 模型的各种结局；

(b) 5 种植物竞争两种资源的 Tilman 模型的各种结局（虚线圈内 5 种植物能共存）

（二）捕食

捕食对形成生物群落结构的作用，视捕食者是泛化种还是特化种而异。具选择性的捕食者对群落结构的影响与泛化捕食者不同。如果被选择的喜食种属于优势种，则捕食能提高多样性。但是，如果捕食者喜食的是竞争上占劣势的种类，则结果相反，捕食降低了多样性。

Paine(1966)在岩底潮间带群落中去除海星的试验，是顶级食肉动物对群落影响的首次实验研究。图 4-4 表示该群落中一些重要的种类及其食物联系，海星以藤壶、贻贝、石鳖等为食。Paine 在一 8 m 长、2 m 宽的试验样地中连续数年把所有海星都去除掉，结果在几个月后，样地中藤壶成了优势种，以后藤壶又被贻贝所排挤，贻贝成为优势种，变成了“单种养殖”地。这个试验证明了顶级食肉动物成为取决群落结构的关键种。

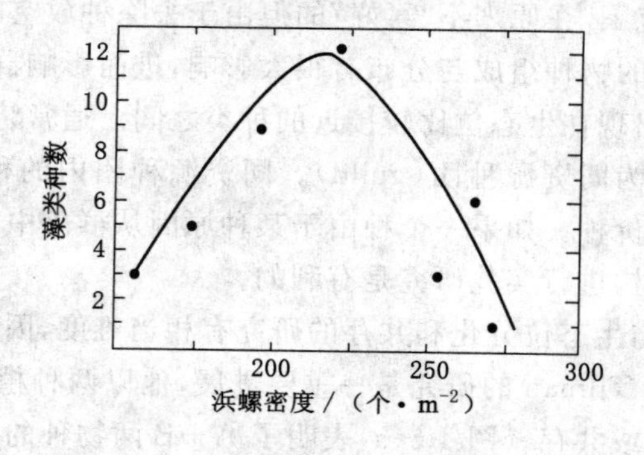

图 4-4 藻类种数与滨螺密度的关系

实验研究证明，随着泛化捕食者（兔）食草压力的加强，草地上的植物种数有所增加，因为兔把有竞争力的植物种吃掉，可以使竞争力弱的植物种生存，所以多样性提高。但是吃食压力过高时，植物种数又随之降低，因为兔不得不吃适口性低的植物。因此，植物多样性与兔捕食强度的关系呈单峰曲线。另一方面，即使是完全泛化的捕食者，像割草机一样，对不同种植物也有不同影响，这决定于被食植物本身恢复的能力。

（三）干扰

干扰(disturbance)是自然界的普遍现象，就其字面含义而言，是指平静的中断，对正常过程的打扰或妨碍。

近代多数生态学家认为干扰是一种有意义的生态现象，它引起群落的非平衡特性，强调了干扰在形成群落结构和动态中的作用。同时，自然界到处都存在人类活动，诸如农业、林业、狩猎、施肥、污染等，这些活动对于自然群落的结构发生重大影响。

1. 干扰与群落的断层

干扰造成在连续群落中出现断层(gaps)是非常普遍的现象。森林中的断层可能由大风、雷、电、砍伐、火烧等原因引起，从而形成斑块大小不一的林窗；草地群落的干扰包括放牧、动物挖掘、践踏等。

干扰造成群落的断层以后，有的群落在没有继续干扰的条件下会逐渐地恢复。但断层也可能被周围群落的任何一个种侵入和占有，并发展为优势者，哪一种是优胜者完全取决于随机因素，这可称为对断层的抽彩式竞争。

2. 断层的抽彩式竞争

抽彩式竞争(competive lottery)出现在这样的条件下：① 群落中具有许多入侵断层能力相等和耐受断层中物理环境能力相等的物种。② 这些物种中任何一种在其生活史过程中能阻止后入侵的其他物种的再入侵。在这两个条件下，对断层的种间竞争结果完全取决于随机因素，即先入侵的种取胜，至少在其一生之中为胜利者。当断层的占领者死亡时，断层再次成为空白，哪一种占有和入侵又是随机的。当群落由于各种原因不断地形成新的断层，时而这一种"中彩"，时而那一种"中彩"，那么群落整体就有更多的物种可以共存，群落的多样性将明显提高。

3. 断层与小演替

有些群落所形成的断层，其物种的更替是可预测的，有规律性的。新打开的断层常常被扩散能力强的一个或几个先锋种所入侵。它们的活动改变了环境条件，促进了演替中期种入侵，最后为顶极种所替代。在这种情况下，多样性开始较低，演替中期增加，但到顶极期往往稍有降低。与抽彩式竞争不同的另一点是，参加小演替各阶段的一般都有许多种，而抽彩式竞争只有一个建群种。

4. 断层形成的频率

断层形成的频率影响物种多样性，据此 Connell 等提出了中度干扰假说(intermediate disturbance hypothesis)，即中等程度的干扰能维持高多样性。其理由是：① 在一次干扰后少数先锋种入侵断层，如果干扰频繁，则先锋种不能发展到演替中期，使多样性较低。② 如果干扰间隔期很长，使演替过程能发展到顶极期，多样性也不很高。③ 只有中等干扰程度使多样性维持最高水平，它允许更多的物种入侵和定居。

图 4-4 曾介绍了藻类种数与浜螺密度的关系，表明了中等的浜螺密度下，藻类的多样性

最高,这里捕食对藻类群落的影响与干扰是相似的,实际上中度干扰假说也是在研究潮间带群落时首次提出的。

5. 干扰理论与生态管理

干扰理论对应用领域有重要价值。如要保护自然界生物的多样性,就不要简单地排除干扰,因为中度干扰能增加多样性。实际上,干扰可能是产生多样性的最有力手段之一。冰河期的反复多次“干扰”,大陆的多次断开和岛屿的形成,看来都是物种形成和多样性增加的重要动力。同样,群落中不断出现断层,新的演替,斑块状的镶嵌等等,都可能是产生和维持生态多样性的有力手段。这样的思想应在自然保育、农业、林业和野生动物管理等方面起重要作用。例如,斑块状的森林砍伐可能增加物种多样性,但斑块的最佳大小要进一步研究决定;农业实践本身就包括人类的反复干扰。

(四) 空间异质性

群落的环境不是均匀一致的,空间异质性(spacial heterogeneity)的程度越高,意味着有更加多样的小生境,能允许更多的物种共存。

1. 非生物环境的空间异质性

Harman 研究了淡水软体动物与空间异质性的相关性,他以水体底质的类型数作为空间异质性的指标,得到了正的相关关系:底质类型越多,淡水软体动物种数越多。植物群落研究中大量资料说明,在土壤和地形变化频繁的地段,群落含有更多的植物种,平坦同质土壤的群落多样性低。

2. 植物空间异质性

MacArthur 等曾研究鸟类多样性与植物物种多样性和取食高度多样性之间的关系。取食高度多样性是对植物垂直分布中分层和均匀性的测度。层次多,各层次具更茂密的枝叶表示取食高度多样性高。结果发现,鸟类多样性与植物种数的相关,不如与取食高度多样性相关紧密。因此,根据森林层次和各层枝叶茂盛度来预测鸟类多样性是有可能的,对于鸟类生活,植被的分层结构比物种组成更为重要。

在草地和灌丛群落中,垂直结构对鸟类多样性就不如森林群落重要,而水平结构,即镶嵌性或斑块性(patchiness)就可能起决定作用。

第四节 群落演替

一、演替的概念

一块农田,如果人们不去耕耘和播种,而是任其自由发展,几年之后,农田的面貌就又会发生变化,草本植物减少和消失了,各种灌木却繁茂地生长了起来,如黑草莓、野葛和山楂等。再过一些年,野樱桃树、松树和杨树也在这里长了起来,灌木又被挤到了次要地位。最后,这块农田将演变成一片森林,槭树、山核桃树和松树可能成为那里的优势树种。这片森林在不受外力干扰的情况下,将会长期占领那里,成为一个非常稳定的森林群落,这个群落将不会再被其他群落所代替,所以叫顶极群落。

上述农田的演变过程是一些植物取代另一些植物,一个群落取代另一个群落的过程,这个过程直到出现一个顶极群落才会中止。群落的这种依次取代现象叫作演替。群落的演替是一个有规律、有一定方向和可以被人们预测的自然过程。

从草本植物到灌木、从灌木到森林、从森林到顶极群落这一完整的演变过程就称为一个演替系列，而演替所经历的每一个群落就称为演替系列阶段。

每一个演替系列阶段都是一个独立的群落，它有自己独特的群落结构和物种成分。每一个演替系列阶段所经历的时间有长有短，短则一两年，长则几十年和几百年不等。一般说来，在温暖潮湿的气候条件下，演替进展比较快；在寒冷和干燥的气候条件下，演替速度比较慢。在寒冷的阿拉斯加，即使是先锋植物阶段的演替（地衣苔藓植物群落）也需要花费25～30年的时间（表4-1），而在热带地区，这个阶段的演替时间只需3～5年就够了。据估计，完成热带雨林的一个演替系列，大约需要400～1 000年的时间。

表4-1　　阿拉斯加苔原演替的时间表

阶　段	时　间
1. 先锋植物阶段	25～30年
2. 草本植物阶段	100年
3. 早期灌丛阶段	200年
4. 晚期灌丛阶段	300年
5. 苔原顶级群落	5 000年

群落演替的地点如果是从没有生长过任何植物的裸土、裸岩、沙丘和湖底，这种演替被称为初生演替；如果由于火灾、洪水泛滥和人为破坏等原因把原有群落毁灭，在被毁灭群落的基质上所进行的演替被称为次生演替，如在森林火灾、人工弃田和林木砍伐后所发生的天然演替就是次生演替。所谓森林的天然更新就是指林木被砍光后的次生演替；所谓次生林就是原始森林被人类破坏后，在原有的基质上通过次生演替而生长起来的新的森林。

一般说来，原生演替比次生演替要经历更长的时间，因为原生演替的基质和环境极为贫瘠和严酷，而次生演替的基质和环境是比较肥沃和温和的，原有的群落毁灭后留下了大量的有机质和生命的胚种（孢子和种子等）。

无论是原生演替还是次生演替都可以在水中进行，也可以在陆地上进行。将在水中进行的演替称为水生演替系列，在陆地上进行的演替称为陆生演替系列。

二、演替的特征

群落在演替过程中表现出一些共同特征。

（一）演替的方向性

大多数群落的演替都有着共同的趋向，而且是不可逆的。演替的趋向一般是从低等生物逐渐发展到高等生物，从小型生物发展到大型生物，生活史从短到长，群落层次从少到多，营养阶层从低到高、由简单到复杂，竞争从无到有再发展到很激烈，最后趋向于动态中求稳定。整个来说，群落结构从简单到复杂，物种从少到多，种间关系从不平衡到平衡、从不稳定趋向稳定。

（二）演替的速度

一个先驱物种中的某些个体要在一个荒原上形成一个种群，再从它的基础上发展成为一个初级的群落，可能是一个艰难的长期自然选择过程。一般来说，这个过程是极为缓慢的。当一个初级群落建立起来以后，每一个定居下来的新物种都面临着繁殖、扩散、巩固的问题，物种之间开始了激烈的竞争，也就是对有限的资源或生物空间展开争夺。在严酷的生存斗争中，群落的物种组成是不稳定的，经常在数年中或数十年中就会更换一系列的物种。但稳定平衡是演替的必然结果，在交错复杂的种间竞争与自然环境的斗争中，毕竟会有一些强有力的优势种获得主导地位，因而使演替的速度缓慢下来，最后在群落的稳定平衡中只存在某种相对的波动。

（三）演替效应

群落中的物种在自身的发展过程中经常对生境产生一些不利于自己生存而有利于其他物种生存的因素，从而在演替中创造了物种替代的条件，这在原生演替过程中表现得十分明显。先锋植物地衣依附在岩石上生活，耐寒温，抗干旱，当它们在生境中积累了少量的土壤以后，使岩石湿度增加，条件变得对自己不利了，而为相对比较适应潮湿、需一定量土壤的苔藓植物创造了生存条件，最终被苔藓所淘汰。又如云杉林次生演替系列中，喜阳光耐霜冻的阔叶树山杨和杨树当自身成林时，使林内郁闭度增加，湿度上升，温差变异缩小，这种小气候的改变对同种的幼树生长很不利，而耐阴性、怕霜冻的云杉树苗则能良好生长，最终阔叶树被云杉所取代。

三、演替系列

生物群落的演替过程，从植物的定居开始，到形成稳定的植物群落为止，这个过程叫作演替系列。而我们将演替系列中的每一个明显的步骤称为演替阶段或演替时期。

通常对原生演替系列的描述都采用从岩石表面开始的旱生演替和从湖底开始的水生演替。这是因为岩石表面和湖底代表了两类极端类型：一个极干，一个多水。在这样的生境上开始的群落演替，在其早期阶段的群落中，植物生活型的组成几乎到处都是一样的。因此，可以把它看作为一个模式来加以描叙。

（一）水生演替系列

在一般的淡水湖泊中，只有在水深5～7 m以内的湖底才有较大型的水生植物生长；而在水深超过7 m的湖底，便是水底的原生裸地了。因此，根据淡水湖泊中湖底的深浅变化，其水生演替系列(hydrosere)将有以下的演替阶段。

1. 自由漂浮植物阶段

此阶段中，植物是漂浮生长的，其死亡残体将增加湖底有机质的聚积，同时湖岸雨水冲刷而带来的矿物质微粒的沉积也逐渐提高了湖底。这类漂浮的植物有浮萍、满江红以及一些藻类植物等。

2. 沉水植物阶段

在水深5～7 m处，湖底裸地上最先出现的先锋植物是轮藻属(Chana)的植物。轮藻属植物的生物量相对较大，使湖底有机质积累较快，自然也就使湖底的抬升作用加快。当水深至2～4 m时，金鱼藻(Cerotophyllum)、眼子菜(Potamogeton)、黑藻(Hvdrilla)、茨藻(Najas)等高等水生植物开始大量出现，这些植物生长繁殖能力更强，垫高湖底的作用也就更强了。

3. 浮叶根生植物阶段

随着湖底的日益变浅，浮叶根生植物开始出现，如莲(Nelumbo)、睡莲等。这些植物一方面由于其自身生物量较大，残体对进一步抬升湖底有很大的作用；另一方面这些植物叶片漂浮在水面，当它们密集时，就使得水下光照条件很差，不利于水下沉水植物的生长，迫使沉水植物向较深的湖底转移，这样又起到了抬升湖底的作用。

4. 直立水生阶段

浮叶根生植物使湖底大大变浅，为直立水生植物的出现创造了良好的条件。最终直立水生植物，如芦苇、香蒲、泽泻等取代了浮叶根生植物。这些植物的根茎极为茂密，常纠缠交织在一起，使湖底迅速抬高，而且有的地方甚至可以形成一些浮岛。原来被水淹没的土地开始露出水面与大气接触，生境开始具有陆生植物生境的特点。

5. 湿生草本植物阶段

新从湖中抬升出来的地面，不仅含有丰富的有机质而且还含有于饱和的土壤水分。喜湿生的沼泽植物开始定居在这种生境上。若此地带气候干旱，则这个阶段不会持续太长，很快旱生草类将随着生境中水分的大量丧失而取代湿生草类。若该地区适于森林的发展，则该群落将会继续向森林方向进行演替。

6. 木本植物阶段

在湿生草本植物群落中，最先出现的木本植物是灌木，而后随着树木的侵入，便逐渐形成了森林，其湿生生境也最终改变成中生生境。

由此看来，水生演替系列就是湖泊填平的过程。这个过程是从湖泊的周围向湖泊中央顺序发生的。因此，比较容易观察到，在从湖岸到湖心的不同距离处，分布着演替系列中不同阶段的群落环带。每一代都为次一代的“进攻”准备了土壤条件。

(二) 旱生演替系列

从裸岩到森林大致要经历以下几个演替阶段。

1. 地衣阶段

地衣是唯一能在光裸的岩石上首先定居的植物，因为它们能够忍受极为严酷的自然条件，俗称开拓植物。它们在坚硬的岩石表面生长并可微微地潜入岩石的基质。岩石表面可供利用的水分很少，因为即使经常下雨，雨水很快就会蒸发掉或从岩石表面流走。风化作用会慢慢地使岩石分解为微小的岩屑和微粒，再借助于地衣分泌的代谢酸和地衣死后所产生的腐殖酸的作用，可加速岩石风化为土壤的过程。于是，土壤和腐殖质逐渐发展起来，但只有薄薄的一层。随着条件的改善，地衣也由壳状地衣演变为叶状地衣(可贮存较多水分)和枝状地衣(高可达几厘米)。

地衣阶段所经历的演替时间在热带地区只需3～5年，但在寒冷的冻土带则需25～30年。

2. 苔藓阶段

当地衣将环境改造到一定适宜程度的时候，苔藓便能够开始在那里浅浅的土层中生长，并因具有竞争优势而逐渐将先锋植物地衣排挤掉。实际上，各种植物的种子或孢子都会落到这里。问题是，在特定的环境条件下，只有最适应这些条件的植物才能定居。由于苔藓比地衣长得高大，最终会使地衣因得不到足够的阳光而死亡。地衣消失后，该地区就完全被苔藓所占有。

苔藓植物在干旱期可以休眠，有雨水时则大量生长。苔藓的生长会进一步使岩石分解，苔藓死后留下更多的腐殖质。随着土层的加厚和有机物含量的增加，土壤中形成一个由细菌和真菌组成的丰富的微生物区系。

3. 草本植物阶段

当土壤的厚度增加到能够保持一定湿度的时候，草本植物的种子就能够在这里萌发生长了，最终它们将以苔藓取代地衣的同样方式把苔藓排除掉，使禾草、野菊、紫菀和矮小的草本植物占据优势。这时，小型哺乳动物、蜗牛和各种昆虫开始侵入这个地区，并且可以找到适宜的生态位。在生存条件不断得到改善的情况下，草本植物也逐渐从低草（0～3 m 以下）向中草（0.6 m 左右）和高草（1 m 以上）演变，并会出现多年生的草本植物。

4. 灌木阶段

到草本植物演替的后期，会出现喜阳灌木与高草混生的现象，以后灌木成分逐渐增多并形成真正的灌木群落。演替到这个阶段，灌木和小树就完全取代了草本植物，这是因为：土壤有利于灌木生长；灌木长起来以后，由于植株比较高大，就剥夺了草本植物的阳光，促使草类消亡。此时，高大的灌木和小树使整个地面得到更好的遮阴，同时也起着风障的作用。由于灌木和乔木的定居和生长，潮湿的地方会变得比较干燥一些，而干燥的地方会变得比较潮湿一些，这种变化将会使环境变得更加适中，不同地方含水量的差异缩小。

5. 森林阶段

灌木群落所形成的潮湿、遮阴的地面为各种树木种子的萌发创造了条件，于是树木就会渐渐生长起来，最后终将超过灌木，转劣势为优势。这些树木的树冠连成一片，残留下来的一些耐荫灌木可继续在林下生长，此时，因为光线微弱使草类无法生存，林下地面又重新长满了苔藓。树木枯死后倒在地面，腐食生物把枯木分解后，就会产生大量的腐殖质。在演替的初期，几乎没有哪一个树种能够占有明显优势，有的只是那些在演替过程中生存下来的一般树种。随着演替的进行和树木的成林，一个阔叶林演替的顶级状态就达到了。依据当地特定的气候条件，会有一种或几种树木最终将成为优势种，因为它们更适应那里的气候。

一个稳定的阔叶森林是不能一开始就发展起来的，这是因为组成这样一个生态系统的阔叶树、灌木和苔藓，它们的适应性各不相同。阔叶树的实生苗需要遮阴，它们不能在开阔的地方萌发生长，而且这些实生苗生长缓慢，无法与生长迅速的草本植物相竞争。当土地休闲时，各种植物的种子都会落上去，然而首先成长起来的将是草本植物。灌木和乔木树的幼苗竞争不过生长迅速的草类。因此，尽管这里的气候条件适宜于阔叶林生长，但是仍然不能首先长出阔叶林来。

所有的陆地群落和水生群落的顶级状态都是在经历了一系列不同的演替阶段之后才达到的。在本实例中，演替是从裸露的岩石表面开始的，至于演替进行到什么阶段为止或以何种顶极群落告终则取决于当地的气候条件。在温度和湿度适中的北温带地区，演替只能进行到草本植物阶段，结果会形成稳定的草原顶极群落；在雨量充沛的气候条件下，演替可继续向前进行，直到形成森林为止；在寒冷地区，顶极群落是针叶林；在温暖地区，顶极群落是阔叶林；而在炎热地区，顶极群落则是热带雨林。

在不利的自然因素和人为因素(污染和过牧)干扰下,演替也可以向反方向进行,使群落逐渐退化,如草原退化为荒漠或沙漠,森林退化为灌丛草地等。这种朝反方向进行的演替称为逆行演替,逆行演替的结果是群落结构的简单化和群落生产力下降。

四、演替的顶级学说

演替是一个漫长的过程,一个人的一生很难看到一个完整的演替系列,但是演替也并不是一个无止无休、永恒延续的过程。

一般说来,当一个群落或一个演替系列,演替到同环境处于平衡状态的时候,演替就不再进行。在这个平衡点上,群落最稳定,只要不受外力干扰,它将永远保持原状。演替所达到的这个最终平衡状况就叫顶极群落(climax)。

关于顶极群落,目前主要存在着两种理论。第一种理论是单元顶极理论,它是美国生态学家克莱门茨在1916年首先提出来的。单元顶极理论的要点是,在同一个气候区内只能有一个顶极群落,而这个顶极群落的特征完全是由当地的气候决定的。在任何一个特定的区域内,所有的演替系列最终都将趋向于同一个顶极群落,而这个区域最终也将被一种单一的植物群落所覆盖。

第二种理论是多元顶级理论,它是英国植物生态学家坦斯利在1935年提出来的。这个理论的要点是,一个区域的顶级植被可以由几种不同类型的顶级群落镶嵌而成,而每一个类型的顶级群落都是由一定的环境条件所控制和决定的,如土壤的湿度、土壤的营养特性、地形和动物的活动等。因此,又可以把这些顶级群落分别称为气候顶极、土壤顶极、地形顶极等等。也就是说,只要一个群落能基本达到稳定,做到自我繁殖,并结束了它的演替过程,就可以看作是顶级群落,而不必汇集于一个共同的气候顶极终点。

因此,在同一个气候区域内就可以有多个顶极群落同时存在。这种顶级群落的镶嵌体是由相应的生境镶嵌所决定的。

第五节　生物在群落中的生态位

一、生态位的定义

英文"niche"一词,19世纪50年代在我国首次译为"生态龛",后来又出现了"小生境"的译名。这两种译法显然更强调"niche"一词的空间含义,而忽视了它的功能含义。1982年,在《中国大百科全书·生态学》编写会议上,与会专家一致认为采用"生态位"的译法更为合适,"位"字既有空间含义又有功能含义,能比较准确地表达"niche"一词的原意。自此以后,生态位一词便得到了广泛使用。

根据近期的生态学发展,将时间因子和环境因子统称为生态因子,各组织水平的生物统称为生态元(ecological unit),因此可导出生态位的一般定义:在生态因子的变化范围内,能够被生态元实际和潜在占据、利用和适应的部分,称为该生态元的生态位,其余部分称为生态元的非生态位(non-niche)。在生物群落中,能够被生物利用的最大资源空间称为该生物的基础生态位。由于存在着竞争,很少生物能够全部占领基础生态位。物种实际占有的生态位称为现实生态位(realized niche)。

二、生态位的测定

(一) 生态位宽度(niche breadth)

生态位宽度指物种对资源开发利用的程度。在现有的资源谱中,仅能利用其中一小部分的生物称为狭生态位种;而能利用较大部分的则称为广生态位种。对生态位的定量方法很多,首先要把资源分为若干等级,然后调查记录物种利用各个资源等级的数值,在此基础上应用以下公式计算生态位宽度。

基于 Shannon-Wienner 多样性指数的生态位宽度:

$$B_i = -\frac{\lg \sum N_{ij} - (1/\sum N_{ij})(\sum N_{ij} \lg N_i)}{\lg r}$$

式中 B_i——i 物种的生态位宽度;

N_{ij}——i 物种利用 j 资源等级的数值;

r——生态位资源等级数。

当物种利用资源序列的全部等级,并且在每个等级上利用资源相等($N_1 = N_2 = \cdots = N_r$),则该物种的生态位宽度最大,$B_{\max}=1$;如果该物种利用资源等级序列中的一个等级,该物种的生态位宽度最小,$B_{\min}=0$。

Levins(1968)的生态位宽度指数:

$$B_i = \frac{(\sum_i N_{ij})^2}{\sum_i N_{ij}^2} \text{或} = \frac{1}{rg\sum P_i^2}$$

式中 P_i——物种利用第 i 等级资源占利用总资源等级的比例;

B_i, N_{ij}, r 意义同上式。

其变动范围 $1 \leqslant B_i \leqslant r$ 或 $1/r \leqslant B_i \leqslant 1$,$1/r$ 表示仅利用资源等级序列的一个等级,1 表示等比例地利用全部等级。

(二) 生态位重叠(niche overlap)

当两种生物利用同一资源或共同占有其他环境变量时,就会出现生态位重叠现象(niche overlap)。在这种情况下,就会有一部分空间为两个生态位 n 维超体积所共占。如果两个生物具有完全一样的生态位,就会发生百分之百的重叠,但通常生态位之间只发生部分重叠,即一部分资源是被共同利用的,其他部分则分别被各自所独占。

如果以食物为例,可以用资源利用曲线(resource utilization curve)来说明两个物种之间的生态位关系(见图 4-5)。图 4-5(a)表明两个物种的资源利用曲线完全分隔,有某些食物未被利用,在种内竞争的作用下,两个物种必然扩大其生态位,如图 4-5(b)所示的情况发展,即生态位部分重叠;在图 4-5(c)所示的情况下,两个物种的生态位大部分重叠,相互之间几乎利用相同的资源,因此种间竞争激烈,竞争的结果,或者是生态位缩小,往图 4-5(b)的情况发展,即生态位分离以减少种间竞争,或者是其中一种被竞争排斥而消灭。那么,在共存的竞争种之间,生态位的重叠极限有多大?或者说,种间竞争中竞争种共存的极限相似性(limiting similarity)是多大?或相互竞争的物种究竟要多相似才能稳定地共同生活在一起?这里介绍两种生态位重叠的测度方法。

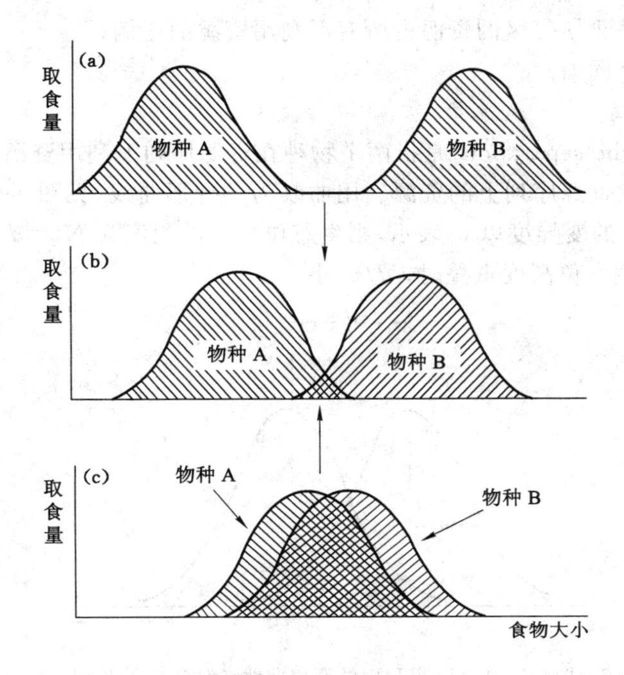

图 4-5　两个物种对资源利用的假想曲线(引自 C. J. Krebs,2001)

(1) 基于 Levins 生态位宽度的生态位重叠指数：

$$L_{ih} = B_i \sum_{j=1}^{s} P_{ij} P_{hj} = B_i \sum_{j=1}^{s} \frac{N_{ij}}{N_i} - \frac{N_{hj}}{N_h}$$

$$L_{hi} = B_h \sum_{y=j=1}^{s} P_{ij} P_{hj} = B_h \sum_{j=1}^{s} \frac{N_{ij}}{N_i} - \frac{N_{hj}}{N_h}$$

式中　L_{ih}——i 物种重叠 h 物种生态位重叠指数；

L_{hi}——h 物种重叠 i 物种生态位重叠指数；

B_i——Levins 公式计算的 i 种生态位宽度；

B_h——Levins 公式计算的 h 种生态位宽度。

$$P_{ij} = N_{ij}/N_i, \quad P_{hj} = N_{ij}/N_h$$

当两物种在任何一资源等级上都不重叠时,则 L_{ih} 和 L_{hi} 都为 0；当两物种利用资源等级完全重叠时,则 i 物种对 h 物种的生态重叠正好等于 i 物种的生态位宽度($L_{ij}=B_i$),h 物种对 i 物种的生态重叠正好等于 h 物种的生态位宽度($L_{hj}=B_h$)。由式中可以看到,当 $B_i > B_h$ 时,虽然两物种生态位重叠部分的绝对值一样大,但 i 物种对 h 物种的重叠大于 h 物种对 i 物种的重叠。

(2) Hutchinson(1978)的生态重叠指数。该指数考虑了在资源序列中资源不等价的情况,这对于某些性质的资源是十分重要的。例如以某种猎物为资源按其大小分为 0～10 mm,11～12 mm,…四个等级。考虑到各个等级数量不相等,如果把各等级数量占可利用猎物数量的比例考虑进去,是有意义的。

$$C_{ih} = C_{hi} = \sum_{j=1}^{s} \frac{P_{ij} P_{hj}}{P_j}$$

式中 P_j——资源系列 j 等级的资源占所有可利用资源的比例；

其他符号定义同前。

（三）生态位分离

生态位分离(niche separation)是指两个物种在资源序列上利用资源的分离程度。假设两个物种在各自连续资源序列上的资源利用曲线为一钟形曲线(见图 4-6)。它们的平均分离度以 d 表示，各自的变异度以 w 表示，则生态位分离的程度为 $N_p=d/w$。当生态位充分分离时，d/w 大；当生态位高度重叠时，d/w 小。

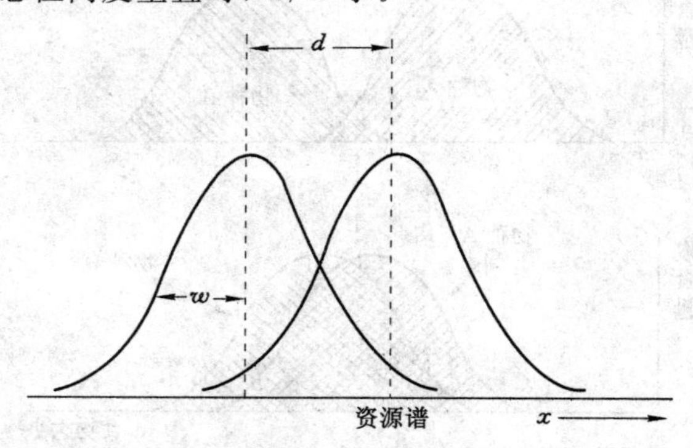

图 4-6　两个物种对资源利用的假想曲线（引自 C. J. Krebs，1978）

在自然界，具有不同分布区的种，其生态位是彼此分离的，彼此之间无竞争。分布在同一地区的种，往往是通过占据不同的群落生境来避免竞争。除此之外，物种还有多种生态位分化的方式，如食性的分化、生理的分化、体型的分化等，以降低竞争程度，从而形成平衡而共存。

根据高斯排斥竞争原理和生态位概念，可以得到：① 在同一生境中，不存在两个生态位完全相同的物种；② 在一个稳定的群落中，没有任何两个物种是直接竞争者，不同或相似物种必然进行某种空间、时间、营养或年龄等生态位的分异和分离，以达到有序的平衡；③ 群落是一个相互起作用的、生态位分化的种群系统。群落中的种群有其一定的生态位，它们在对群落的空间、时间、资源的利用方面，以及相互作用的可能类型，都趋向于相互补充而不是直接竞争。因此，由多个种群组成的群落比单一种群的群落能更有效地利用环境资源，维持较高的生产力，具有更大的稳定性。

生态位的研究与种间竞争、物种多样性、群落的结构与功能等生态学理论问题密切相关。生态位的理论在生产实践上也有重要意义。例如，在引种方面为了移植成功，要求引入适合当地“空生态位”的种类。农业生产应该从分布、形态、行为、年龄、营养、时间、空间等多方面对农业生物的物种组成进行合理的组配，以期获得高的生态位效能，提高整个农业生态系统的生产力。通过利用不同作物种间在形态、生态习性、生理特征以及时间上的差异性，进行间套复种，组建合理的作物复合群体。在养殖生产方面，要充分利用水体立体空间和食物资源，合理配置养殖品种。

本章小结

本章主要介绍群落生态学，主要内容有群落的含义及性质、群落的种类组成、群落的结构，群落演替以及生物在群落中的生态位。

群落指在相同时间聚集在同一地段上的各物种种群的集合。其基本特征有物种的多样性、植物的生长型和群落结构、优势现象、相对数量和营养结构等五种。群落的物种组成包括性质分析、数量特征和物种多样性这三个方面。

群落有垂直结构、水平结构和时间结构。生活型是生物对外界环境适应的外部表现形式，同一生活型的生物，不但体态相似，而且在适应特点上也是相似的。

群落有演替，其特征是具有方向性、演替速度以及演替效应。在生态因子的变化范围内，能够被生态元实际和潜在占据、利用和适应的部分，称为该生态元的生态位，其余部分称为生态元的非生态位。

思　考　题

1. 简述群落的概念。
2. 简述群落结构及其影响因素是什么？
3. 简述群落演替的定义、特征及系列。
4. 简述生物在群落中的生态位定义。

第五章 生态系统生态学

第一节 生态系统的概念和组成成分

一、生态系统的基本概念

生态系统(ecosystem)就是在一定空间中共同栖居着的所有生物(即生物群落)与其环境之间由于不断地进行物质循环和能量流动过程而形成的统一整体,是生态学上最高的一个功能单位(图 5-1)。

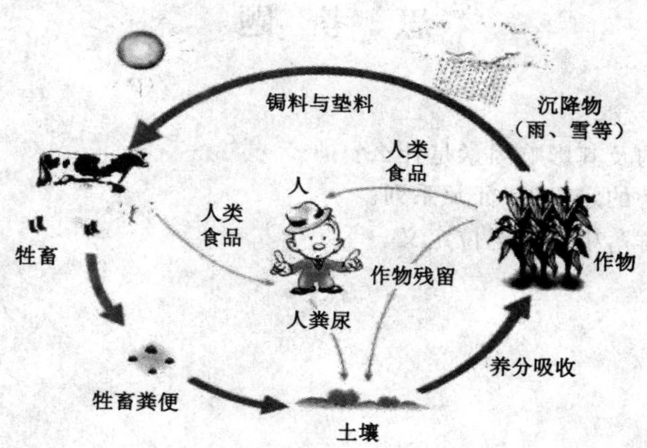

图 5-1 生态系统

在自然界,只要在一定空间内存在生物和非生物两种成分,并能互相作用,达到某种机能上的稳定性,哪怕是短暂的,这个整体就可以视为生态系统。因此,在我们居住的这个地球上,有许多大大小小的生态系统,地球上的森林、草原、荒漠、湿地、海洋、湖泊、河流等。除了自然生态系统外,还有人为生态系统,如农田、果园和用于验证生态学原理的各种封闭的微宇宙等。它们中的生物和非生物构成了一个相互作用、物质不断地循环、能量不停地流动的生态系统。

生态系统主要是功能上的单位,而不是生物学中分类学的单位。不论是自然的还是人为的生态系统,都具有下面一些共同特征:

① 生态系统是生态学上的一个主要结构和功能单位。

② 生态系统的结构同构成生态系统的物种多样性有关;生态系统结构越复杂,其中的物种数目也就越多。

③ 生态系统的功能离不开能量的流动和物质的循环。

在应用生态系统概念时，对其范围和大小并没有严格的限制，小至动物有机体内消化管中的微生态系统，大至各大洲的森林、荒漠等生物群落型，甚至整个地球上的生物圈或生态圈，其范围和边界是随研究问题的特征而定的。

二、生态系统的组成成分

生态系统包括下列4种主要组成成分，以池塘作为实例来说明(图5-2)。

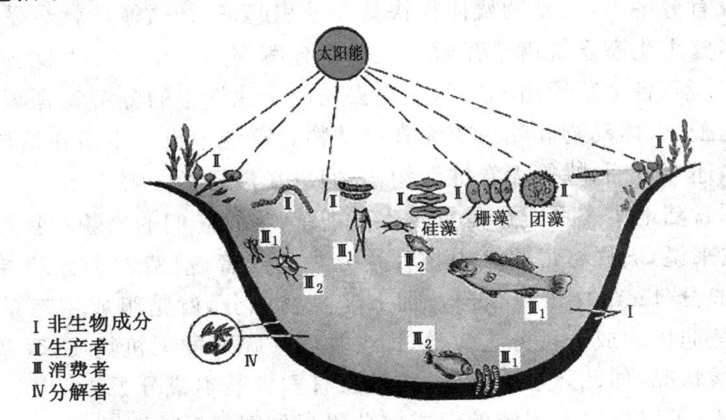

图5-2　池塘部分生态系统

(一)非生物成分

非生物成分主要指各种气候因子(如太阳辐射、温度、降雨等)和各种化学因素(如酸度、碱度、植物所需要的各种无机化合物等)。除此之外，在某些生态系统中还有一些重要的非生物因子，如海洋中的潮汐、洋流、上升涌流和来自大陆的地表径流等。在陆地生态系统中，各种地质和地理特征对生物的数量和分布有明显的影响。各种地理特征，如山脉、河流、山谷和平原，对一个地区的天气、气候、温度、光照和雨量具有显著影响。

(二)生产者

生产者(producer)是能以简单的无机物制造食物的自养生物(autotroph)，包括绿色植物、蓝绿藻和光合细菌。它们可以通过光合作用把水和二氧化碳等无机物质合成为碳水化合物等有机物质，并把太阳能转化成化学能，储存在合成的有机物中。直接参与光合作用的无机物主要是水和二氧化碳，但是光合作用只有在叶绿体内并在阳光的照射下才能进行。它的过程可用化学反应式来表示：

$$6CO_2+12H_2O\xrightarrow{\text{673 kcal 热量叶绿素}}C_6H_{12}O_6+6O_2+6H_2O$$

生产者通过光合作用不仅为本身的生存、生长、繁殖提供了营养物质和能源，而且也为消费者、分解者提供了营养物和能源。生产者是生态系统中最基本和最关键的生物成分，太阳能只有通过绿色植物的光合作用才能转化为化学能，并为其他生物所利用。

(三)消费者

所谓消费者(consumer)是针对生产者而言，它们不能从无机物质制造有机物质，而只能直接或间接地依赖于生产者所制造的有机物质，因此属于异养生物(heterotroph)。

寄生动物也是消费者，因为它们不是寄生在活的植物体内就是寄生在活的动物体内，靠取食其他生物的组织、营养物或分泌物为生。

（四）分解者

分解者(decomposer)是异养生物，其作用是把动植物体的复杂有机物分解为生产者能重新利用的简单的化合物，并释放出能量，其作用与生产者相反。由于分解过程对物质循环和能量流动具有非常重要的意义，所以分解者在任何生态系统中都是不可缺少的组成成分。可以想象，如果没有分解者，动植物残体很快就会堆积起来，物质循环就会受阻，营养物质很快就会发生短缺，整个生态系统就会瓦解和崩溃。分解作用不是一类生物所能完成的，往往有一系列复杂的过程，各个阶段由不同的生物去完成。池塘中的分解者有两类：一类是细菌和真菌，另一类是蟹、软体动物和蠕虫等无脊椎动物。草地中也有生活在枯枝落叶和土壤上层的细菌和真菌，还有蚯蚓、螨等无脊椎动物，它们也在进行着分解作用。

可以看到，不管陆地生态系统还是水生生态系统，尽管它们的外貌和物种的组成很不相同，但就营养方式来说，同样可以将其中物种划分为生产者、消费者和分解者。这三者是生态系统中的生物成分(biotic component)，加上非生物成分，就是组成生态系统的四大基本成分。有的学者把非生物成分再分为三类，即参加物质循环的无机物质，联系生物和非生物的有机物质和气候状况，如此，组成生态系统的就有六大基本成分了。

根据以上叙述，可以把生态系统的组成成分概括如图 5-3 所示。

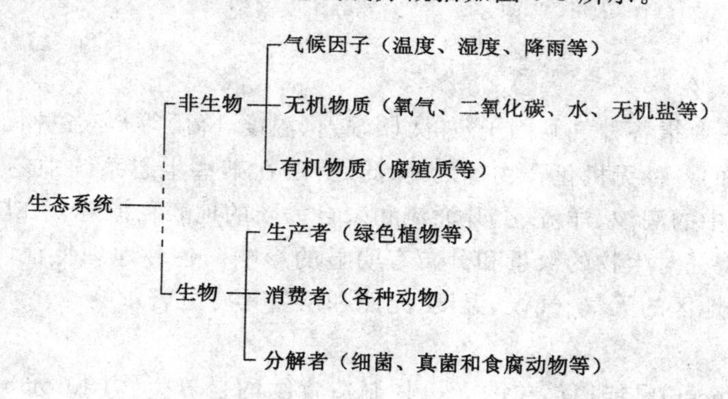

图 5-3 生态系统的组成成分

第二节 生态系统的营养结构

一、食物链和食物网

生产者所固定的能量和物质，通过一系列取食和被食的关系而在生态系统中传递，各种生物按其取食和被食的关系而排列的链状顺序称为食物链(food chain)。生物之间通过取食和被取食的关系而互相联结成单方向的食物链(图 5-4)。

食物链有长有短。各个食物链并不是彼此分离的。田间的野鼠吃好几种植物种子，野鼠也是好多种肉食动物的捕食对象，每一种肉食动物又以多种动物为食，如此等等。各个食物链彼此交织在一起，互相联系成网，称为食物网(图 5-5)。

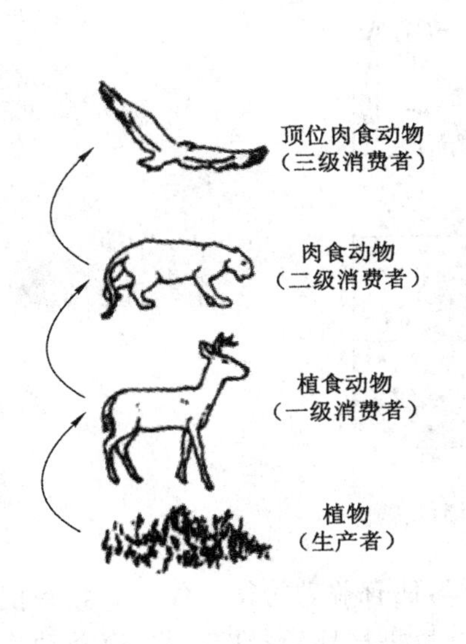

图 5-4　食物链图解

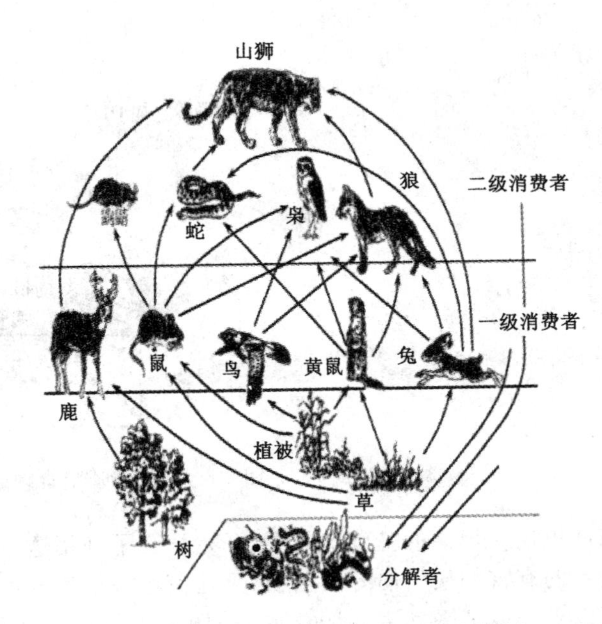

图 5-5　一个陆地生态系统的部分食物网

自然界的各种物质，包括越来越多的人造物质，经过植物的摄取，也沿着食物链和食物网移动并且浓缩，最终随着生物的死亡、腐烂和分解而重返无机自然界。由于这些物质可以被植物重新吸收和利用，所以它们周而复始、循环不已。食物链在陆地、淡水和海洋中的广泛存在，不仅为人类提供了取之不尽的植物产品，也源源不断地为人类提供了丰富的动物产品。但是，各种有毒物质也能沿着食物链逐渐累积、浓缩，造成对环境的污染。

（一）生态浓缩

第二次世界大战后，DDT 曾经被人们当成防治各种害虫的灵丹妙药大量使用。虽然大部分 DDT 都只喷洒在仅占大陆面积 2%的土地上，事实上 75%的陆地面积从没有施用过 DDT，但是后来人们不仅在荒凉的北极格陵兰岛动物体内测出了 DDT，而且也在远离任何施药地区的南极动物企鹅体内发现了 DDT。

我国 1977 年曾经在上海测过人体内 DDT 的含量，抽样测定结果表明，每公斤体重含有 9.52 mgDDT。这一浓度约比日本高 3.7 倍，比印度高 5 倍，比美国高 100 倍。我国虽然已经在 1982 年开始禁用 DDT，但是其残毒仍将在很长时期内产生影响。

由此可看出，DDT 可以通过大气、水和生物等途径被广泛传带到世界各地，然后再沿着食物链移动，并逐渐在生物体内累积起来（图 5-6）。

当 DDT 随着食物进入动物体内的时候，大部分滞留在脂肪组织中，并逐渐积累到比较高的浓度，越是沿着食物链向前移动，DDT 的浓度也就越大，最后可使生物体内的 DDT 浓度比外界环境高几万至十几万倍！这种现象叫作生态浓缩。

（二）生态浓缩规律的巧利用

自然界中的各种物质以及人造物质沿着食物链的移动和浓缩是客观存在的生态规律。了解和掌握这一生态规律，不仅是预防环境污染和制定环境保护措施的必要前提，而且人类

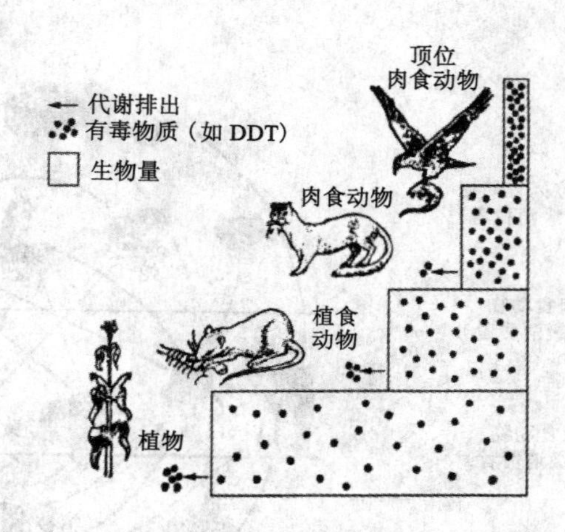

图 5-6 有毒物质沿食物链逐渐浓缩

在认识这一规律的基础上，已经开始学会了利用这一规律，使有益动物得到保护。如果把自然界的有害物质引向有害生物、无任何经济价值的生物或抗毒性比较强的生物，有益动物就可以少受或免受其害。1962 年，美国为了保护水鸟鹏鹏，曾经在湖中大量释放一种小银汉鱼，结果使鹏鹏所喜食的太阳鱼体内的 DDT 浓度大为下降，从而减少了 DDT 对鹏鹏的威胁。到 1969 年，鹏鹏胸肌内的 DDT 含量已经减少了一半，鸟蛋内的 DDT 含量也减少了 3/5，这使得该种水鸟的种群数量又回升到了 1949 年的水平。又如，我国在湖泊中大量繁殖芦苇，是利用食物链的浓缩规律，减少湖水中的有害物质，使水生生物得到保护的一种极好措施。因为芦苇可以大量吸收水中的有毒物质，而且抗毒能力非常强。不仅有害物质可沿食物链浓缩，各种有益物质也可沿食物链浓缩，这为人类从生物体内提取某些稀有物质和元素提供了可能性。

二、食物网和群落的稳定性

一个复杂的食物网是形成稳定群落的重要因素。食物网越复杂，群落就越不容易受外力干扰；食物网越简单，群落就越容易发生波动和毁灭。

苔原生态系统是地球上最脆弱、最敏感的生态系统。虽然苔原生物能够忍受地球上最严寒的冬季，但是苔原的动植物种类与草原和森林生态系统相比却少得多，因此，个别物种的兴衰都有可能导致整个苔原生态系统的失调或毁灭。正是出于这样的考虑，自然保护专家们普遍认为，在开发和利用北极苔原的自然资源以前，必须对苔原生态系统进行深入的研究，以便尽可能减少对这一脆弱生态系统的损害。

第三节 营养级和生态金字塔

一、营养级

自然界中的食物链和食物网是物种和物种之间的营养关系，无法用图解的方法完全表示。为了使生物之间的营养关系变得更为简明和便于进行能流分析，于是生态学家又提出了营养级的概念。

一个营养级是指处于食物链某一环节上的所有生物种的总和。营养级之间的关系已经不是指一种生物和另一种生物之间的营养关系，而是指一类生物和另一类生物之间的营养关系。例如，绿色植物和所有自养生物都位于食物链的起点，即第一环节，因此它们就构成了第一个营养级。所有以植物为食的动物，如牛、兔、鼠、交嘴雀和蝗虫等，都属于第二个营养级。第三个营养级包括所有以植食动物为食的肉食动物，如吃兔子的狐狸、捕食交嘴雀的雀鹰和吃蝗虫的蛇等。以此类推，还可以有第四个营养级和第五个营养级等。生态学家为了便于分析，常常根据动物的主要食性决定它们属于哪一个营养级，因为在进行能量流动研究的时候，每一种生物都必须置于一个确定的营养级中。

二、生态金字塔

在生态系统中，营养级越低，其中生物的数目就越多；营养级越高，其中生物的数目就越少。从低营养级到高营养级，生物的数目是逐渐减少的，呈金字塔形。生态学家就把营养级生物数量之间的这种关系形象地称为数量金字塔。根据不同的评判标准，金字塔可分为四类（图 5-7）：数量金字塔、生物量金字塔、能量金字塔和生物量金字塔（倒形）。

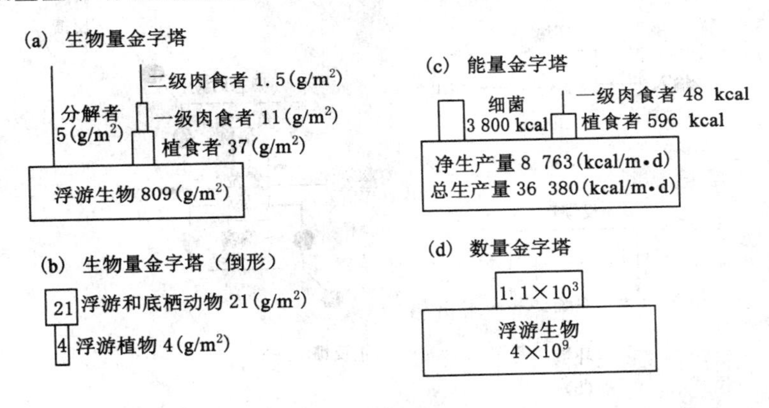

图 5-7 金字塔分类

数量金字塔是用各营养级所包含的生物个体数量来构成的。数量金字塔忽视了生物的质量因素，如 1 棵大树和 1 只昆虫，生物数目都是 1，但是它们的重量却差别太大，因此难以相比。为了弥补这一缺点，生态学家又提出了生物量金字塔的概念（生物量指某一营养级所包含的生物总重量或单位面积上的生物重量）。

除了数量金字塔和生物量金字塔以外，还有能量金字塔。能量金字塔是利用各营养级所固定的总能量来构成的金字塔。能量是通过换算得到的，因为任何生物都可以根据它们身体的组成成分和质量换算成能量值（卡或千卡）。

就数量金字塔而言，在夏季的森林中，生产者（树木）的个体数就比植食动物（主要是昆虫）的个体数少，这是很明显的下窄上宽的倒金字塔形。

生物量金字塔也有倒的，特别是在海洋生态系统里表现比较明显。在海洋生态系统中，由于生产者（浮游植物）的个体小、寿命短，又会不断地被浮游动物吃掉，所以某一时刻调查到的浮游植物的生物量（用质量来表示）可能低于浮游动物的生物量（用质量来表示），这时生物量金字塔的塔形就颠倒过来了。当然，这不是说流过生产者这一环节的能量要比流过消费者这一环节的能量少。事实上,一年中流过浮游植物的总能量还是比流过浮游动物的要多。

第四节 生态系统的反馈调节和生态平衡

自然生态系统几乎都属于开放系统,只有人工建立的完全封闭的宇宙舱生态系统才可归属于封闭系统。开放系统[图 5-8(a)]必须依赖于外界环境的输入,如果输入一旦停止,系统也就失去了功能。开放系统如果具有调节其功能的反馈机制(feedback mechanism),该系统就成为控制论系统[cybernetic system,图 5-8(b)]。所谓反馈,就是系统的输出变成了决定系统未来功能的输入;一个系统,如果其状态能够决定输入,就说明它有反馈机制的存在。图 5-8(b)就是(a)加进了反馈环以后变成了控制论系统。要使反馈系统能起控制作用,系统应具有某个理想的状态或置位点,系统就能围绕置位点而进行调节。图 5-8(c)表示具有一个置位点的控制论系统。

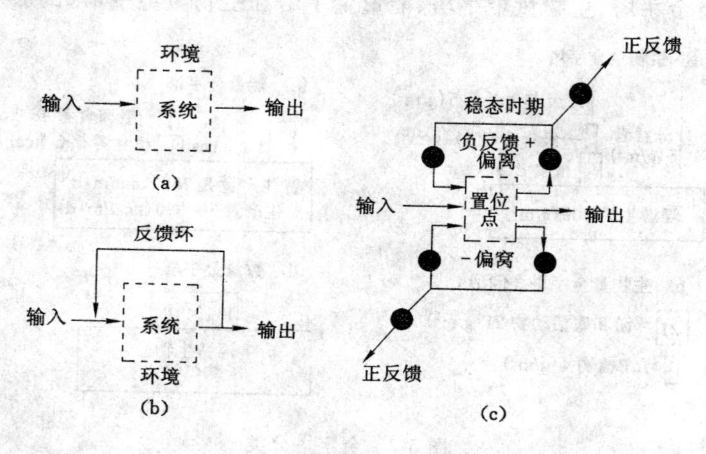

图 5-8 开放系统

(a) 开放系统,表示系统的输入和输出;(b) 具有一个反馈环系统,使系统成为一个控制论系统

(c) 具有一个位置点的控制论系统

反馈分为正反馈和负反馈。负反馈控制使系统保持稳定,正反馈使系统偏离加剧。例如在生物生长过程中个体越来越大,在种群持续增长过程中,种群数量不断上升,这都属于正反馈。正反馈也是有机体生长和存活所必需的。但是,正反馈不能维持稳态,要使系统维持稳态,只有通过负反馈控制。因为地球和生物圈是一个有限的系统,其空间、资源都是有限的,所以应该考虑用负反馈来管理生物圈及其资源,使其成为能持久地为人类谋福利的系统。

当生态系统达到动态平衡的最稳定状态时,它能够自我调节和维持自己的正常功能,并能在很大程度上克服和消除外来的干扰,保持自身的稳定性。有人把生态系统比喻为弹簧,它能忍受一定的外来压力,压力一旦解除就又恢复原初的稳定状态,这实质上就是生态系统的反馈调节。但是,生态系统的这种自我调节功能是有一定限度的,当外来干扰因素,如火山爆发、地震、泥石流、雷击火烧、人类修建大型工程、排放有毒物质、喷洒大量农药、人为引入或消灭某些生物等超过一定限度的时候，生态系统自我调节功能本身就会受到损害，从而引起生态失调，甚至导致生态危机。生态危机是指由于人类盲目活动而导致局部地区甚至整个生物圈结构和功能的失衡，从而威胁到人类的生存。生态平衡失调的初期往往不容易被人类所觉察，如果一旦发展到出现生态危机，就很难在短期内恢复平衡。为了正确处理人和自然的关系，我们必须认识到整个人类赖以生存的自然界和生物圈是一个高度复杂的具有自我调节功能的生态系统，保持这个生态系统结构和功能的稳定是人类生存和发展的基础。因此，人类的活动除了要讲究经济效益和社会效益外，还必须特别注意生态效益和生态后果，以便在改造自然的同时能基本保持生物圈的稳定和平衡。

第五节　生态系统中的能量流动

一、生态系统中的初级生产

（一）初级生产的概念

生态系统中的能量流动开始于绿色植物的光合作用对于太阳能的固定。因为这是生态系统中第一次能量固定，所以植物所固定的太阳能或所制造的有机物质称为初级生产量或第一性生产量(primary production)。

在初级生产过程中，植物固定的能量有一部分被植物自己的呼吸消耗掉，剩下的可用于植物生长和生殖，这部分生产量称为净初级生产量(net primary production)。而包括呼吸消耗在内的全部生产量，称为总初级生产量(gross primary production)。总初级生产量(GP)、呼吸所消耗的能量(R)和净初级生产量(NP)三者之间的关系是：

$$GP=NP+R$$

$$NP=GP-R$$

净初级生产量是可提供生态系统中其他生物利用的能量。生产量通常用每年每平方米所生产的有机物质干重[$g/(m^2 \cdot a)$]或每年每平方米所固定的能量值[$J/(m^2 \cdot a)$]表示。所以初级生产量也可称为初级生产力。

（二）地球上初级生产力的分布

按 Whittaker(1975)估计，全球陆地净初级生产总量为年产 115×10^9 t 干物质，海洋净初级生产总量为 55×10^9 t 干物质。海洋面积约占地球表面的 2/3，但其净初级生产量只占地球的 1/3 。在海洋中，珊瑚礁和海藻床是高生产量的；河口湾由于有河流的辅助能量输入，上涌流区域也能从海底带来额外营养物质，它们的净生产量比较高，但是所占面积不大。占海洋面积最大的大洋区，其净生产量相当低，被称为海洋荒漠，这是海洋净初级生产总量只占全球的 1/3 左右的原因。在陆地上，湿地(沼泽和盐沼)生产量是最高的，年平均可超过 2 500 g/m^2；热带雨林生产量也是很高的，年平均 2 200 g/m^2。由热带雨林向温带常绿林、落叶林、北方针叶林、稀树草原、温带草原、寒漠和荒漠依次减少。

Field 等(1998)以卫星遥感资料为基础，估计了全球净初级生产力。其估计公式是：

$$NP=\mathrm{APAR}\times\varepsilon$$

其中 APAR 为光合吸收活性辐射，ε 为平均光利用效率。它们的估计值是 104.9×10^{15} g，其中，海洋净初级生产力占 46.2%（48.5×10^{15} g），陆地的占 53.8%（56.4×10^{15} g）（表 5-1）。

表 5-1 生物圈主要生态系统净初级生产力（引自 Field，1998） 单位：10^{15} g

	海洋		陆地
季节的			
4～6 月	11.9		15.7
7～9 月	13		18
10～12 月	12.3		11.5
1～3 月	11.3		11.2
生物地理			
贫营养	11	热带雨林	17.8
中营养	27.4	落叶阔叶林	1.5
富营养	9.1	针阔混交林	3.1
大型水生植物	1	常绿针叶林	3.1
		落叶针叶林	1.4
		稀树草原	16.8
		多年生草地	2.4
		阔叶灌木	1
		苔原	0.8
		荒漠	0.5
		栽培田	8
总计	48.5		56.4

两个估计结果相差很大，Field 认为，以往的估计是根据分别测定陆地、海洋各种生态系统的生物量和呼吸量，然后乘以各自的面积再总和得来的，而他们采用的是遥感资料，以日光辐射吸收指数为基础，综合估算海洋和陆地的净初级生产力。尽管如此，除了日光以外，水也是决定初级生产力的重要因素；并且遥感资料一般要用地面测定作验证。

全球净初级生产力在沿地球纬度分布上有 3 个高峰。第一高峰接近赤道，第二高峰出现在北半球的中温带，而第三高峰出现在南半球的中温带。

海洋净初级生产力的季节变动是中等程度的，而陆地生产力的季节波动则很大，夏季比冬季净初级生产力平均高 60%。

水体和陆地生态系统的生产量都有垂直变化。例如森林，一般乔木层生产量最高，灌木层次之，草被层更低，而地下部分反映了同样情况。水体也有类似的规律，不过水面由于阳光直射，水面生产量不是最高；生产量最高的是深数米左右，并随水的清晰度而变化。

（三）初级生产的生产效率

初级生产的生产效率的估计，可以一个最适条件下的光合效率为例。如在热带一个无云的白天，或温带仲夏的一天，太阳辐射的最大输入量可达 2.9×10^{7} J/(m^{2} · d)。扣除

55%属紫外和红外辐射的能量，再减去一部分被反射的能量，真正能为光合作用所利用的就只占辐射能的40.5%，再除去非活性吸收(不足以引起光合作用机制中电子的传递)和不稳定的中间产物，能形成糖的约为2.7×10^6 J/($m^2\cdot d$)，这是最大光合效率的估计值，约占总辐射能的9%。但实际测定的最大光合效率的值接近理论值的1/2，大多数生态系统的净初级生产量的实测值都远远低于此值。由此可见，净初级生产力不是受光合作用固有的转化光能的能力所限制，而是受其他生态因素所限制。

(四) 初级生产量的限制因素

1. 陆地生态系统

光、CO_2、水和营养物质是初级生产量的基本资源，温度是影响光合效率的主要因素，而食草动物的捕食会减少光合作用生物量。在自然条件下，总初级生产效率很难超过3%，虽然人类精心管理的农业生态系统中曾经有过6%～8%的记录；一般说来，在富饶肥沃的地区总初级生产效率可以达到1%～2%，而在贫瘠荒凉的地区大约只有0.1%；就全球平均来说，大概是0.2%～0.5%。

一般情况下植物有充分的可利用的光辐射，但并不是说光辐射不会成为限制因素。例如冠层下的叶子接受光辐射可能不足，白天中有时光辐射低于最适光合强度，对C_4植物来说可能达不到光辐射的饱和强度。水最易成为限制因子，各地区降水量与初级生产量有最密切的关系。在干旱地区，植物的净初级生产量几乎与降水量呈线性关系。温度与初级生产量的关系比较复杂：温度上升，总光合速率升高，但超过最适温度则又转为下降；而呼吸率随温度上升而呈指数上升；其结果是净生产量与温度呈驼背状曲线。

潜蒸发蒸腾(potential evapotranspiration，PET)指数是反映在特定辐射、温度、湿度和风速条件下蒸发到大气中水量的一个指标，而PEP-PPT(mm/a)(PPT为年降水量)值则可反映缺水程度，因而能表示温度和降水等条件的联合作用。营养物质是植物生产力的基本资源，最重要的是N、P、K。对各种生态系统施加氮肥都能增加初级生产量。近年研究还发现一普遍规律，即地面净初级生产量与植物光合作用中氮的最高积聚量呈密切的正相关。

2. 水域生态系统

光是影响水体初级生产量的最重要的因子。莱塞尔(Ryther，1956)提出预测海洋初级生产力的公式：

$$P=(R/K)\times C\times 3.7$$

式中 P——浮游植物的净初级生产量；

R——相对光合率；

K——光强度随水深度而减弱的衰变系数；

C——水中的叶绿素含量。

这个公式表明，海洋浮游植物的净初级生产量，取决于太阳的日总辐射量、水中的叶绿素含量和光强度随水深度而减弱的衰变系数。实践证明这个公式的应用范围是比较广的。水中的叶绿素含量是一个重要因子，营养物质的多寡是限制浮游植物生物量多少的原因。在营养物质中，最重要的是N和P，有时还包括Fe，这可以通过施肥试验获得直接证明。

决定淡水生态系统初级生产量的限制因素，主要是营养物质、光和食草动物的捕食。营养物质中，最重要的是N和P。世界湖泊的初级生产量与P的含量相关最密切。

（五）初级生产量的测定方法

1. 收获量测定法

收获量测定法用于陆地生态系统。收获量可通过定期收割植被，干燥到质量不变，然后以每年每平方米的干物质质量来表示。取样测定干物质的热当量，并将生物量换算为$J/(m^2 \cdot a)$。为了使结果更精确，要在整个生长季中多次取样，并测定各个物种所占的比重。在应用时，有时只测定植物的地上部分，有时还测定地下根的部分。

2. 氧气测定法

氧气测定法多用于水生生态系统，即黑白瓶法。用3个玻璃瓶，其中一个用黑胶布包上，再包以铅箔。

从待测的水体深度取水，保留一瓶（初始瓶IB）以测定水中原来的溶氧量。将另一对黑白瓶沉入取水样深度，经过24 h或其他适宜时间，然后取出进行溶氧测定。根据初始瓶（IB）、黑瓶（DB）、白瓶（LB）溶氧量，即可求得：

净初级生产量＝LB－IB

呼吸量＝IB－DB

总初级生产量＝LB－DB

昼夜氧曲线法是黑白瓶方法的变型。每隔2～3 h测定一次水体的溶氧量和水温，作成昼夜氧曲线。白天由于水中自养生物的光合作用，溶氧量逐渐上升；夜间由于全部好氧生物的呼吸，溶氧量逐渐减少。这样，就能根据溶氧的昼夜变化来分析水体群落的代谢情况。因为水中溶氧量还随温度的变化而改变，因此必须对实际观察的昼夜氧曲线进行校正。

3. CO_2测定法

用塑料帐将群落的一部分罩住，测定进入和抽出的空气中的CO_2含量。如黑白瓶方法比较水中溶氧量那样，本方法也要用暗罩和透明罩，也可用夜间无光条件下的CO_2增加量来估计呼吸量。

4. 放射性标记物测定法

把放射性^{14}C以碳酸盐（$^{14}CO_3^{2-}$）的形式，放入含有自然水体浮游植物的样瓶中，沉入水中经过短时间培养，滤出浮游植物，干燥后在计^{14}C器中测定放射活性，然后通过计算，确定光合作用固定的碳量。因为浮游植物在暗中也能吸收^{14}C，因此还要用“暗呼吸”作校正。

5. 叶绿素测定法

通过薄膜将自然水进行过滤，然后用丙酮提取，将丙酮提出物在分光光度计中测量光吸收，经过计算转化为每平方米含叶绿素多少克。叶绿素测定法最初应用于海洋和其他水体，较用^{14}C和氧测定方法简便，花的时间也较少。有很多新的测定技术正在发展，其中比较著名的有海岸区彩色扫描仪、先进的分辨率很高的辐射计、美国专题制图仪或欧洲斯波特卫星（SPOT）遥感器等。

二、生态系统中的次级生产

（一）次级生产过程

净初级生产量是生产者以上各营养级所需能量的唯一来源。从理论上讲，净初级生产量可以全部被异养生物所利用，转化为次级生产量；但实际上，任何一个生态系统中的净初级生产量都可能流失到这个生态系统以外的地方去。还有很多植物生长在动物所达不到的地方，因此也无法被利用。总之，对动物来说，初级生产量或因得不到、或因不可食、或因动物种群密度低等原因总有相当一部分未被利用。即使是被动物吃进体内的植物，也有一部分通过动物的消化管排出体外。食物被消化吸收的程度依动物的种类不同而大不相同。尿是排泄过程的产物，但由于测定技术上的困难，常与粪便合并称为尿粪量而排出体外。在被同化的能量中，有一部分用于动物的呼吸代谢和生命的维持。这一部分能量终将以热的形式消散掉，剩下的那部分才能用于动物各器官组织的生长和繁殖新的个体，这就是我们所说的次级生产量。当一个种群的出生率最高和个体生长速度最快的时候，也是这个种群次级生产量最高的时候，往往也是自然界初级生产量最高的时候。

但这种重合并不是碰巧发生的，而是自然选择长期作用的结果，因为次级生产量是靠消耗初级生产量而得到的。

次级生产量的一般生产过程可概括于下面的图解中(图 5-9)。

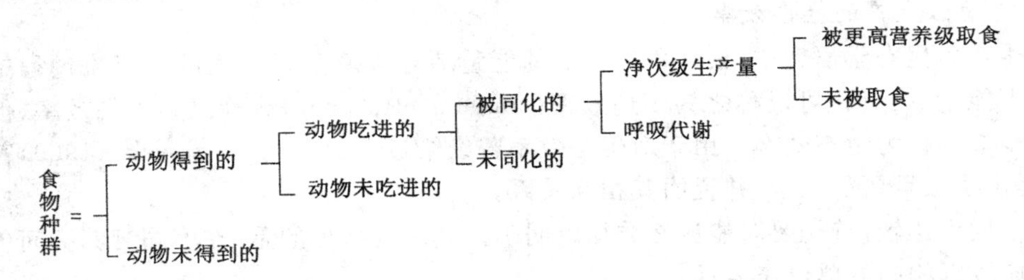

图 5-9　次级生产过程模式图

上述图解是一个普适模型。它可应用于任何一种动物，包括食草动物和食肉动物。对食草动物来说，食物种群是指植物(净初级生产量)；对食肉动物来说，食物种群是指动物(净次级生产量)。食肉动物捕到猎物后往往不是全部吃下去，而是剩下毛皮、骨头和内脏等。所以能量从一个营养级传递到下一个营养级时往往损失很大。对一个动物种群来说，其能量收支情况可以用下列公式表示：

$$C=A+FU$$

式中　C——动物从外界摄食的能量；

A——被同化能量；

FU——粪、尿能量。

A 项又可分解如下：

$$A=P+R$$

式中　P——净生产量；

R——呼吸能量。

综合上述两式可以得到：

$$P=C-FU-R$$

(二) 次级生产量的测定

按同化量和呼吸量估计生产量，即：

$$P=A-R$$

按摄食量扣除粪尿量估计同化量，即：

$$A=C-FU$$

测定动物摄食量可在实验室内或野外进行，按 24 h 的饲养投放食物量减去剩余量求得。摄食食物的热量用热量计测定。在测定摄食量的实验中，同时可测定粪尿量。用呼吸仪测定耗氧量或 CO_2 排出量，将其转化为热量，即呼吸能量。上述的测定通常是在个体的水平上进行，因此，要与种群数量、性别比、年龄结构等特征结合起来，才能估计出动物种群的净生产量。

测定次级生产力的另一途径，即：

$$P=P_g+P_r$$

式中 P_r——生殖后代的生产量；

P_g——个体增重的部分。

（三）次级生产的生态效率

在生产力生态学研究中，估计各个环节的能量传递效率是很有用的。能流过程中各个不同点上能量的比值，可以称之为传递效率（transfer efficiency）或称之为生态效率，但一般把林德曼效率称为生态效率。由于对生态效率曾经给过不少定义，Kozlovsky（1969）曾加以评述，提出了最重要的几个，并说明其相互关系。

为了便于比较，首先要对能流参数加以明确。其次要指出的是，在不同营养级间各个能量参数应该以相同的单位来表示。

摄食量（I）：表示一个生物所摄取的能量。对于植物来说，它代表光合作用所吸收的日光能；对于动物来说，它代表动物吃进的食物的能量。

同化量（A）：对于动物来说，它是消化后吸收的能量；对分解者来说，它是细胞外的吸收能量；对于植物来说，它指在光合作用中所固定的能量，常常以总初级生产量表示。

呼吸量（R）：指生物在呼吸等新陈代谢和各种活动中消耗的全部能量。

生产量（P）：指生物在呼吸消耗后净剩的同化能量值，它以有机物质的形式累积在生物体内或生态系统中。对于植物来说，它是净初级生产量。对于动物来说，它是同化量扣除呼吸量以后净剩的能量值，即 $P=A-R$。

以上参数就可以计算生态系统能流的各种生态效率。其中最重要的是以下 3 个参数。

（1）消费效率

食草动物利用或消费植物净初级生产量效率是不相同的（表 5-2）。

表 5-2　几种生态系统中食草动物利用植物净生产量的比例（引自 Kerbs，1978）

生态系统类型	主要植物及其特征	被捕食百分比/%
成熟落叶林	乔木，大量非光合植物，世代时间长，种群增长率低	1.2～2.5
1～7 年弃耕田	一年生草本，种群增长率中等	12
非洲草原	多年生草本，少量非光合生物量，种群增长率高	28～60
人工管理牧场	多年生草本，少量非光合生物量，种群增长率高	30～45
海洋	浮游植物，种群增长率高，世代时间短	60～99

从这些资料可以说明：

① 植物种群增长率高、世代短、更新快，其消费效率较高。

② 草本植物比木本植物能提供更多的净初级生产量为食草动物所利用。

③ 小型的浮游植物的消费者密度很大，利用净初级生产量比例最高。

对于食肉动物利用其猎物的消费效率，现有资料尚少。脊椎动物捕食者消费其脊椎动物猎物的50%～100%的净生产量，但对无脊椎动物仅有5%左右；无脊椎动物捕食者可消费无脊椎动物猎物25%的净生产量。但这都是较粗略的估计。

（2）同化效率

食草动物和腐食动物同化效率较低，而食肉动物同化效率较高。在食草动物所吃的植物中含有一些难消化的物质，因此，通过消化管排遗出去的食物是很多的。食肉动物吃的是动物的组织，其营养价值较高，但食肉动物在捕食时往往要消耗许多能量。因此，就净生长效率而言，食肉动物反而比食草动物低。这就是说，食肉动物的呼吸或维持消耗量较大。此外，在人工饲养条件下（或在动物园中），由于动物的活动减少，其净生长效率往往高于野生动物。鸭的特殊饲养方法，即采用填鸭式的喂食和限制活动，是促进快速生长和提高净生长效率的有效措施。

（3）生产效率

生产效率随动物类群而异，一般说来，无脊椎动物有高的生产效率，为30%～40%（呼吸丢失能量较少，因而能将更多的同化能量转变为生长能量）；外温性脊椎动物居中，约10%；而内温性脊椎动物很低，仅1%～2%。它们为维持恒定体温而消耗很多已同化能量。因此，动物的生产效率与呼吸消耗呈负相关。不同类型的动物具有不同的同化效率和生产效率，如表5-3所列。

表5-3　不同类型的动物具有不同的同化效率和生产效率

动物种类	摄食量	同化量	呼吸量	次级生产量	同化效率	生产效率	总效率
收割蚁	34.50	31.00	30.90	0.10	0.90	0.003	0.002
光蝉	41.30	27.50	20.50	7.00	0.67	0.25	0.169
蝗虫	3.71	1.37	0.86	0.51	0.37	0.37	0.137
小蜘蛛（<1 mg）	12.60	11.90	10.00	1.90	0.94	0.16	0.151
大蜘蛛（>10 mg）	7.40	7.00	7.30	−3.00	0.95	0	—
麻雀	4.00	3.60	3.60	0	0.90	0	0
田鼠	7.40	6.70	6.60	0.1	0.91	0.015	0.014
黄鼠	5.60	3.80	3.69	0.11	0.68	0.03	0.019
非洲象	71.60	32.00	32.00	0	0.44	0	—
鼬	5.80	5.50	—	—	0.95	—	—

三、生态系统中的能量流动

（一）能量的来源

世界上任何生命活动都离不开能量，而这些对生物的生存至关重要的能量又全部来自太阳。因此，生态系统中的能流就是从固定太阳能开始的。太阳能首先在植物的光合作用中被转化为化学能，化学能在细胞代谢中又被转化为机械能和热能。当动物取食植物和捕食其他动物的时候，贮存在植物中的化学能又传递到了植食动物和肉食动物体内，并可沿着食物链一直传递到顶位肉食动物。

（二）能量传递规律的热力学定律

生态系统的重要功能之一就是能量流动，能量在生态系统内的传递和转化规律服从热力学的两个定律。热力学第一定律可以表述如下，在自然界发生的所有现象中，能量既不能消失也不能凭空产生，它只能以严格的当量比例由一种形式转变为另一种形式。因此热力学第一定律又称为能量守恒定律。依据这个定律可知，生物体系的能量发生变化，环境的能量也必定发生相应的变化，如果体系的能量增加，环境的能量就要减少，反之亦然。

热力学第二定律：在封闭系统中，一切过程都伴随着能量的改变，在能量的传递和转化过程中，除了一部分可以继续传递和做功的能量（自由能）外，总有一部分不能继续传递和做功，而以热的形式消散，这部分能量使系统的熵和无序性增加。对生态系统来说，当能量以食物的形式在生物之间传递时，食物中相当一部分能量被降解为热而消散掉（使熵增加），其余则用于合成新的组织作为潜能贮存下来。因此能量在生物之间每传递一次，一大部分的能量就被降解为热而损失掉，这也就是为什么食物链的环节和营养级数一般不会多于5～6个以及能量金字塔必定呈尖塔形的热力学解释。

（三）食物链层次上的能流分析

F. B. Golley（1960）在美国密歇根州的弃耕地研究了能量沿食物链流动的情况（图5-10）。弃耕地的生产者是早熟禾，植食动物是田鼠，主要食鼠动物为鼬，即黄鼠狼。从这一

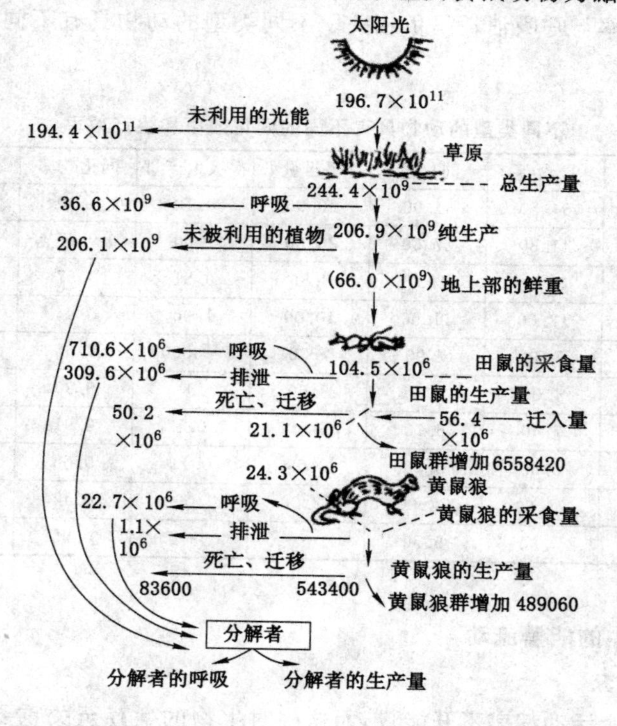

图5-10 食物链层次上的能流分析（引自Golley，1960）

较为简单的食物链可以看到：生产者用于本身消耗的呼吸量(R)，占总生产量的15%，净生产量(NP)占85%；而田鼠和鼬的占总摄食量的70%和83%。田鼠和鼬都是恒温动物，能量的大部分消耗于维持体温和其他生命活动，只有2%～3%的同化能量用于生长和繁殖后代。

这是恒温动物能量分配上的特点。每一营养级所利用的能量与前一营养级所提供的可利用的能量相比是很少的。例如，田鼠只利用了植物净生产力的0.5%(99.5%未被利用)，而鼬也只利用了田鼠生产量的35%。鼬积累的能量仅仅是早熟禾光合作用固定能里的1/440 000。

(四) 生态系统层次上的能流分析

在生态系统层次上分析能量流动，把每个物种都归属于一个特定的营养级中(依据该物种主要食性)，然后测定每一个营养级能量的输入值和输出值，这种分析目前多见于水生生态系统。因为水生生态系统边界明确，便于计算能量和物质的输入量和输出量，且整个系统封闭性较强，与周围环境的物质和能量交换量小，内环境比较稳定，生态因子变化幅度小。由于上述种种原因，水生生态系统(湖泊、河流、溪流、泉等)常被生态学家作为研究生态系统能流的对象(图5-11)。

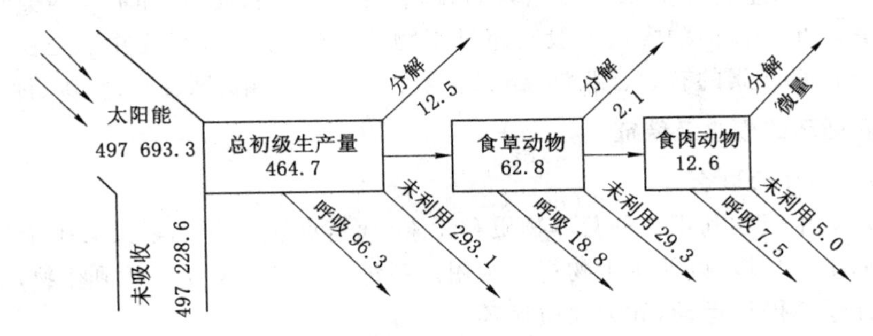

图5-11　Cedar Bog湖能流的定量分析(引自Lindeman,1942)

从图5-11中Cedar Bog湖的能流分析中可以看出，这个湖的总初级生产量是464.7 J/(cm^2·a)，能量的固定效率大约是0.1%(464/497 693)。在生产者所固定的能量中有21%[96.3 J/(cm^2·a)]是被生产者自己的呼吸代谢消耗掉了，被食草动物吃掉的只有62.8 J/(cm^2·a)(约占净初级生产量的17%)，被分解者分解的只有12.6 J/(cm^2·a)(占净初级生产量的3.4%)。其余没有被利用的净初级生产量竟多达29.3 J/(cm^2·a)(占净初级生产量的79.5%)。这未被利用的生产量终都沉到湖底形成了植物有机质沉积物。显然，Cedar Bog湖中没有被动物利用的净初级生产量要比被利用的多。

在被动物利用的62.8 J/(cm^2·a)的能量中，大约有18.8 J/(cm^2·a)(占食草动物次级生产量的30%)用在食草动物自身的呼吸代谢(比植物呼吸代谢所消耗的能量百分比要高，植物为21%)，其余的44 J/(cm^2·a)(占70%)从理论上讲都是可以被食肉动物所利用，但是实际上食肉动物只利用了12.6 J/(cm^2·a)(占可利用量的28.6%)。这个利用率虽然比净初级生产量的利用率要高，但还是相当低的。在食肉动物的总次级生产量中，呼吸代谢活动大约要消耗掉60%。这种消耗比同一生态系统中的食草动物(30%)和植物(21%)的同类消耗要高得多。其余的40%大都没有被更高营养级的食肉动物所利用,而每年被分解者分解掉的又微乎其微,所以大部分都作为动物有机残体沉积到了湖底。

总之,我们从研究生态系统能流过程中所得出的最一般性结论是:任何生态系统都必须从外部获得能量供应,这种能量或是太阳辐射能,或是由其他生态系统在光合作用中所生产的有机物质,以保证能量和食物的供应,并不断补充生物在呼吸过程中所消耗的能量,否则这个生态系统就将崩溃。

第六节 生态系统中的物质循环

一、生命与元素

生命维持不仅依赖于能量的流动,而且也依赖于各种化学元素的供应。对于大多数生物来说,有大约20多种元素是它们生命活动所必需的。另外,还有大约10种元素,虽然通常只需要很少的数量就够了,但是对某些生物来说是不可缺少的。

生物体所需要的大量元素,包括其含量超过生物体重(干重)1%以上的碳、氧、氢、氮和磷等,以及其含量占生物体重0.2%~1%的硫、氯、钾、钠、钙、镁、铁和铜等两类元素。

微量元素在生物体内的含量一般不超过生物体重的0.2%,而且并不是在所有生物体内都有。属于微量元素的有铝、硼、溴、铬、钴、氟、镓、碘、锰、钼、硒、硅、锶、锡、锑、钒和锌等。

二、物质循环的概念及特征

(一)物质循环的概念

生物从环境中吸收利用各种营养物质和元素,而这些物质和元素又必须借助于再循环和生物分解而重返环境,以便于生物再次利用。各种物质和元素从环境到生物,又从生物到环境的这种往返不停地运动,称为物质循环。

生态系统物质循环包含以下几个基本概念。

1. 库

库(pool)是指某一物质在生物或非生物环境暂时滞留(被固定或贮存)的数量。生态系统中的各个组分都是物质循环的库,可分为植物库、动物库、大气库、土壤库和水体库。各库又可分为许多亚库,如植物库可分为作物、林木、牧草等亚库。在生物地球化学循环中,根据库容量的不同以及各种营养元素在各库中的滞留时间和流动速率的不同,可把物质循环的库分为两种类型:

(1) 贮存库(reservoir pool),其特点是库容量大,元素在库中滞留的时间长,流动速度慢,一般为非生物成分,如岩石、沉积物等。

(2) 交换库(exchange pool),其特点是库容量小,元素在库中滞留的时间短,流动速度快,一般为生物成分,如植物库、动物库等。

例如,在一个水生生态系统中,水体中含有磷,水体是磷的贮存库;浮游生物体内含有磷,浮游生物是磷的交换库。

2. 流通率

流通率(flow rate)是指在生态系统中单位时间、单位面积(或体积)内物质流动的量

[kg/(m^2 · t)]。

3．周转率

周转率(turnover rate)是指某物质出入一个库的流通率与库量之比。即：

$$周转率=\frac{流通率}{库中该物质的量}$$

4．周转时间

周转时间(turnover time)是周转率的倒数。周转率越大，周转时间就越短。例如，大气圈中 N_2 的周转时间约近一百万年；大气圈中水的周转时间为 10.5 d，即大气圈中所含水分一年要更新大约 34 次；海洋中主要物质的周转时间，硅最短，约 8 000 年，钠最长，约 2.06 亿年。

(二) 物质循环的一般特征

能量流动和物质循环是生态系统的两大基本功能。生态系统的能量来源于太阳，而生命必需物质(各种元素)的最初来源是岩石或地壳。

物质循环和能量流动总是相伴发生的。例如光合作用在把二氧化碳和水合成为葡萄糖时，同时也就固定了能量，即把日光能转化为葡萄糖内贮存的化学能；呼吸作用在把葡萄糖分解为二氧化碳和水时，同时也就释放出其中的化学能。但是，能量流动与物质循环也有一个重要区别，即生物固定的日光能量流过生态系统通常只有一次，并且逐渐地以热的形式耗散，而物质在生态系统的生物成员中能被反复地利用(图 5-12)。

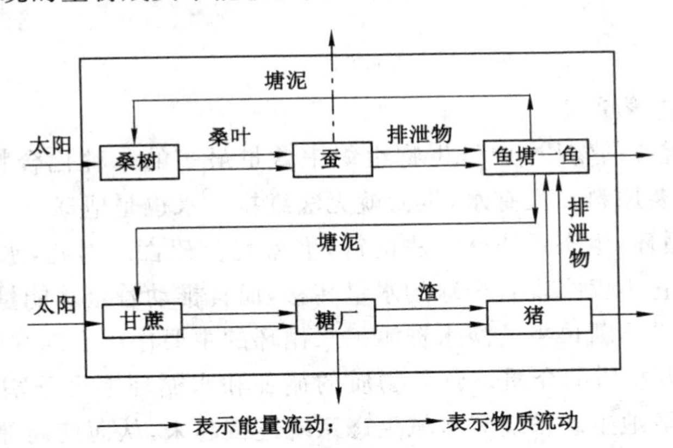

图 5-12　物质循环与能量流动的相互关系

元素在分室之间的移动速率很不相同，如含有大量有机碳的煤和石油，或者长久地离开了生态系统的元素，只有通过火山活动、地壳上升或人类开采后才能再次回到快速循环的状态。

对生物元素循环研究通常从两个尺度上进行，即全球循环和局域循环。全球循环，即全球生物地球化学循环，代表了各种生态系统局域事件的总和。

各种局域生态系统在物质循环上也不是完全封闭的，营养物可以通过气候的、地质的和生物的种种过程而彼此联系。全球生物地球化学循环是从全球尺度对物质循环的大尺度研究，它对于深入分析人类活动对全球气候变化的影响有十分重要的意义，特别是全球碳循环。

三、物质循环的三种类型

根据各种物质进行循环的特点，可以把物质循环分为三种基本类型，即水循环、气体型循环和沉积型循环。

水循环只包括水这一种化合物，水的循环对于生态系统具有特别重要的意义，而且水的循环具有自己的特点。

气体型循环主要包括氧、碳、氮、氯、溴、氟等元素及其主要化合物，它们主要是以气体状态参与循环的。这些物质的主要储存库是大气和海洋，所以它的循环过程也密切地和大气、海洋相联系。气体型循环具有明显的全球性，循环性能极为完善，因此它们在生态系统中的分布比较均衡，局部短缺现象很少发生，因为局部一旦发生短缺，很快就会依靠极完善的循环功能而得到补充。

沉积型循环主要包括磷、硫、钙、钾、钠、镁、铁、锰、碘、铜、硅等元素及其主要化合物。这些物质主要以固体状态参与循环，虽然硫和碘也能生成气体物质，但是它们在大气中的含量很少，对整体循环影响甚微。沉积型循环物质的主要储存库是岩石、土壤和沉积物，而和大气无关。这些物质主要是通过岩石的风化和沉积物的分解而转变为可被生物利用的营养物质，而这个过程是一个缓慢和漫长的过程，所以沉积型循环物质的循环性能极不完善，循环的全球性也表现得不太明显。局部短缺现象时有发生，一旦发生短缺也难以在短期内得到补充。

（一）全球水循环

1. 水循环的生态学意义

水是生物圈最重要的物质，也是生物组织中含量最多的一种化合物，是生命过程的介质，是光合作用的重要原料。没有水，生命就无法维持。水也是地球上一切物质的溶剂和运转的介质。没有水循环，生态系统就无法运行，生命就会死亡。因此，水循环是地球上最重要的物质循环之一，它不仅实现着全球的水量转移，而且推动着全球能量交换和生物地球化学循环，并为人类提供不断再生的淡水资源。水循环的主要作用表现在以下几方面：

① 水是所有营养物质的介质。营养物质的循环和水循环不可分割地联系在一起。地球上水的运动，还把陆地生态系统和水域生态系统连接起来，从而使局部的生态系统与整个生物圈联系成一个整体。

② 水是物质很好的溶剂。水在生态系统中起着能量传递和利用的作用。绝大多数物质都溶于水，随水迁移。据统计，地球上陆地每年大约有 36×10^{12} m^3 的水流入海洋。这些水中每年携带着 3.6×10^9 t 的溶解物质进入海洋。

③ 水是地质变化的动因之一。其他物质的循环都是结合水循环进行的。生态系统矿质元素的流失和沉积，都是通过水循环来完成的。

2. 水的分布

水分布于陆地、海洋和大气中，它以固、液、气三种形态存在。根据 V. M. Goldschmid 计算，地球表面每平方米的含水量为 272 L，由海水（268.4 L）、大陆冰（4.5 L）、淡水（0.1 L）和水蒸气（0.003 L）所组成。

地球的总水量有近 15 亿 km^3，其中海洋的储水量有 13.2×10^8 km^3，约占总水量的 97%以上，陆地上的水只占总水量的 3%左右。在陆地上的水量中，淡水只占陆地水的 73%；而在所有的淡水中，有 2/3 以固体状态存在于南、北两极的冰川、冰盖中，其余大部分为地下水；储藏于江河湖库中的淡水不到 0.5%，江河湖库中还必须保持一定的维持水量。因此，人类真正可利用的淡水资源是十分有限的，大约只有 $0.106\ 5\times10^8$ km^3。地球上水的分布如表 5-4 所列。

表 5-4　　全球水的估计贮置　　单位：10^3 km^3

水资源	体积 $\times10^3/km^3$	占总水量的百分数/%
地球总水量	1 460 000	
海洋	1 320 000～1 370 000	97.3
淡水		
冰盖/冰川	24 000～29 000	2.1
大气	13～14	0.001
地下水(5 000 m 内)	4 000～8 000	0.6
土壤水	60～80	0.006
河流	1.2	0.000 09
盐湖	104	0.007
淡水湖	125	0.009

3. 全球水循环

地球表面的各种水体，通过蒸发、水汽运移、降水、地表径流和下渗等水文过程紧密联系，相互转换，构成了全球水循环。其循环的动力是太阳能和重力的结合：① 在太阳能的驱动下，海洋和陆地上水分通过蒸发和植被蒸腾作用不断地向大气供应水分，在大气环流运动作用下，大气中的水汽在全球范围内重新分配，然后以雨、雪、雾等形式又重新返回到海洋和陆地。这一过程，称为全球尺度水循环过程。② 降至陆地而没有蒸发的水分通过河流、湖泊、地下水运动及冰川、冰山的崩解又返回到海洋中去。这样，在水分上升(环)和下降(环)的共同作用下，水分川流不息，形成了水的全球循环(见图 5-13)。

植被对水循环有很大的影响，可影响降雨、气候及水的再分配。水分的蒸发对于植物的生长、发育也至关重要。生产 1 g 初级生产量差不多要蒸腾 500 g 水。因此，陆地植被每年蒸腾大约 55×10^{12} m^3 的水，几乎相当于陆地蒸发、蒸腾的总量。这就增加了空气中的水分，促进了水的循环。

水循环是如何维持全球平衡的呢？如果把降落在地球上的水量看作 100 个单位，那么平均来说，海洋蒸发为 84 个单位，接受降水为 77 个单位；陆地蒸发为 16 个单位，接受降水为 23 个单位。从陆地到海洋的径流为 7 个单位，这样就使海洋蒸发亏缺得到补偿。余下的 7 个单位作为在高空环流的大气水分。虽然，海洋上的蒸发量大于海洋上的降水量，但是，从陆地流到海洋的径流，又使海洋和陆地的水循环得到平衡(见图 5-14)。

上升环由太阳能驱动，下降环可把能量释放到湖泊、河流等低地。地球上各种水体的周

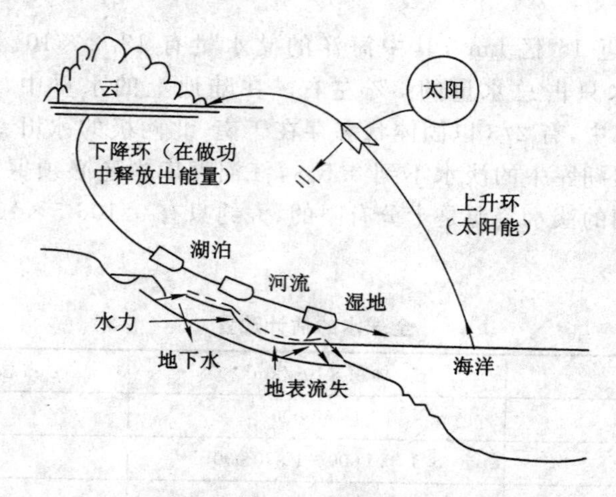

图 5-13 水循环的能量动力学模型(引自 E. P. Odum,1983)

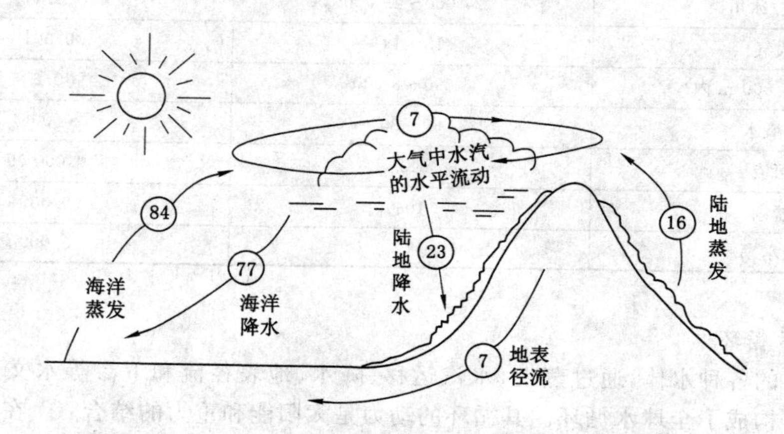

图 5-14 水循环的全球动态平衡

转期是不同的。除生物水外,以大气中的水和河川水的周转期最短,这部分水可以得到不断的更替,并可以在较长时间内保持淡水动态平衡(见表 5-5)。

表 5-5 地球上各种水体的周转期

水体类型	周转期/a	水体类型	周转期/a
海洋	2 500	沼泽	5
深层地下水	1 400	土壤水	1
极地冰川	9 700	河川水	16
永久积雪、高山冰川	1 600	大气水	8
永久带底冰	10 000	生物水	几小时
湖泊	17		

(二) 碳循环

碳对生物和生态系统的重要性仅次于水，它构成生物体重量(干重)的49%。生物通过光合作用从环境中提取碳的速率和通过呼吸、分解作用而把碳释放给环境的速率大体相等。

1. 碳循环的意义

碳是构成生物有机体的最重要元素，因此，生态系统碳循环研究成了系统能量流动的核心问题。

人类活动通过化石燃料的大规模使用从而对碳循环造成的重大影响，可能是目前气候变化的重要原因。大气中的二氧化碳是含碳的主要气体，也是参与碳循环的主要形式(图5-15)。

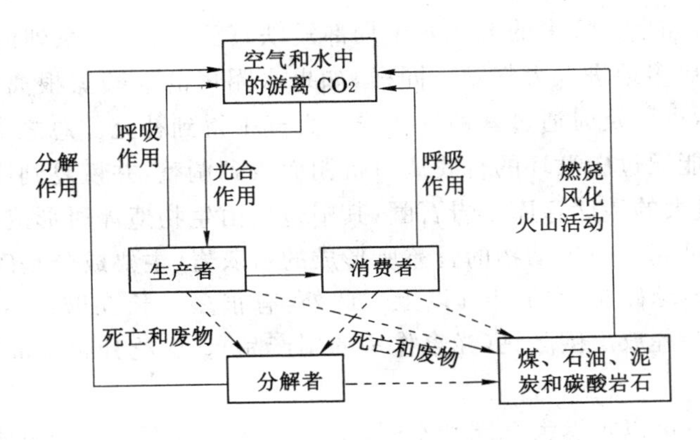

图 5-15 碳的循环图解

2. 碳循环的主要过程

碳循环的主要过程包括以下几方面：

(1) 生物的同化过程和异化过程，主要是光合作用和呼吸作用。

(2) 大气和海洋之间的二氧化碳交换。

(3) 碳酸盐的沉淀作用。

碳库主要包括大气中的二氧化碳、海洋中的无机碳和生物机体中的有机碳。根据Schlesinger(1997)估计，最大的碳库是海洋($38\ 000\times10^{15}$ g C)，它大约是大气(750×10^{15} g C)中的50.6倍，而陆地植物的含碳量(560×10^{15} g C)略低于大气。最重要的碳流通率是大气与海洋之间的碳交换(90×10^{15} g C/a 和 92×10^{15} g C/a)及大气与陆地植物之间的交换(120×10^{15} g C/a 和 60×10^{15} g C/a)。碳在大气中的平均滞留时间大约是5年。

大气中的二氧化碳含量是有变化的。根据南极冰芯中气泡分析的结果，在最后一次冰河期(20 000～50 000年前)大气中二氧化碳的体积分数为 $180\times10^{-6}\sim200\times10^{-6}$，而公元900～1750年间的平均值是 $270\times10^{-6}\sim280\times10^{-6}$。由于有很多地理因素和其他因素影响植物的光合作用(摄取二氧化碳的过程)和生物的呼吸(释放二氧化碳的过程)，所以大气中二氧化碳的含量有着明显的日变化和季节变化。夏季，植物的光合作用强烈，因此从大气中所摄取的二氧化碳超过了在呼吸和分解过程中所释放的二氧化碳；冬季则刚好相反。结果，每年4～9月北方大气中二氧化碳的含量最高，冬季和夏季大气中二氧化碳的含量可相差2

$\times 10^{-5}$。在光合作用中被固定的碳，主要是通过生物的呼吸（包括植物、动物和微生物）以二氧化碳的形式又回到大气之中。除此之外，非生物燃烧过程也会使大气中二氧化碳的含量增加，如人类燃烧木材、煤炭，以及森林和建筑物的偶然失火等。

二氧化碳在大气圈和水圈之间通过扩散作用而相互交换着，而二氧化碳的移动方向决定于它在界面两侧的相对浓度，它总是从浓度高的一侧向浓度低的一侧扩散。借助于降雨过程，二氧化碳也能进入水圈。例如，1 L 雨水中大约含有 0.3 mL 的二氧化碳。在土壤和水域生态系统中，溶解的二氧化碳可以和水结合形成碳酸（H_2CO_3），而且这个反应是可逆的。碳酸在这个可逆反应中可生成氢离子和碳酸氢根离子（HCO_3^-），而后者又可进一步离解为氢离子和碳酸根离子（CO_3^{2-}）。

由此可以想到，如果大气中的 CO_2 发生局部短缺，就会引起一系列的补偿反应，水圈里的溶解态 CO_2 就会更多地进入大气圈。同样，如果水圈里的碳酸氢根离子（HCO_3^-）在光合作用中被植物耗尽，也可及时通过其他途径或从大气中得到补充。总之，碳在生态系统中的含量过高或过低都能通过碳循环的自我调节机制而得到调整，并恢复到原有的平衡状态。

其实，地球上最大的碳储存库是岩石圈，其中包括由生物遗体所形成的泥炭、煤和石油，以及由软体动物的贝壳和原生动物的骨骼所形成的石灰岩（主要成分是碳酸钙）。这个大储存库的碳含量约占地球碳总量的 99% 以上。此外，有很多生长在碱性水域中的水生植物，在进行光合作用时会释放出碳酸钙（光合作用的副产品）。广泛分布于世界各地的石灰岩大都是这样生成的。

岩石圈中的碳也可以重返大气圈和水圈，主要借助于岩石的风化和溶解、化石燃料（泥炭、煤和石油）的燃烧和火山爆发等。

在元素循环研究中，例如碳循环，把释放二氧化碳的库称为源（source），吸收二氧化碳的库称为汇（sink）。Schlesinger（1997）提供的当今全球碳循环收支（global carbon budget）如下：

净释放量　　　　　　　　碳循环的净变化

化石燃料 ＋ 陆地植被破坏 ＝ 大气中含量上升 ＋ 海洋吸收 → 未知的汇

0.6　　　0.9　　　3.2　　　2.0　　　1.7

这就是说，人类活动向大气净释放碳大约为 6.9×10^{15} g C/a，其中使用化石燃料释放 6.0×10^{15} g C/a，陆地植被破坏释放 0.9×10^{15} g C/a。人类活动释放的二氧化碳中，导致大气二氧化碳含量上升的为 3.2×10^{15} g C/a，被海洋吸收的为 2.0×10^{15} g C/a，未知去处的汇达到 1.7×10^{15} g C/a。这样，人类活动释放的二氧化碳有大约 25% 全球碳流的汇是科学尚未研究清楚的，这就是著名的失汇（missing sink）现象。它已经成为当今生态系统生态学研究中最令人感兴趣的热点问题之一。

（三）氮循环

在各种营养物质的循环中，氮的循环是最复杂的，这不仅是因为含氮的化合物多，而且在氮循环的很多环节上都有特定的微生物参加。氮是蛋白质的基本组成成分，是一切生物结构的原料。虽然大气中有 79% 的氮，但是一般生物不能直接利用，必须通过固氮作用将氮与氧结合成为硝酸盐和亚硝酸盐，或者与氢结合形成氨以后才能利用（图 5-16）。

大气是氮进行交换的主要场所，但是气体氮对大多数生物来说是不能利用的。氮进入

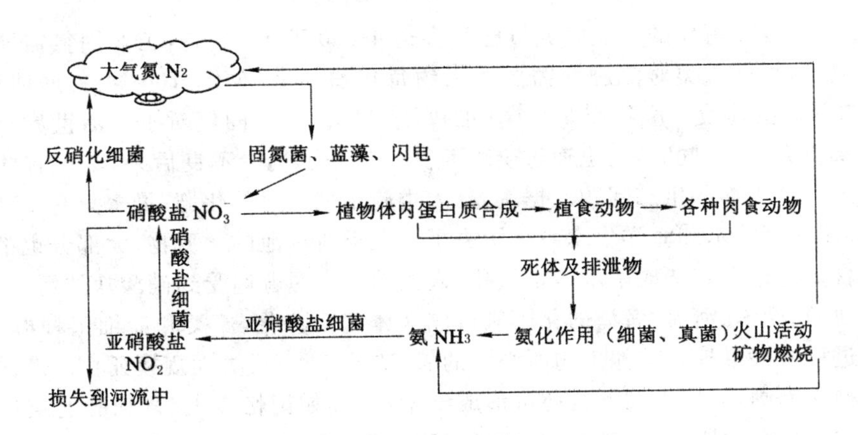

图 5-16　氮的循环图解

生物圈主要是依靠固氮菌和蓝绿藻的活动。首先，这些固氮生物可以把气体氮转化为各种蛋白质，在这些固氮的原核生物分解以后，其中的氮就能被较高等的植物利用。

在有氧的环境中，氮可以被固氮菌和很多种蓝绿藻所固定；在无氧的环境中，氮主要是靠梭菌、肠杆菌和某些芽孢杆菌来固定。

1. 固氮作用

在豆科植物（如三叶草）的根瘤中，和它共生的根瘤菌可把氮气（N_2）转化为能被寄主利用的氨（NH_3）。植物蛋白中的氮可以直接被取食植物的动物利用，动植物死后又被分解者利用。氨基酸经过氨化作用可以形成比较简单的含氮化合物——氨。溶解在水里的氨可以被植物吸收或进一步经过硝化作用形成硝酸根，然后再被植物的根吸收。

固氮是一个需要能量的过程，固氮菌通过氧化有机碎屑获得能量，根瘤菌通过共生的植物提供能量，而蓝细菌利用光合作用固定的能量。固氮的意义有以下几方面：

(1) 在全球尺度上平衡反硝化作用。

(2) 在像熔岩流过和冰河退出后的缺氮环境里，最初的入侵者就是固氮生物，所以固氮作用在局域尺度上也是很重要的。

(3) 大气中的氮只有通过固氮作用才能进入生物循环。

氨化作用是蛋白质通过水解降解为氨基酸，然后氨基酸释放出氨（NH_3）的过程。植物通过同化无机氮进入蛋白质，只有蛋白质才能通过各个营养级。

硝化作用是氨的氧化过程。其第一步是通过土壤中的亚硝化毛杆菌（*Nitrosomonas*）或海洋中的亚硝化球菌（*Nitrosococcus*），把氨转化为亚硝酸盐（NO_2^-）；然后进一步由土壤中的硝化杆菌（*Nitrobacter*）或海洋中的硝化球菌（*Nitrococcus*）氧化为硝酸盐（NO_3）。

反硝化作用（denitrification）的第一步是把硝酸盐还原为亚硝酸盐，释放 NO。这出现在陆地上有渍水和缺氧的土壤中，或水体生态系统底部的沉积物中，它由异养类细菌如假单胞杆菌（*Pseudomonas*）所完成。然后亚硝酸盐进一步还原产生 N_2O 和分子氮（N_2），两者都是气体。

2. 人工固氮

20 世纪初，人类生产化肥的主要氮源是采自智利的硝酸盐矿。1914 年首次采用了工业固氮法，到 1976 年，每年的工业固氮量已经多达 4 800 万 t。但是，工业固氮需要消耗大量的能源和氢气，目前人类对氮肥的需要量大约每年增长 80 Mt～100 Mt。据估计，每增加 600 万人口就需要建设一座年产 360 t 氨的固氮工厂。人工固氮对于养活世界上不断增加的人口做了重大贡献，同时，它也通过全球氮循环带来了不少不良后果，其中有些是威胁人类在地球上持续生存的生态问题。据调查，人类施用到田里的化肥，最多只有 1/3 被作物吸收，其余都流失到淡水和海洋生态系统中去了。人类所排泄的含氮物，大部分也都进入了水体。水体含氮量过多就造成了水体富氧化，人类的饮水源普遍受到硝酸盐的污染。

流入池塘、湖泊、河流、海湾的化肥氮造成水体富营养化，藻类和蓝细菌种群大爆发，其死体分解过程中大量掠夺其他生物所必需的氧，造成鱼类、贝类大规模死亡。海洋和海湾的富营养化称为赤潮，某些赤潮藻类还可形成毒素，引起如记忆丧失、肾和肝的疾病。造成水体富营养化和赤潮的原因，除过多的氮以外，还有磷，两者经常是共同起作用的。

可溶性硝酸盐能够流到相当远的距离以外，加上含氮化合物能保持很久，因此很容易造成可耕土壤的酸化（含硫化合物也是酸化的原因）。土壤酸化会导致微量元素流失，并使作为重要饮水来源的地下水中的重金属含量增高。

一般说来，氮污染使土壤和水体的生物多样性下降。过多地使用化肥不仅污染土壤和水体，还能把一氧化二氮（又称笑气）送入大气。一氧化二氮是由细菌作用于土壤中硝酸盐而生成的，它在大气中含量虽然不高，但有两个方面值得重视：① 它在同温层中与氧反应，破坏臭氧，从而增加大气中的紫外辐射；② 它在对流层中作为温室气体，促进气候变暖。一氧化二氮在大气中的寿命可以超过 1 世纪，每个分子吸收地球反射能量的能力要比二氧化碳分子高大约 200 倍。此外，大气中的含氮化合物在日光作用下对光化烟雾的形成起促进作用；含氮化合物还与二氧化硫在一起形成酸雨，酸雨增多使水体酸化加速，引起长期的渔获量下降；而陆地土壤的酸化使陆地和水体生态系统中的植物和动物多样性减少。

人类从合成氮肥中获得巨大好处，但没能预见其对环境造成的不良后果；即使现在，人类对于这些不良后果的重视仍然不够，远不如对大气二氧化碳含量上升的关注。进一步重视其不良后果，并加强科学研究是当前全球生态学的重要任务。

（四）磷循环

磷对生物来说是不可缺少的一种元素，但是生物对磷的需要量只有对氮需要量的 1/100。生物对磷的需要量虽然不大，但是缺磷现象比缺氮现象更为普遍，这主要是因为磷属于沉积型循环，没有气体物质，它的循环主要依赖于缓慢的地质过程，如岩石风化、水流传带和人类的开矿活动等。虽然生物有机体的磷含量仅占体重 1%左右，但是磷是构成核酸、细胞膜、能量传递系统和骨骼的重要成分。因为磷在水体中通常下沉，所以它也是限制水体生态系统生产力的重要因素。磷在土壤内也只有在 pH 值为 6～7 时才可以被生物所利用。图 5-17 表示全球磷循环（global phosphorus cycle）。

陆地上的磷总会有一部分随着地表径流进入海洋，并沉积在海底。这些磷很可能要在海底沉睡 1 亿～10 亿年，经过成岩作用和海底上升运动才能再次出现在陆地，并借助于风化作用重新返回磷的循环圈。由于陆地生态系统经常发生局部缺磷现象，所以磷肥就成了农业上不可缺少的重要肥料之一。

陆地表面的水流每年大约要把 2 000 万 t 的磷从陆地带入海洋，而海洋中的磷回到陆

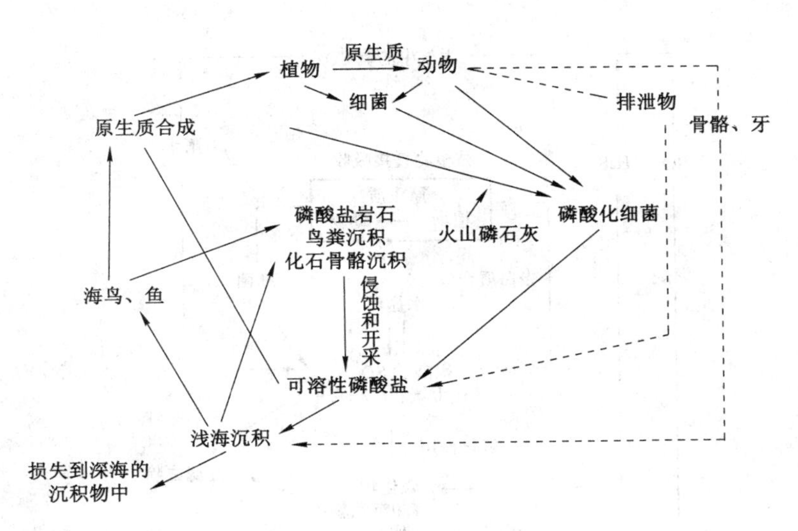

图 5-17　磷循环图解

地主要靠海底的上升运动，但这是一个漫长的间歇性的地质运动。另外，海鸟通过排粪也可以把海洋中的磷带回陆地，因为海鸟捕食海洋里的鱼，然后把富含磷的鸟粪排在海岛或大陆上，久而久之就形成了天然的磷肥沉积层，这是人类所开采的重要磷肥资源之一。此外，人类通过在海洋捕鱼，每年也可以把成千上万吨的磷带回陆地。但是，所有这些途径都远远比不上每年从陆地流失到海洋中去的磷多。

因为磷在生态系统中缺乏氧化-还原反应，所以一般情况下磷不以气体成分参与循环。虽然土壤和海洋库的磷总量相当大，但是能为生物所利用的量却很有限。全球磷循环的最主要途径是磷从陆地土壤库通过河流运输到海洋。磷从海洋再返回陆地是十分困难的，海洋中的磷大部分以钙盐的形式沉淀，因此长期地离开循环而沉积起来。一般的水体上层往往缺乏磷，而深层为磷所饱和。

由此可见，磷循环是不完全的循环，有很多磷在海洋沉积起来。一方面，人类开采磷矿和鸟粪（秘鲁海岸有数量惊人的鸟粪）以补其不足。另一方面，磷与氮一起成为水体富营养化的重要原因。

（五）硫循环

硫是蛋白质和氨基酸的基本成分，对于大多数生物的生命至关重要。人类使用化石燃料大大改变了硫循环，对其影响远大于对碳和氮，最明显的就是酸雨。硫在自然界中有 8 种状态，从－2 到＋6 价。其中最重要的有 3 种，即元素硫、＋4 价的亚硫酸盐和＋6 价的硫酸盐。

硫循环是复杂的元素循环，既属沉积型，也属气体型。它包括长期的沉积相，即束缚在有机和无机沉积中的硫，通过风化和分解而释放，以盐溶液的形式进入陆地和水体生态系统。还有的硫以气态参加循环。全球硫循环如图 5-18 所示。

硫从陆地进入大气有 4 条途径：火山爆发释放硫，由沙尘带入大气，化石燃料释放，森林火灾和湿地等陆地生态系统释放。大气中的硫大部分以干沉降和降水形式返回陆地。全球硫循环的定量还有较大的不确定性。

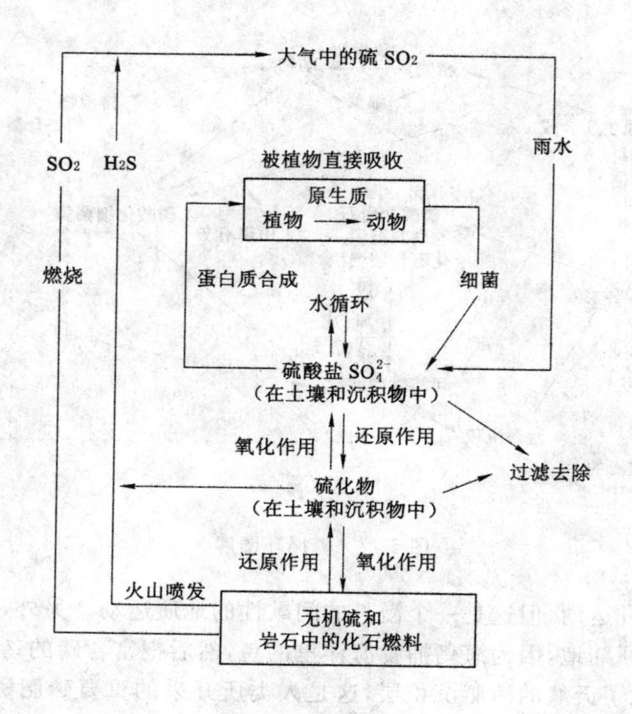

图 5-18　全球硫循环

(六) *其他物质元素循环*

生命必需元素的生物地球化学循环的基本思路同样适用于重金属、有毒化学物和放射性核素在生态系统中的迁移和转化。这里仅以镉循环为例。

镉中毒的典型病征是肾功能破坏,引发尿蛋白症、糖尿病;进入肺呼吸道引起肺炎、肺气肿;还有贫血、骨骼软化。大气、土壤、河湖中都有一定量镉污染物输入。多数是人类活动引起的。镉每年由陆地生物引起的迁移和转化的量并不大,通过人体的镉流量一般并不高,但是在局部地方的陆地生态系统中,例如冶炼厂的周围,大气中的镉有时会超过 500 mg/m^3,表土也可超过 500 μg/g,附近的动植物体内含镉量也有增高现象。

本章小结

本章主要介绍生态系统,主要有生态系统的概念、营养结构、营养级、反馈调节、能量流动以及物质循环等六个方面。

生态系统就是在一定空间中共同栖居着的所有生物(即生物群落)与其环境之间由于不断地进行物质循环和能量流动而形成的统一整体。任何一个生态系统都是由生物成分和非生物成分两部分组成的。

生态系统的营养结构包括食物链和食物网,以及群落的稳定性。

能量流动和物质循环是生态系统的两大基本功能。生态系统中的能量流动分为初级生产、次级生产和能量流动的来源三部分。根据各种物质进行循环的特点,可以把物质循环分为三种基本类型，即水循环、气体型循环和沉积型循环。

思　考　题

1. 简述生态系统的基本概念、结构与组成。
2. 简述金字塔的类型。
3. 简述物质循环的特征及类型。

第二篇　城市生态学

第六章 城市生态学

第一节 城市生态学产生背景

城市是人类集聚生活的一个重要场所。在城市形成发展过程中,人们为了自身的生活及生产发展的需要,对城市中的自然生态系统进行改造,形成了人造为主的城市生态系统,即生态化的城市。生态化的城市希望能够通过合理的斑块及生态功能结构来缓解城市生态的失衡,并通过园林植物及河流系统把大自然“请”回城市,让城市居民和自然融为一体。因此,城市生态学是生态城市化和城市生态化过程中的产物。

一、城市化的概念

城市化(urbanization)指人类生产和生活方式由乡村型向城市型转化的历史过程,表现为乡村人口向城市人口的转化以及城市不断发展和完善的过程。不同的学科从不同的角度对城市化有不同的解释,就目前来说,国内外学者对城市化的概念分别从社会学、人口学、地理学、城市规划学等角度予以阐述。

社会学中对城市化的定义是:农村社区向城市社区转化的过程。它包括城市数量的增加、规模的扩大;城市人口在总人口中比重的增长;公用设施、生活方式、组织体制、价值观念等方面城市特征的形成和发展,以及对周围农村地区的传播和影响。一般以城市人口占总人口中的比重衡量城市化水平。受社会经济发展水平的制约,它与工业化关系密切。

人口学中对城市化的定义是:农业人口向非农业人口转化并在城市集中的过程。表现在城市人口的自然增加、农村人口大量涌入城市、农业工业化、农村日益接受城市的生活方式。

地理学中对城市化的定义是:由于社会生产力的发展而引起的农业人口向城镇人口、农村居民点形式向城镇居民点形式转化的全过程。它包括城镇人口比重和城镇数量的增加、城镇用地的扩展以及城镇居民生活状况的实质性改变等。

城市规划学对城市化的定义是:由第一产业为主的农业人口向第二产业、第三产业为主的城市人口转化,由分散的乡村居住地向城市或集镇集中,以及随之而来的居民生活方式的不断发展变化的客观过程。

综合来说,现代城市化的概念应有明确的过程和完整的含义:① 工业化导致城市人口的增加;② 单个城市地域的扩大及城市关系圈的形成和变化;③ 拥有现代市政服务设施系统;④ 城市生活方式、组织结构、文化氛围等上层建筑的形成;⑤ 集聚程度达到称为城镇的居民点数目日益增加。

二、城市化的发展

城市发展是人们逐渐利用科学文化技术手段，根据变化中的社会经济等要求，不断改造自己的居住环境和活动空间，能动地（或被动地）进行城市建设的过程。由于影响城市发展的诸要素在不断地发展变化，所以城市建设活动是永不休止的，城市的形态和外貌景观也是不断变化发展的，从而推进着城市化进程。

（一）城市化的发展阶段

从城市化进程来看，城市发展历史可以分为早期城市化、近代城市化和现代城市化3个阶段。

1. 早期城市化阶段（early urbanization stage）

早期城市化是指工业革命以前的城市化发展阶段。它又可以分为2个阶段。

第1个时期是指从城市的产生到封建时代的开始，称为古代城市。这一时期的城市规模较小，城市结构比较简单，生产力低下，以手工业为主，商品交换量小，经济基础薄弱，城市的职能主要是维护奴隶主统治的政治、军事和宗教中心。

第2个时期包括整个封建社会时期，称为中古城市或中世纪城市。火药、指南针、印刷术和纸张等的发明，加强了城市的交流，促进了城市生产力的发展，不仅改变了城市的结构，也改变了城市居民的生活方式，城市规模也有了进一步的扩张，城市作为政治、贸易、文化中心的职能得以加强。

2. 近代城市化阶段（latter-day urbanization stage）

1769年蒸汽机的发明，由齿轮和皮带带动的机器运转，把大量人口和劳动力吸引到城市，人口数量迅速增加，为进一步的劳动社会化分工打下了基础。劳动分工细化，专门化职业增多，社会生产力得到大幅度提高，促进了城市化的迅速发展，同时对资源和环境的消耗也越来越大。19世纪的工业化城市带来2个显著现象：一是工厂群，二是贫民窟。

近代工业生产技术的变革，要求各种生产手段集中在工厂里，结束了居住和生产“在一个屋檐下”的时代。庞大集中的工业，加剧了对环境，特别是大气环境和水体环境的污染。另外，近代的工业生产，把工作人员居住与工作的地方分开，“上下班”作为一种新的城市现象伴之而来。集中的大生产，需要繁重的交通以输送原料和产品，使城市中增加了大量的铁路、街道和运河等。这些交通设施常常勉强地强加在城市原有格局上，致使各种冲突更加激化。大量的农民来到城市就业，增加了城市环境的压力，使居住条件恶化，城市中心区高度拥挤，城市被迫向外延展。

3. 现代城市化阶段（modern urbanization stage）

近代城市化与现代城市化在时间上的划分，目前尚无统一的认定。有人将20世纪初作为现代城市化的起始时间，也有人认为以第二次世界大战结束来划分较为合适。第二次世界大战期间，许多国家的不少城市遭受破坏；第二次世界大战以后即开始世界范围内的城市重建与恢复，并产生了城市规划学，使城市建设和城市发展逐步实现科学化，城市化进程也步入一个空前发展的阶段。

现代城市的物质文明水平迅速提高，人均居住面积大幅度增加，水、电供应和交通、通信等的公益设施的建设已经变成一般标准，使城市的人居环境得到改善。但是，某些地区的城市发展过快，市政建设滞后，也带来了人口膨胀、住房紧张、交通拥挤、环境污染等问题。

20世纪60年代末，人们开始认识到工业化和城市化所带来的环境问题。1971年出版的《只有一个地球》给人类敲响了警钟，迫使人们反思工业文明，从而掀起了20世纪70年代以后的生态热、环保热。1987年，前挪威首相布伦特兰夫人在世界环境与发展大会上，发表了长篇报告《我们共同的未来》，并提出了可持续发展的概念。1992年，联合国在巴西里约热内卢召开的环境与发展大会，通过了以可持续发展思想为核心的《21世纪议程》，使可持续发展成为全球广泛关注的热点。在城市化问题上，针对城市发展过程中出现的诸多城市问题，提出了生态城市建设、城市生态规划等新的理念，使城市的可持续发展成为备受公众关注的重大课题。

（二）城市化的未来发展

城市化的未来发展何去何从，尚无准确的描述，也存在着不同的观点，它的总体要求应该是在充分发挥现代城市的优点的基础上，克服城市化所带来的诸多问题，能够实现可持续发展。“生态城市”是一种较普遍的提法。埃歇顿(1992)认为生态城市应该体现4个原则：① 对自然状态的最小侵扰；② 最大的多样化；③ 系统尽可能是闭合的；④ 在人口与资源之间达到最适的平衡。

（三）我国城市化的发展

我国城市化的发展，总的看来仍处在城市化集中阶段。新中国成立以来，我国城市化进程可以分为以下几个阶段：① 1949～1957年，是城市化起步发展时期；② 1958～1965年，是城市化的不稳定发展时期；③ 1966～1978年，是城市化停滞发展时期；④ 1979年至今，是城市化的稳定快速发展时期。

1. 1949～1957年，城市化起步发展时期

1949年，我国仅有城市132个，城市非农业人口2 740万人，城市化水平(以城市非农业人口占总人口的比重计算)为5.1%。在国民经济恢复和“一五”建设时期，出现了一批新兴的工矿业城市。与此同时，对一批老城市还进行了扩建和改造，如武汉、成都、太原、西安、洛阳、兰州等老工业城市，加强发展了鞍山、本溪、哈尔滨、齐齐哈尔、长春等大中城市。一大批新建扩建工业项目在全国城市兴建，对土地、劳动力的需求和对城市建设、经济发展以及服务业的兴起，都起到了有力的推动作用。到1957年年末，我国的城市发展到176个，城市非农业人口占总人口的比重上升到8.4%。随着国家政治的稳定和经济建设的稳步发展，1953～1957年，全国工农业总产值平均年增长率为18.3%，城市人口年均增长16%。“一五”时期的城市发展及城市人口增长与国民经济的发展是基本适应的。

2. 1958～1965年，城市化的不稳定发展时期

1958～1965年期间，城市发展呈现出由扩大到紧缩的变化。全国城市由1957年的176个，增加到1961年的208个；城市人口由5 412万人增长到6 906万人，增长了28%；城市非农业人口所占比重由8.4%上升到10.5%。从1962年开始，陆续撤销了一大批城市，到1965年年底只剩下168个，比1961年减少了40个。这个时期，一部分新设置的市恢复到县级建制，如榆次、侯马、岳阳等；另一部分地级市实行降级，成为县级市，如石家庄、保定等。与此同时，由于城市社会经济出现萎缩，致使城市人口出现负增长，城市化水平也由1961年的10.5%减少到1965年的9.2%。

3. 1966～1978 年，城市化停滞发展时期

1966～1978 年期间，是城市化发展的低迷徘徊期。整整 13 年间，城市只增加 25 个，城市非农业人口长期停滞在 6 000 万～7 000 万人，城市化水平在 8.5%上下徘徊。

4. 1979 年至今，城市化的稳定快速发展时期

1979 以来，城市化在改革开放中稳步发展，进入了稳定、快速发展的通道。改革开放政策的实施，无论是城市，还是农村，社会经济各项事业有了新的活力。“乡村工业化”和城市工业的空前扩张，对城市化进程起了推动作用。这期间，我国经历了一个城市化的快速发展时期。到 1997 年，我国城市已发展至 668 个，与 1979 年相比，新增城市 452 个，相当于前 30 年增加 2 倍多。近年来，城市人口也迅速增加，城市化水平增长到 18%。毫无疑问，这种快速发展是经济改革，特别是农村经济率先改革所带来的。

三、城市化带来的生态环境问题

在城市发展初期，由于城市人口规模小，生产力水平低下，城市的一些消极面一时不曾暴露，人们认识的只是城市在发展生产、繁荣经济、扩大贸易、提高文化、促进科技、方便生活、防御入侵等方面的积极作用。

城市生态系统发展到工业化城市阶段以后，人口的高度集中、燃料结构的改变、工业化大生产的迅速发展等，使城市生态系统内人与自然的矛盾日益尖锐起来，城市化所带来的问题已开始显现。

（一）环境污染日益严重

20 世纪 30 年代以来，世界各地相继出现了严重的环境污染事件，其中有世界闻名的八大公害事件。

目前城市“白色污染”是相当严重的，各种塑料、塑料泡沫制品在城市生活中用量很大，且增长速度很快，在城市生活垃圾中占有较大比重。塑料制品至少需要 10～20 年才能腐烂，这严重污染了城市环境，也加大了城市垃圾的处理难度。

（二）城市灾害频繁

城市生态系统所在的范围是地球表面的一个斑块，该位置所可能发生的自然灾害，城市都会发生。不仅如此，由于人类活动使城市生态系统改变着局部地区的地上、地面及地下一定范围内的物理结构和化学组成，打破了原有自然生态系统长期形成的平衡关系，从而加剧了自然灾害的危害和影响。

城市的各种地下开挖工程以及矿产资源和地下水的开采，改变了城市地下的地质结构，从而大大增加了崩塌、滑坡、地面沉降、地面塌陷、地面裂缝等地质灾害的发生频率；城市经常性的建设项目和土石工程，导致水土流失加剧，风沙尘暴危害加重；城市人群和建筑的高密度及水电供应设施的交错复杂，使城市一旦发生地震等地质灾害，其损失将是同等面积的农村地震损失的成千上万倍。因此，可以说城市化加剧了地质灾害的危害程度。

城市火灾危害的损失也是相当大的。一方面，城市必须花费巨大的人力、物力、财力资源用于防火，城市建筑也因为需要考虑防火要求使成本大增；另一方面，城市建筑使用大量的透光、反光、聚光材料，城市供电设施、供气设施和通信线路错综复杂，以及居民和单位大量使用电气设备，大大增加了火灾隐患，稍有不慎，就会酿成火灾；同时，城市建筑高度拥挤，一旦发生火灾，其扑救难度很大，损失极其惨重。

由于城市人口高密度聚居，人际交流频繁，城市传染病灾害不仅表现种类繁多、易感人群数量大，还表现为蔓延迅速、扩展范围广。此外，城市人群药物用量大，用药频率高，加上城市环境质量较差，这使城市居民的机体免疫能力和抵抗能力普遍较差，感染疾病后治疗成本日益上升，治疗难度也有增大的趋势。

此外，城市地面铺装不透水层改变了城市地区的地表径流，减少了地面下渗，加重了城市的洪涝灾害危害。城市交通拥挤，交通工具种类繁多，车流量大，使交通事故频繁发生。

（三）能源和资源已成为城市发展的瓶颈

一方面，城市人口的迅速增加和城市的迅速发展，以及人们生活水平的提高增加了能量和资源的消耗，均要求给城市提供越来越多的能源和资源，以保证城市居民具有良好的生活环境和生活质量；另一方面，全球性的能源短缺和资源衰退的影响越来越大，城市能源和资源的供应更显得日益紧张，从而使城市发展与能源、资源供应的矛盾日益尖锐。能源和资源已成为城市发展的瓶颈或限制因素。

随着城市化进程的加快，城市化带来的生态环境问题日趋严重。如何发挥城市的积极有益方面，减少其消极不利影响，正是当前城市发展中面临的实际问题。这些问题的解决，需要根据生态学的原理，改善城市生态系统的结构，提高城市生态系统的功能和调节其各要素之间的关系。这就是城市生态学产生的背景和研究的目的。

第二节　城市生态学的概念

一、城市生态学的定义

城市生态学（urban ecology）是以生态学理论为基础，应用生态学的方法研究以人为核心的城市生态系统的结构、功能、动态以及系统组成成分间和系统与周围生态系统间相互作用的规律，并利用这些规律优化系统结构、调节系统关系、提高物质转化和能量利用效率，以及改善环境质量，实现结构合理、功能高效和关系协调的一门综合性学科。由于人是城市中生命成分的主体，因此，城市生态学也可以说是研究城市居民与城市环境之间相互关系的科学。根据研究对象侧重点的不同，对城市生态学有不同的定义。

环境系统学派认为：城市生态学是用生态学的方法研究城镇中生物圈，正如同生态学其他分支科学研究农田、森林和海洋一样，城镇可以从历史、结构和功能3个方面进行生态学的描述。该学派研究城市人类栖息环境的系统，可以突出生态学科的特点，有利于深入探讨城市中的生态问题，寻求改善城市生存环境的途径和方法，协调城市中各种生态关系，提高城市的生态效率。

复合系统学派认为：城市生态学是用生态学的方法研究城市系统，它包括一系列的研究方法，其中有社会的和观念的调查，健康和营养状况的评价，能量平衡，城市动植物区系记载，脆弱性分析以及各种功能的建模等。王如松在他的论文中明确地提出：城市生态学研究的是社会、经济、自然3个亚系统不同层次各组分间相生相克的复杂关系。该学派强调全面研究城市社会、经济、自然3个子系统之间相互作用规律，可以发挥多学科综合研究的优势，在更高层次上研究城市生态系统复杂的动力学机制，探讨城市发展的多目标功能协调，为城市管理和发展决策服务。

二、城市生态学的研究对象和研究内容

城市生态学的研究对象是城市生态系统，重点研究以城市人口为主体的城市生物与城市环境之间的关系。其研究内容主要包括城市居民变动及其空间分布特征，城市物质和能量代谢功能及其与城市环境质量之间的关系，城市自然系统的变化对城市环境的影响，城市生态的管理方法和有关交通、供水、废物处理等，城市自然生态的指标及其合理容量等。具体包括如下 6 个方面。

（一）城市生态系统的组成

城市生态系统组成是指构成城市生态系统的各种要素，包括城市生态系统中人群组分、生物组分、物理环境组分以及城市生态系统的人文环境因素等。城市生态系统组成的主要研究内容涉及城市生物组分和环境组分的构成、存在状态与发展变化以及彼此间相互联系和相互影响。

（二）城市生态系统的结构

城市生态系统的结构是指城市生态系统内各组成要素的配比以及空间格局。城市生态系统是一个以人为中心的环境系统，其结构非常复杂，既包括生物结构，又包括社会结构、产业结构、环境结构（包括自然环境结构和人文环境结构）等。

① 城市化对环境的影响：例如，城市的气候与大气污染、城市土壤与土壤污染、城市的水体与水污染、城市交通与交通污染、城市的土地利用、城市的噪声、城市的垃圾等。

② 城市化对生物的影响以及生物的反应：例如，城市植物区系和植被及其与人体健康、城市动物区系及其与人体健康等。

③ 城市化对人群的影响：如，城市发展态势与城市人口动态、城市存在状态与城市人群消费理念和消费行为、城市化与城市人群的生态处境和身心健康等。

（三）城市生态系统的功能

城市生态系统功能主要是指城市生产和生活功能。这方面研究包括：城市食物网、城市物质生产和物质循环、城市能源及城市能量流动、城市信息类型及其传递方式与效率、城市环境容量等。

（四）城市生态系统的动态发展与演替

城市生态系统的动态发展与演替是指城市生态系统的发生、发展和演变。城市生态系统的演替包括城市形成、发展的历史过程，以及与此相应的自然环境和人文环境变化的动因分析。这项研究有助于认识城市生态系统的发展规律，可为老城市改造和新城市建设指明方向。

（五）城市生态系统的调节与控制

城市生态系统的调节与控制是指按照一定的目的，对城市生态系统结构和功能的（生态）平衡和（生态）失衡进行调节或控制。目前，城市生态系统调控研究的重点是在城市生态系统结构和功能研究的基础上，对城市生态系统进行模拟、评价、预测和优化，并根据城市生态学的理论对城市进行生态评价、生态规划、生态建设和生态管理；同时，从维护区域生态平衡、合理利用资源的角度出发，进行城市生态系统与区域大系统间关系乃至于全球环境间关系的研究。

（六）城市生态学的应用

城市生态学的应用是指将城市生态学的知识、原理、原则及方法，运用到城市生产和经营管理的方方面面，从而指导城市的建设和规划发展。目前，城市生态学的应用研究主要包括生态城市、生态工业、生态商业、生态建筑、生态经济、生态旅游和生态消费等领域。

三、城市生态学的研究层次

（一）城市生物环境层次

城市生物环境层次研究，即从传统生态学理论出发，将城市作为特定的生态环境，研究此种环境中各种生物的生态问题。

（二）城市生态系统层次

城市生态系统层次研究是将城市作为以人类活动为主体的人类生态系统进行考察研究，强调城市中自然环境与人工环境、生态群落与人类社会、物理生物过程与社会经济过程之间的相互作用研究的主导方向。

（三）城市系统生态层次

城市系统生态层次是从区域和地理概念来观察城市本身，站在历史发展的高度来考察城市问题。

四、城市生态学研究的意义

城市化迅速发展实践证明，城市经济发展和生态环境之间的矛盾日益复杂，从而使解决城市经济发展和城市生态环境保护的问题提到了世界各国的议事日程。正确合理地发挥城市的经济中心的作用，对提高经济效益、发展国民经济有着重要的意义。但是城市的缺点也恰恰在于人口和工业的过度集中和密度过大。在城市化地区，进行着大量的资源利用、物质变换、能量流动、产品消费等活动，从而耗用大量自然资源，各种生产、生活废料大量产出，引起了一系列城市问题，如人口密集、住房困难、土地资源紧张、工业资源短缺、水源短缺、交通拥挤、环境污染、疾病流行、犯罪增多、就业困难等。城市生态学为解决这些问题提供理论基础，从而解决城市生态环境与经济发展的矛盾，实现城市生态环境与经济的协调发展，促进人类社会健康发展。

第三节　城市生态学的发展简史

一、城市生态学的形成与发展

城市生态学发展可以概括为以下 3 个阶段。

（一）中国古代的城市生态学思想萌芽阶段

公元前 390 年，商鞅第一个提出了具有城市生态学思想的认识：① 在一个地区的土地组成上，城镇道路要占 10%才较为合理；② 主张增加农业人口，农业人口与非农业人口的比例为 100∶1，最多不小于 10∶1，鼓励从事农业，不准开设旅店和不准擅自迁居。公元前 238 年，荀子提出减少工业人口，国家才能强盛的主张。1885 年，包世臣提出农业与非农业劳动力比例关系应为 5∶1，限制非农业人口的发展。这些“重农抑商”的思想在一定程度上影响了我国城市的发展。

(二)"田园城市"(garden city)理论的形成与发展阶段

1898 年,霍华德(E. Howard)提出田园城市的理论如图 6-1 所示。

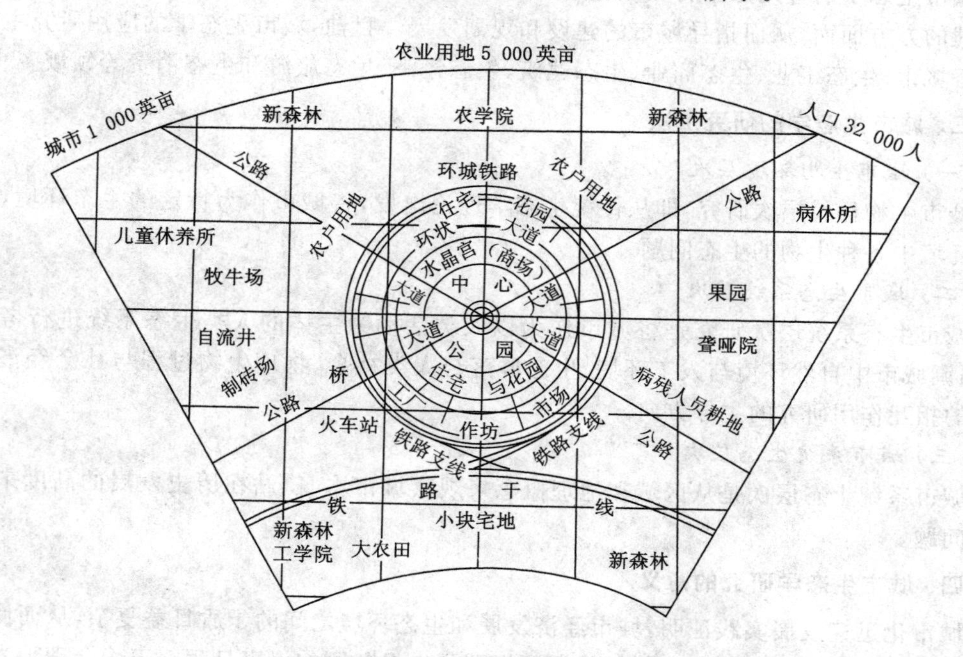

图 6-1 田园城市示意图

霍华德在他的著作《明日,一条通向真正改革的和平道路》中认为应该建设一种兼有城市和乡村优点的理想城市,并称之为"田园城市"。田园城市实质上是城和乡的结合体。

田园城市的建立引起社会的重视,欧洲各地纷纷效法,但多数只是袭取"田园城市"的名称,实质上是城郊的居住区。该理论对后来出现的一些城市规划理论,如"有机疏散"论、卫星城镇的理论颇有影响。1940 年后,在一些重要的城市规划方案和法规中也反映了霍华德的思想。

(三)现代城市生态学的产生与发展

1916 年,美国芝加哥学派(Chicago school of sociology)帕克(R. Park)发表《城市:关于城市环境中人类行为研究的几点意见》一文,将生物群落学的原理和观点用于研究城市社会并取得了可喜的成果,奠定了城市生态学的理论基础,并在后来的社会实践中得到发展。

1925 年,伯吉斯(R. Burgess)提出了城市"同心圆增长理论",认为城市自然发展将形成 5~6 个同心圆形式,是竞争优势及侵入演替的自然生态的结果。

1933 年,赫特(H. Hoyt)提出了扇形理论,认为城市从中央商务区(central business district, CBD)沿主要交通干道向外发展形成星形城市,总的仍是圆形,从中心向外形成各种扇形辐射区,各扇形向外扩展时仍保持了居住区特点,其中有较多住宅出租的扇形区是城市发展的最重要因素,因为它影响和吸引整个城市沿着该方向发展。这一理论与美国和加拿大许多城市的空间形成较相一致。

城市生态学的大规模发展是在 1960 年后,联合国教科文组织(United Nations Educational Scientific and Culture Organization，UNESCO）的“人与生物圈”（MAB）计划提出了从生态学角度研究城市居住区的项目，指出城市是一个以人类为活动中心的人类生态系统，开始将城市作为一个生态系统来研究。

二、城市生态学的发展趋势

（一）城市与自然、资源、环境相互作用的具体机制方面

城市是人类高强度活动的区域，从经济上看，有经济结构、经济效益、经济总量、单位面积的经济强度等；从人口上看，有人口多少、人口密度、人口结构、空间分布等；从土地利用上看，有面积大小、用地比例、空间分布等。城市人类活动的这些不同特征，导致城市与自然、资源、环境相互作用方式、强度等的不同。自然、资源、环境方面又有众多的因子，自然方面有地质、地貌、气候、土地、动物、植物等，资源方面有资源的种类、数量、可利用性等，环境方面有环境容量、自净能力等。他们对城市发生、发展的作用方式不同，反过来，认为调控下的城市结构对这些自然因子的效应也千差万别。

城市特征的多样性和自然资源环境的多因子性，形成了一个相互作用网，产生了诸多节点，这些节点正是协调城市与自然、资源、环境相互关系的具体操作点。城市生态学应该深入细致地探讨这些具体作用点、明确作用方式和强度，为城市的规划、建设、管理提供依据。从城市与自然、资源、环境相互作用的网状结构来看，城市生态学的研究尚有许多空白点，组织多方面的专家在个案上深入分析、在理论上概括研究是非常必要的，也是城市生态学发展必不可少的基础。

（二）城市生态系统研究方面

将城市视为自然-经济-社会复合生态系统，需要在具体机制研究的基础上更为精确地概述。城市生态系统从组成系统的组分来看，表现为以人为中心；从组分特征来看，绝大部分被人类活动所改造；从物质循环来看，以物质形态的改变为主；从能源流动来看，以化石能源的消耗为主；从输入输出来看，必须依靠外部系统供给物质和能源，同时其产品和废物也必须依靠外部系统来转化和处理。由此可见，城市生态系统与自然生态系统有相当大的差别，其结构和功能形成也具有自己的特殊性。综合分析城市发展现状和城市生态系统本身所具备的基本特征，以下各方面的研究是城市生态学工作者所应该关注的。

1. 城市生态系统的结构和功能

在城市生态系统结构和功能研究方面，将主要集中于城市生态系统的结构优化，从而提高城市生态系统的整体功能。在城市生态系统中，物质循环的时空结构、模式及其有效性，能量链的等级序列，不同组分之间的转换效率及其提高途径，信息流网络格局以及信息传递转化效率，以及由此而引起的货币流的格局与方式等都将成为城市生态学的重要研究方向。

2. 城市生态系统总体特征

在系统科学的启发下，将城市视为一个生态系统，特别是把它视为一个集自然、经济、社会于一体的复合生态系统，在研究其结构、功能和调控机理方面，尚有许多空白之处，需要深入研究，同时也富有极大的挑战性。在数据收集、资料整理、实时监测、分析手段、研究方法等方面均具有不少困难。以城市生态系统为单位的总体研究，其研究工作时空覆盖跨度大，基础研究工作量庞大，研究过程复杂多变，研究结果有时表现出较强的偶然性，研究成果的应用方面可操作性较低等，也是城市生态学从系统角度深入研究所面临的巨大障碍。但是，

从系统角度研究所得出的具有战略性的指导对策具有非常重要的实际意义。

（三）城市生态学应用方面

城市生态学应用研究将与现代生态学最关心的领域紧密相连。现代生态学最关心的研究领域是可持续的生态系统、生物多样性保护、全球变化等。

1. 城市生态系统的可持续发展

在可持续的生态系统研究方面，城市生态学将从城市这一人口聚居生活方式出发，研究城市的生产、生活体系以及城市支撑体系的可持续性；探讨城市系统对支持生态系统的胁迫及回馈；监测城市发展对区域生态系统的环境质量及其他方面的影响；研究城市对区域的服务功能及其效率；通过开展风险分析与评估等方面的研究，确定城市生态系统的最适持续生产能力和承受能力；探讨城市生态系统和城市支持生态系统的动态发展与演替规律，提出城市建设的决策依据、指导原则和技术方法。可以说，城市区域是一个典型的自然-社会-经济复合生态系统，探讨可持续发展的机理和综合调控途径是可持续生态系统研究不可缺少的重要环节。

2. 生物多样性保护

在生物多样性保护研究方面，将从城市发生与发展、城市布局、城市居民生活质量的提高等方面，探讨城市对生物多样性的影响，特别是观测分析城市发展对支持生态系统的胁迫所导致生物多样性丧失的机制和过程，从城市发生和发展的角度提出保护生物多样性的对策和措施。实际上，城市生态系统的多样性保护，除了保护生物多样性以外，还包括景观多样性、人文环境多样性的保护等内容。

3. 全球变化研究

城市生态学对全球变化的研究，主要是探讨城市化对全球变化的作用机理、影响因素、影响过程和实际效应，研究城市的生产与生活对大气、土壤、淡水、海洋等的物理过程和化学过程的影响，研究城市化过程所引起的土地利用变化、水文变化、生物变化等的生态后果，探讨气候变化、海平面上升等对城市区域的影响，并提出应对措施。

城市生态学参与现代生态学最关心领域的研究是生态学发展的需要，也是社会发展的需要，反过来也会促进城市生态学的发展，丰富城市生态学研究领域，提高城市生态学的研究水平和解决实际问题的能力。

第四节 城市生态学基本原理

一、城市生态位理论

生态位是指物种在群落中时间、空间和营养关系方面所占的地位。生态位的宽度依物种的适应性而改变，适应性较大的物种占据较宽的生态位。

城市生态位是一个城市为人们生存和活动所提供的生态位，是城市提供给人们的或被人们利用的各种生态因子（如水、食物、能源、土地、气候、建筑、交通等）和生态关系（如生产力水平、环境容量、生活质量与外部系统的关系等）的集合。它反映了一个城市的现状对于人类各种经济活动和生活活动的适宜程度，反映了一个城市的性质、功能、地位、作用及其人口、资源、环境的优劣势，从而决定了它对不同类型的经济以及不同职业、年龄人群的吸引力和离心力。生态位大致可分为两大类:一类是资源利用、生产条件生态位,简称生产生态位;另一类是环境质量、生活水平生态位,简称生活生态位。其中生产生态位包括城市的经济水平(物质和信息生产及流通水平)、资源丰盛度(如水、能源、原材料、资金、劳力、智力、土地)、基础设施等生活生态位包括社会环境(如物质生活和精神生活水平及社会服务水平等)及自然环境(物理环境质量、生物多样性、景观适宜度等)。

总之,城市生态位是指城市满足人类生存发展所提供的各种条件的完备程度。一个城市既有整体意义上的生态位,如一个城市相对于其外部地域的吸引力与辐射力,也有城市空间各组成部分因质量层次不同所体现的生态位的差异。对城市居民个体而言,在城市发展过程中,不断寻找好的生态位是人们生理和心理的本能。人们向往生态位高的城市地区的行为,从某种意义上说,是城市发展的动力与客观规律之一。

二、生物多样性理论

生物多样性是指一定范围内多种多样活的有机体有规律地结合所构成的稳定的生态综合体。生物多样性包括遗传多样性、物种多样性、生态系统多样性和景观多样性。景观是一种大尺度的空间,由一些相互作用的景观要素组成的具有高度空间异质性的区域。景观要素是组成景观的基本单元,相当于一个生态系统。景观多样性是指由不同类型的景观要素或生态系统构成的景观在空间结构、功能机制和时间动态方面的多样化程度。由于城市生态环境建设大多是在景观层次上进行的,因此,景观多样性是城市建设工作者需要考虑的一个主要指标。

生态系统的结构越多样、复杂,则其抗干扰的能力就越强,因而也越易于保持其动态平衡的稳定状态。在城市生态系统中,各种人力资源及多种性质保证了城市各项事业的发展对人才的需求;各种城市用地具有的多种属性保证了城市各类活动的展开;多种城市功能的复合作用与多种交通方式使城市具有远比单一功能与单一交通方式的城市大得多的吸引力与辐射力;城市各部门行业和产业结构的多样性和复杂性导致了城市经济的稳定性和整体性及城市的高经济效益等。这都是多样性导致稳定性原理在城市生态系统中的应用和体现。

三、环境承载力理论

环境承载力是指在一定时期、一定状态或条件下、一定的区域范围内,在维持区域环境系统结构不发生质的变化、环境功能不遭受破坏的前提下,区域环境系统所能承受人类各种社会经济活动的能力,或者说是区域环境对人类社会发展的支持能力。

环境承载力包括:① 资源承载力,包括自然资源条件,如淡水、土地、矿藏、生物等,也包含社会资源条件,如劳动力资源、交通工具与道路系统、市场因子、经济发展实力等。② 技术承载力,主要指劳动力素质、文化程度与技术水平所能承受的人类社会作用强度。③ 污染承载力,是反映本地自然环境的自净能力大小的指标。

四、循环经济理论

循环经济是针对传统经济发展导致资源过度消耗和环境恶性污染而提出的可持续发展的具体实施形式。它通过生态规划和设计、资源循环利用,使不同的企业群体间形成资源共享和废弃物循环利用的生态产业链,达到生态经济系统的良性互动,实现以清洁生产和绿色工业为导向的新型经济形态，是可持续发展理念的进一步深化和升华，如图 6-2 所示。

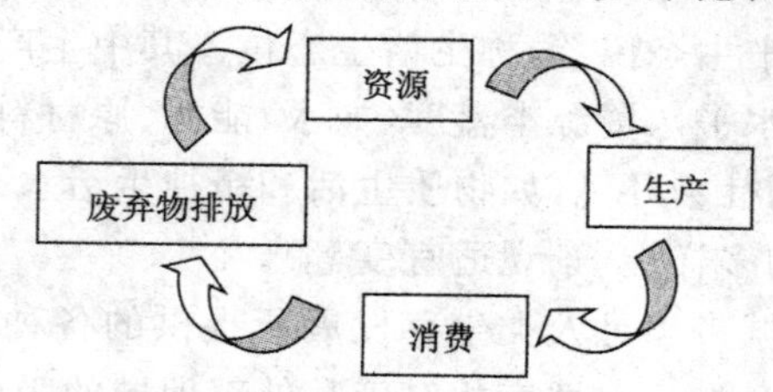

图 6-2 循环经济的循环式流动

循环经济本质上是一种生态经济，它要求运用生态学规律而不是机械论规律来指导人类社会的经济活动。与传统经济相比，循环经济倡导的是一种与环境和谐的经济发展模式。它要求把经济活动组织成一个"资源-产品-再生资源"的反馈式流程，其特征是低开采、高利用、低排放。所有的物质和能源要能在这个不断进行的经济循环中得到合理和持久的利用，以把经济活动对自然环境的影响降低到尽可能小的程度。

循环经济的实施原则可概括为"3R"原则，即减量化（Reduce）、再使用（Reuse）、再循环（Recycle），以低消耗、低排放、高效率为基本特征，以清洁生产为重要手段，实现物质资源有效利用和生态的持续发展。减量化这一原则的目的在于减少生产和消耗过程的物质流量，遏制资源消耗的线性增长，从源头上节约资源使用量和减少污染物排放。再利用这一原则旨在提高产品和服务的利用效率，要求采用标准设计和制造工艺，产品和包装容器以初始形式多次重复使用，减少一次性用品的污染量。再循环原则是要求物品完成使用功能后重新变成再生资源，回收利用，加入新的生产循环。

"桑基鱼塘"的生产方式是：蚕沙（蚕粪）喂鱼，塘泥肥桑，栽桑、养蚕、养鱼三者有机结合，形成桑、蚕、鱼、泥互相依存、互相促进的良性循环，避免了洼地水涝之患，营造了十分理想的生态环境，收到了理想的经济效益，同时减少了环境污染，如图 6-3 所示。

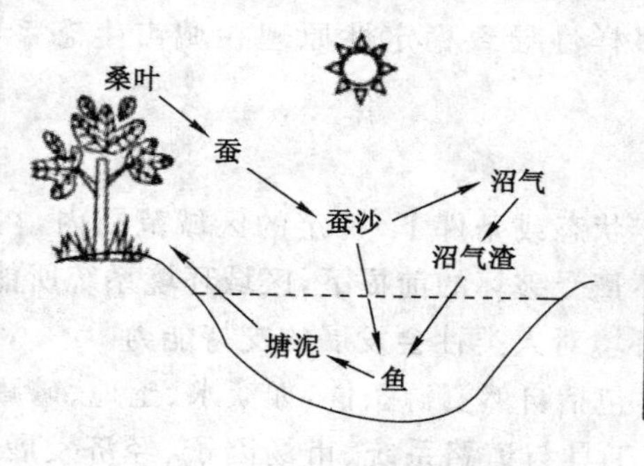

我国许多地方实行基塘生产，如桑基鱼塘。鱼塘中养鱼；塘泥培基，给桑树提供养料；落入池塘中的蚕粪又是鱼的食料。

图 6-3 桑基鱼塘

五、可持续发展理论

传统的城市发展观是以经济增长作为衡量发展的唯一标志，这一发展观表现为对城市GDP（国内生产总值）的极力追求，GDP 的增长成为城市经济发展的目标和动力。然而，片面追求 GDP 增长的发展战略带来了诸如空气污染、水资源污染、噪声污染、基础设施落后、水资源短缺、能源紧张、交通拥挤、城市绿地严重不足、旅游资源被破坏等问题。这些问题的广泛存在使城市居民的生态得不到正常满足，也严重地阻碍了城市所具有的社会、经济和环境功能的正常发挥，极大地制约着城市的可持续发展。

可持续发展是一个涉及经济、社会、文化、技术和自然环境的综合动态的概念，必须遵循3个基本原则：公平性原则、持续性原则和共同性原则。可持续发展所要解决的核心问题是人口问题、资源问题、环境问题和发展问题，简称PRED问题。因此，在城市及生态环境建设中必须把握可持续发展原则，建立一个使子孙后代能够永续发展和安居乐业的人居环境。

六、生态伦理学理论

生态伦理学是20世纪70年代以来兴起的一门具有跨学科性、综合性的哲学学科。生态伦理学从伦理学的视角审视和研究人与自然的关系。生态伦理不仅要求人类将其道德关怀从社会延伸到非人的自然存在物或自然环境，而且呼吁人类把人与自然的关系确立为一种道德关系。生态伦理学打破了仅仅关注如何协调人际利益关系的人类道德文化传统，使人与自然的关系被赋予了真正的道德意义和道德价值。

生态价值观是生态伦理思想的核心。在这里，价值观念既指传统意义上的价值观念，又包括作为人们评价和选择决策方案依据的价值准则。因此，生态价值观念的基本内涵和要求，首先就在于强调生态环境的重大作用，强调重视和维护经济、社会发展与生态环境的协调。

生态环境由人类以外的所有生命物体和非生命物质组成，它包括了人类赖以生存和发展的所有自然资源。对于人类，生态环境既有巨大的经济价值，更有着不可或缺的生态价值。然而，这些经济和生态价值的实现，都取决于人类对生态环境的认识和行为。发展应当是经济、社会和生态环境的全面发展，不能把发展仅理解为经济的增长或社会活动的进展。生态伦理学的理论和实践，都要求人们摒弃以往那种主要以经济指标（GDP、产值、利润、增长率、人均收入等）来评价和衡量一个决策、项目乃至一个企业、部门和地区发展水平的做法，转向以经济、社会和生态三大效益统一为基本出发点，全面衡量经济和社会发展的效果。

七、系统整体功能最优原理

系统整体功能最优原理是指理顺城市生态系统结构，改善系统运行状态，要以提高整个城市生态系统的整体功能和综合效益为目标，局部功能与效率应当服从于整体功能和效益。各个子系统功能的发挥会影响系统整体功能的发挥，同时，各子系统功能的状态也取决于系统整体功能的状态。城市各组分之间的关系并非总是协调一致的，而是呈现出相生与相克的联系状态。因此，在城市生态系统建设过程中，要遵循系统整体功能最优原理，让城市生态系统的功能和效益达到最优化状态。

八、最小因子原理

生态学中的"最小因子定理"同样适用于城市生态系统。在城市生态系统中，影响其结构、功能行为的因素很多，但往往有某一个处于临界量（最小量）的生态因子对城市生态系统功能的发挥具有很大的影响，只要改善其量值，就会大大增加系统功能。在城市发展的各个阶段，总存在着影响、制约城市发展的特定因素，当克服了该因素时，城市将进入一个全新的发展阶段。

本章小结

本章主要介绍城市化、城市生态学的定义、发展过程以及城市生态学研究的对象、内容、发展趋势及城市生态学基本原理。

城市化指人类生产和生活方式由乡村型向城市型转化的历史过程，表现为乡村人口向城市人口的转化以及城市不断发展和完善的过程。

城市生态学的研究对象是城市生态系统，城市生态学发展可以概括为中国古代的城市生态学思想萌芽阶段、“田园城市”理论的形成与发展阶段、现代城市生态学的产生与发展3个阶段。现代城市生态学更加关注城市生态系统的可持续发展、生物多样性保护、全球变化等生态学热点研究领域。

城市生态学基本原理主要阐述了城市生态位理论、生物多样性理论、环境承载力理论、循环经济理论、可持续发展理论、生态伦理学理论、系统整体功能最优原理、最小因子原理等方面城市生态学理论。

思 考 题

1. 简述城市化的定义。
2. 简述城市化的发展阶段及其特征。
3. 简述城市生态学的定义。
4. 简述城市生态学的形成发展阶段及其特征。
5. 简述城市生态学研究的主要内容。
6. 简述现代城市生态学的发展趋势。

第七章　城市生态系统

第一节　城市生态系统的概念

我国生态学家马世骏、王如松相继在1984年、1988年提出了城市复合生态系统理论，他们认为城市生态系统可分为社会、经济、自然3个子系统。自然子系统是基础，经济子系统是命脉，社会子系统是主导。它们互为环境，相辅相成，相克相生，导致了城市这个高度人工化生态系统的矛盾运动。

由生态系统的概念可得出，城市生态系统(urban ecosystem)是人类生态系统的主要组成部分之一，是受人类活动干扰最强烈的地区。它既是自然生态系统发展到一定阶段的结果，也是人类生态系统发展到一定阶段的结果。城市生态系统是指城市居民以自然环境系统和人工建造的社会环境系统相互作用形成的统一体，已经演化为人工的生态系统(artificial ecosystem)。其生态环境不仅具有自然成分，更具有社会成分，是以人为主体、人工化环境的、人类自我驯化的、开放性的生态系统，故也称之为人类生态系统或生态经济系统。

综上所述，城市生态系统可定义为“城市与其群体的发生、发展与自然资源、环境之间相互作用的过程和规律的系统”，或定义为是一个人类在改造和适应自然环境的基础上建立起来的“自然-社会-经济三者合一的复合系统”。城市发展的实质在于维护经济增长的生态潜力，维护能够长期提供的自然和环境条件，保障经济增长和人类福利。

自然生态系统包括初级生产者、消费者、分解者三大部分。而城市生态系统中几乎没有什么作为生产者的部分，分解者的部分也非常少，而大部分是作为消费者的人以及由人饲养的家宠，而他们的比例严重失调，因此，这对城市生态系统的理论提出了挑战。

此外，城市生态系统发展具有时间和空间分布特征，它的发展取决于自然环境条件、社会环境状况和城市居民的活动。在特定的自然环境条件下，它的发展主要取决于城市管理高层次决策者的政策与思路。科学决策能使它保持良性循环，使城市建设、经济建设和环境建设协调而有序地发展；错误决策则使它形成恶性循环，环境质量恶化，生态破坏，以致城市居民无法忍受而他迁，彻底破坏城市生态系统。

第二节　城市生态系统的组成和结构

一、城市生态系统的组成

城市生态系统有一定的组成。城市生态系统是由城市居民或城市人群和城市环境系统组成的，是一个具有一定的机构和功能的有机整体，可用图7-1表示。

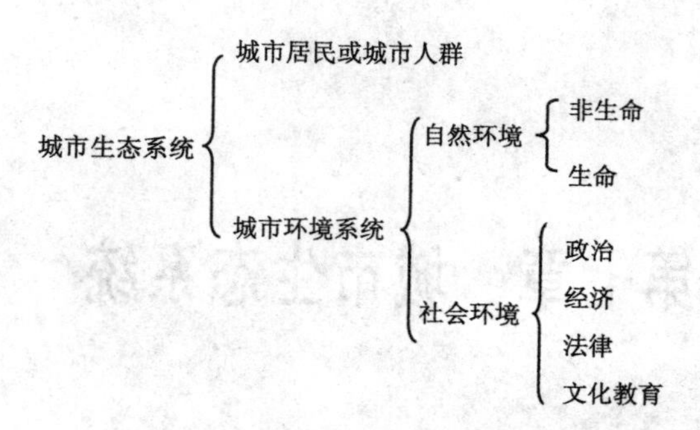

图 7-1 城市生态系统的组成结构

我国生态学家马世骏教授曾指出:城市生态系统是一个以人为中心的自然、经济与社会的复合人工生态系统。也就是说,城市生态系统包括自然生态系统、经济生态系统与社会生态系统,可用图 7-2 和图 7-3 表示。

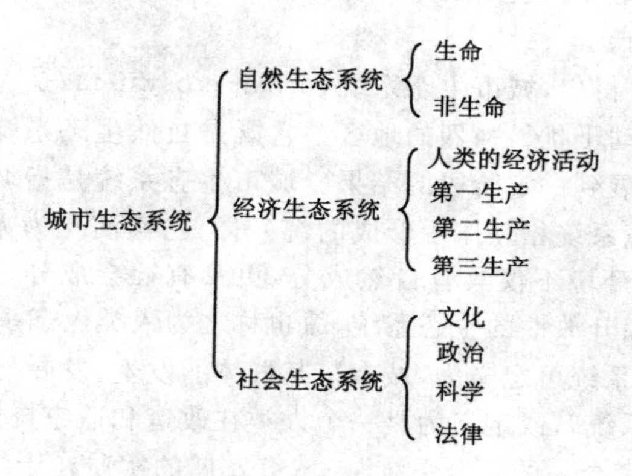

图 7-2 城市生态系统中的 3 个子系统

因研究的出发点和方向不同,不同研究者对城市生态系统结构的划分是不同的。目前,城市生态系统结构主要划分为:① 城市居民,包括性别、年龄、职业、民族、种族和家庭等结构;② 自然环境系统,包括非生物系统的环境系统(大气、水体、土壤、岩石等)、资源系统(矿产资源和太阳、风、水等)、生物系统(野生动植物、微生物和人工培育的生物群体);③ 社会环境系统,包括政治、法律、经济、文化、教育、科学等。

从图 7-3 可看到城市生态系统组成的复杂性。城市社会生态系统、经济生态系统和自然生态系统是相互联系、相互影响、相互制约的。社会生态系统通过生活垃圾造成的环境污染影响自然生态系统;而经济生态系统也通过生产废气、废水、废渣等对自然生态系统造成污染。同时,自然生态系统又为经济生态系统提供可利用资源,为社会生态系统提供生态需求。经济生态系统和社会生态系统更密不可分,经济生态系统为社会生态系统提供经济收入,社会生态系统向经济生态系统提出消费需求。3 个子系统必须在适当的管理与监控下,形成有序而相对稳定的生态系统。

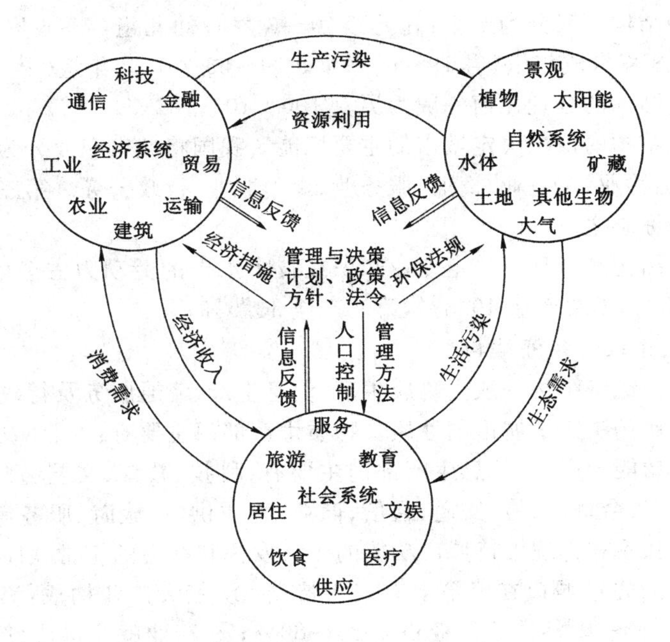

图 7-3 城市生态系统的组成

二、城市生态系统的结构

城市生态系统的结构在很大程度上不同于自然生态系统，因为除了自然系统本身的结构，还有以人类为主体的社会结构和经济结构，诸如人口结构、空间结构、景观结构、社会结构、经济结构、生物结构、营养结构、资源结构等。

(一) 城市生态系统的空间结构

城市是存在于地球表面并占有一定地域空间的物质形态，由人工要素及城市绿地在自然要素（地形、地貌、河流水系）的作用下，组成了具有一定形态的空间结构，如同心圆、扇形辐多中心镶嵌、带状、组团状等。这些空间结构的形成取决于城市的社会制度、经济状况、种族组成、地理条件等。

(二) 城市生态系统的人口结构

1. 人口的组成

(1) 按人口的流动性分为常住人口与流动人口。

(2) 按人口的基本性质分为基本人口、服务人口和被抚养人口。

基本人口：对外服务的工矿交通企业、行政机关事业单位以及高等院校的在册人员，一般控制在 30%～40%。

服务人口：为本地区服务的企事业单位、文教、医疗、商业单位的在册人员，控制在 12%～20%。

被抚养人口：未成年、未参加工作和丧失劳动力的人员，控制在 45%～50%。

(3) 按国民经济部门统计分类分为生产性劳动人口、非生产性劳动人口及非劳动人口。

2. 人口的结构

城市人口结构包括年龄、性别、智力和职业等。

城市人口年龄结构一般分为6组：托儿组(0～3岁)；幼儿组(4～6岁)；小学组(7～12岁)；中学组(13～18岁)；成年组(男19～60岁，女19～55岁)；老年组(男61～，女56～)。

城市人口性别结构的合理比值一般为男女100∶105。

城市人口职业结构的情况决定城市的主要职能。我国将城市职业分为十大类：农业、矿业、工业、建筑业、运输业、邮电业、商业、服务业、专门职业、行政公务。第三产业所占的比例是城市是否发达的标志之一。

城市人口智力结构是指具有一定专业知识或技术水平的劳动力占全体劳动力的比例。日本第一产业15.8%，第二产业40.3%，第三产业43.9%。

（三）城市生态系统的经济结构

城市生态系统的经济结构一般由物质生产、信息生产、流通服务及行政管理等职能部门组成。各种产业的比例决定了城市的性质。物质生产部门主要有：工业、农业、建筑业，按社会需求提供有一定功能的产品；信息生产部门主要有：科技、教育、文艺、宣传、出版等部门；流通服务部门主要有：金融、保险、交通、通信、商业、物质供应、旅游、服务等部门；行政管理部门通过各种纵向联系和管理维持城市功能的正常发挥和社会的正常秩序。

世界发达国家的先进城市在经济上有三大特点：① 三大产业构成：第一产业占3%～5%，第二产业占15%～40%，第三产业占50%～80%；② 产业就业构成：第一产业占0.1%～0.5%，第二产业占20%～30%，第三产业占70%～80%；③ 人均国民生产总值(GNP)5 000～20 000美元。

（四）城市生态系统的生物结构

城市生态系统的生物结构由以下部分组成：

① 城市动物：野生动物基本绝迹，以人工饲养与圈养为主。

② 城市植物：主要是以观赏为主的植物群落。

③ 城市微生物：包括真菌、细菌、病菌等。

城市生物的种类由于人类活动的干扰而大量减少，城市生物也是城市生态系统的重要组成部分，因此城市生物的种类组成和数量变化对城市的发展非常重要。

（五）城市生态系统的营养结构

城市生态系统营养结构呈倒金字塔形，如图7-4所示。

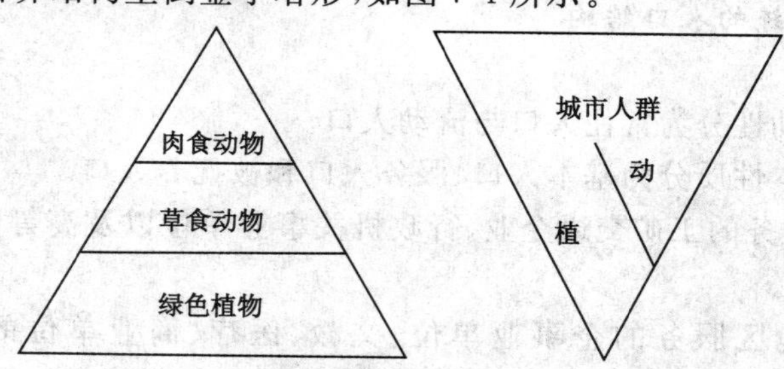

图7-4 城市生态系统营养结构(倒金字塔形)

城市生态系统食物链关系较自然系统简单，是营养结构的具体体现。城市人群一般位于食物链的顶端，是最高级最主要的消费者；城市生态系统较自然系统绿色植物少，其他生物也较自然生态系统少。

城市生态系统一般有 2 条食物链。其一为自然人工食物链，其二为完全人工食物链，如图 7-5 所示。

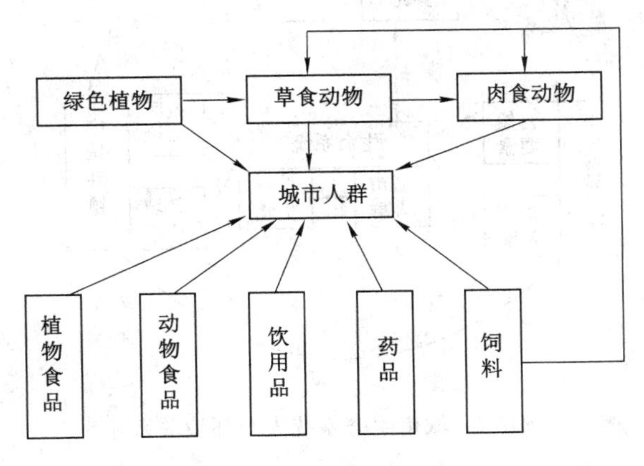

图 7-5　城市生态系统的食物链结构

（六）城市生态系统的资源利用链结构

人类除了食物消费外，还具有大量衣食住行以及文化活动和社会活动等高级消费需求，城市人口在此方面的需求更加明显。城市生态系统的资源利用链结构由一条主链和一条副链构成，如图 7-6 所示。

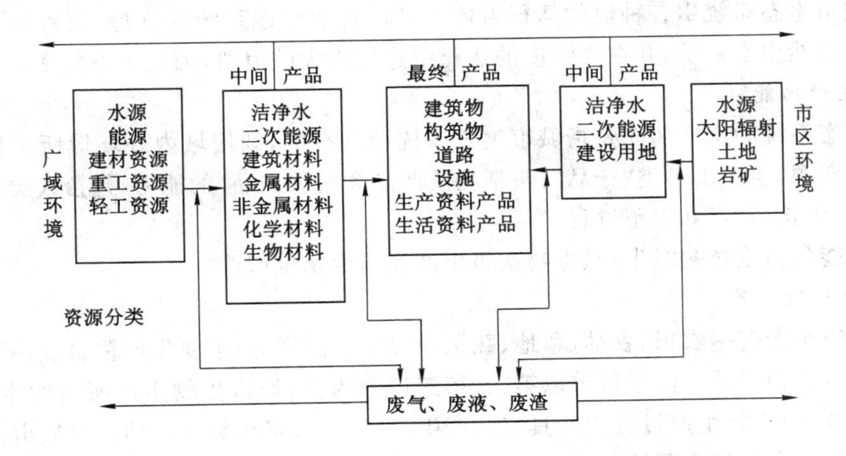

图 7-6　城市生态系统资源利用链结构

（七）城市生态系统的生命与环境相互作用结构

在城市生态系统中人与环境的关系是最主要的关系，如图 7-7 所示。城市环境受人为干扰大，在人的干预下，自然生物种群较单一，优势种突出，群落结构简单，空间分布也变得较为规则和机械，引起其他环境要素发生变化，容易导致城市生态与环境问题的发生。

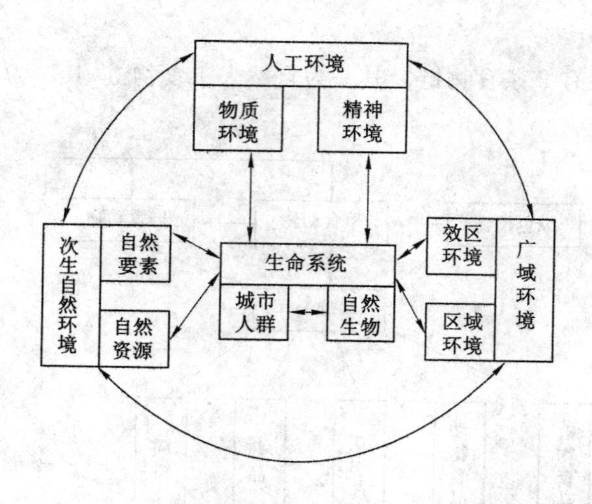

图 7-7 城市生态系统人与环境关系

第三节 城市生态系统的功能

一、城市生态系统的基本功能

城市生态系统具有生产功能、能量流动功能、物质循环功能和信息传递功能。

由于城市生态系统中各种流的运行需依靠区域自然生态系统的支持，而且其运行的强度远远大于自然生态系统，并在高强度的运行中造成极大的浪费，因此生态效率极低。

（一）生产功能

城市生态系统的生产功能是指城市生态系统所具有的，利用域内外环境所提供的自然资源及其他资源，生产出各类“产品”（包括物质产品和精神产品）的能力，包括人类在内的各类生物交换、生长、发育和繁殖过程。

生产功能包括生物初级生产、生物次级生产和非生物生产。

1. 生物初级生产

生物初级生产包括农田、森林、草地、蔬菜地、果园、苗圃等，主要生产粮食、蔬菜、水果和其他各类绿色植物产品。由于城市以第二、第三产业为主，城市生物生产所占的空间很小，不占主导地位，但生物生产过程中所具有的产生二氧化碳、释放氧气的功能对城市人类和城市环境质量的提高是很重要的。

2. 生物次级生产

生物次级生产是城市中的异养生物（人）对初级生产者的利用和再生产的过程，即城市居民维持生命、繁衍后代的过程。在城市生态系统中生物初级生产并不能满足生物次级生产的需要量，所需的次级生产物质有相当部分需要从城市外部输入，如我国香港的菜、肉、水等由内地供应。

3. 非生物生产

城市生态系统的非生物生产是人类生态系统特有的生产功能，具有创造物质与精神财富满足城市人类的物质消费与精神需求的性质。非生物生产所创造的产品包括物质生产与非物质生产两大类。

① 物质生产：满足人们的物质生活所需的各类有形产品及服务，包括各类工业产品、设施产品、服务性产品。城市生态系统的物质产品不仅为城市地区的人服务，更主要的是为城市地区以外地区的人服务。

② 非物质生产：满足人们精神生活所需的各种文化艺术产品及相关服务。

（二）城市生态系统的能量流动

城市生态系统的能量流动是指能源在满足城市四大功能（生产、生活、游憩、交通）过程中在城市生态系统内外传递、流通和耗散的过程。城市生态系统中原生能源一般需从城市外部调入，其运输量十分惊人。

城市生态系统能量流动具有以下特点：

① 在能量使用上：城市生态系统的能量流动是非生物之间的能量交换和流转，反映在人所制造的各种机械设备的运行过程中，而且这种非生物性能量并不能在城市的自然环境中得到满足，需要系统外输入、供应，而且区域越来越大。

② 在传递方式上：在自然生态系统中主要靠食物网传递能量，而城市生态系统农业部门、采掘部门、能源生产部门、运输部门等都参与能量传递，传递方式要比自然生态系统多。

③ 在能量流运行机制上：在自然生态系统中，能量流动是自发的、天然的；在城市生态系统中能量流动则以人工为主。

④ 在能量生产和消费活动过程中：有一部分能量以“三废”形式排入环境，使城市遭受污染，如煤燃烧排放二氧化硫、烟尘、氧化物、一氧化碳。

（三）城市生态系统的物质循环

城市生态系统的物质循环是各项资源、产品、货物、人口、资金在城市各个区域、各个系统、各个部分之间及城市与外部之间的反复作用过程。它的功能是维持城市的生存和运行。

城市生态系统的物质循环也具有相应特点，其所需物质对外界有依赖性，同时又向外输出；循环过程中产生大量废物，且缺乏循环；物质循环在人为状态下进行时受强烈的人为因素影响。

（四）城市生态系统的信息传递

在自然生态系统中信息传递是指生态系统中各生命成分之间存在的信息流，包括物理信息、化学信息、营养信息及行为信息。生物间的信息传递是生物生存、发展、繁衍的重要条件之一。而信息在人类社会的经济发展中所起的作用更是前所未有的。城市生态系统的信息传递与自然系统类似。

二、城市生态系统能源结构与能量流动

城市生态系统具有特殊的能源结构与能量流动，因经济发达水平和地域而异。能源结构主要涉及：城市能源总生产量和总消费量的构成及比例关系；从总生产量分析产生的能源生产结构；从消费量分析得出的能源消费结构。2010 年世界部分国家一次能源消费构成情况如表 7-1 所示。

表 7-1 2010 年世界部分国家一次能源消费结构(引自温国胜,2013) 单位:%

国家	原煤	石油	天然气	核能	水力发电	再生能源
美国	22.95	37.19	27.17	8.41	2.57	1.71
俄罗斯	13.58	21.37	53.95	5.57	5.52	0.01
法国	4.8	33.06	16.73	38.41	5.67	1.35
德国	23.94	36.03	22.91	9.95	1.35	5.82
英国	14.91	35.23	40.39	6.74	0.38	2.34
日本	24.69	40.24	16.99	13.21	3.85	1.02
中国	70.45	17.62	4.03	0.69	6.71	0.5
世界总计	29.63	33.56	23.81	5.22	6.46	1.32

城市能源消费结构中天然气消费及原生能源用于发电的比例是反映城市能源供应现代化水平的 2 个指标。

原生能源一般指从自然界直接获取的能量形式,其中有少数可以直接利用,如煤、天然气等,但大多数需要经加工转化后才能利用,如图 7-8 所示。

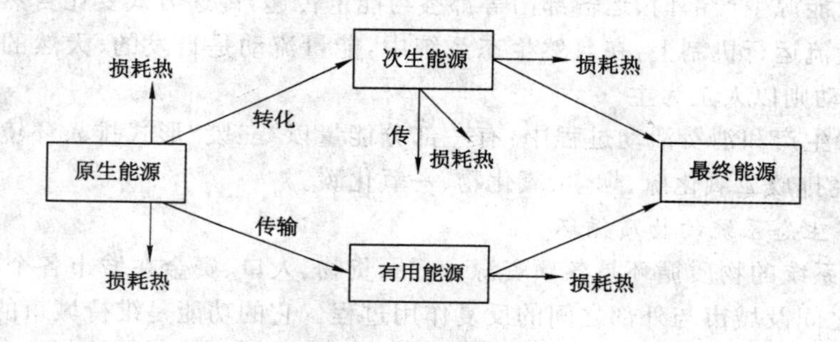

图 7-8 城市生态系统能量流动过程

三、城市生态系统的物质循环和能量流动

在城市生态系统中,人类为了满足居住、工作、交通、娱乐等方面的需求,通过各种途径或手段把物质和能量输入城市,然后再从城市中输出,从而构成城市生态系统的物质循环和能量流动。这种代谢过程完全不同于自然生态系统,表现为:作为城市主体的人,已不满足太阳辐射所直接提供的能量,人类所需要的能量更多来自化石燃料,如煤炭、石油、天然气等,而维持自身生命活动的能量取决于来自外地的各种食物。

一般来说,输入城市生态系统的物质,有建筑材料、生产资料和生活用品,以及粮食、肉类、果蔬等食物。其中,木材、钢材、石料等作为城市的结构物蓄积或长期停留于城市空间。有些物质很快被利用,并发生物理或化学变化,如石油、煤、天然气等化石燃料,作为能源燃烧时,产生的废气大部分形成二氧化碳排放到空气中,同时也产生以硫的氧化物为主的各种有害物质,污染城市空气;而煤渣和焦渣等固体废弃物作为城市垃圾的组成部分,蓄积于城市。

从城市生态系统向外输出的物质,主要是各种加工品、流通商品、固体废弃物、空气(包括污染气体)、废水(含有污染物质)、废热等。例如,机械能、电能以及用其他形式使用的能,绝大部分最后成为热能,暖化城市,并通过辐射或传导散发到空中。

在城市生态系统中,物质的输入和输出都依赖于外界。城市既不能生产原材料,也不能自身处理产品和废物,它就像一个中转站。假若原料进不来或产品、废物出不去,中转站就会停止工作。

城市生态系统中能量流动具有明显特征。大部分能量是在非生物之间变换和流动,并且随着城市的发展,它的能量、物质供应地区越来越大,从城市邻近地区到整个国家,直到世界各地。

城市地区石油、天然气、电力是能源主体。城市使能量消费量显著增加,尤其是电能使用量逐年增大。城市也依赖于风、水、太阳等能量,尽管这些能源能持续地补给,但在总体能量消费中只占少量。

城市能源消费量的增大,反映城市经济增长与居民经济收入水准的提高。能源消费量每个城市不同。例如,东京23个区的能源消费量的结构为:工业用42.7%、家庭用33.8%、商业用11.0%、运输用8.0%、其他是4.5%,工业用能源消费量居多。

伴随城市经济水平的增长,能源消费量增大导致城市生态系统发生变化。城市工业废水排放到江河湖海,破坏水域及沿岸的生态系统。"水的热污染"与早已提出的"大气热污染"一样,导致城市街道附近地下热污染明显。

第四节　城市生态系统的特征

一、城市生态系统具有整体性和复杂性

中国生态学家马世骏教授指出:"城市生态系统是一个以人为中心的自然、经济与社会的复合人工生态系统。"这就是说,城市生态系统包括自然、经济与社会三个子系统,是一个以人为中心的复合生态系统。组成城市生态系统的各部分相互联系、相互制约,形成一个不可分割的有机整体。任何一个要素发生变化都会影响整个系统的平衡,导致系统的发展发生变化,而后达到一个新的平衡。

二、城市生态系统的人为性

城市生态系统是人工生态系统,是以人为主体的生态系统,其变化规律由自然规律和人类影响叠加形成。人类社会因素的影响在城市生态系统中具有举足轻重的作用,其人类活动影响着人类自身。

城市生态系统是人工生态系统,城市及城市生态系统是通过人的劳动和智慧创造出来的,人工控制与人工作用对它的存在和发展起着决定性的作用。城市生态系统不仅使原有自然生态系统的结构和组成发生了"人工化"倾向的变化;而且,城市生态系统中大量的人工技术物质 完全改变了原有自然生态系统的形态结构。城市生态系统具有人工化的营养结构:一是指城市生态系统不但改变了自然生态系统的营养级的比例关系,而且改变了营养关系(谁供应谁);二是指在食物(营养)输入、加工、传送过程中,人为因素起着主要作用。

三、城市生态系统具有开放性、依赖性

自然生态系统一般拥有独立性，但城市生态系统对外部系统有依赖性。这是由于城市生态系统大大改变了自然生态系统的组成状况，城市生态系统内为美化、绿化城市生态环境而种植的花草树木，不能作为城市生态系统的营养物质为消费者使用。因此，维持城市生态系统持续发展，需要大量的物质和能量，是依靠从其他生态系统（如农田、森林、草原、海洋等生态系统）人为地输入；另外，城市生态系统生产消费和生活消费所产生的各种废弃物，往往不能就地由分解者进行完全分解，而要靠人类通过各种环境保护措施来加以分解，或输送到其他生态系统异地分解。因此，城市生态系统是一种非独立的生态系统，对其他生态系统有很大的依赖性。正是这种原因，使城市生态系统显得特别脆弱，自我调节能力很小，是一个开放式的非自律系统。

第五节　城市生态系统的生态平衡与调节

由于城市生态系统是高度人工化和脆弱的生态系统，城市所需的物质循环、能量流动，乃至粮食供应都需要依赖外部补给，因此其应变能力差。人类应当研究城市生态系统的特征及规律，运用科学的理念，防止城市生态系统失调，建立新的生态平衡，创造出良好的人居环境。

一、城市生态系统的生态平衡

从生态学角度看，平衡就是某个主体与其环境的综合协调，平衡的生态系统在时间上显示出持久性。生态学家强调生态平衡应该用生态系统内部结构的稳定性来表达。

生态平衡失调就是外干扰大于生态系统自身调节能力的结果和标志。当外界施加的压力超过生态系统自身调节能力时，正常的生态系统结构被破坏，功能受阻，自控能力下降，这种状态称为生态平衡失调。引起生态平衡失调的自然因素主要有火山喷发、海陆变迁、雷击火灾、海啸地震、洪水和泥石流以及地壳变动等。这些因素对生态系统的破坏是严重的，具有突发性、毁灭性的特点。但人为因素对生态平衡的破坏而导致的生态平衡失调是最常见、最主要的。

随着城市巨大化，人类不能完全管理城市，城市已经产生各种各样问题。目前，人们已经把城市作为生态系统来认识，因此，必须通过人类自我控制城市，实现自然与人类的协调，建设生态系统平衡的、适宜居住的健康城市。

二、城市生态系统平衡的调节

生态系统对外界干扰具有调节能力才能使之保持相对的稳定，但是这种调节能力不是无限的。不使生态系统丧失调节能力或未超过其恢复力的外干扰及破坏作用的强度称为“生态平衡阈值”(ecological equilibrium threshold)。阀值大小与生态系统的类型有关，还与外干扰因素的性质、方式及作用持续时间等因素密切相关。生态平衡阈值是自然生态系统资源开发利用的重要参数，也是人工生态系统规划与管理的理论依据之一。

城市生态系统的主体或中心是人类，他与外部环境的关系是积极地、主动地适应和改造环境，因而对外部环境的相互作用、相互适应表现出“通过人工选择的正反馈为主”调节特

征。城市生态系统的调节控制应该建立在包括城市生态系统评价、预测、区划、规划、优化模型研究的基础上。一般可在综合调查分析的基础上，用动态系统论方法、数学模拟法等进行研究，以确定城市生态系统的开发方向。通过实施有效的管理来协调城市中人类的社会经济活动与环境的关系，改善城市生态结构。

城市生态系统平衡要坚持协同发展论，即经济支持系统、社会发展系统和自然基础系统三大系统相互作用、协同发展，实现经济效益、社会效益和生态效益的统一。要保证“自然-经济-社会”复杂系统的正常运行，应努力把握人与自然之间的平衡，寻求人与自然关系的和谐，保持生态系统健康。因此，城市生态系统平衡的调控应从以下几方面入手。

（一）以研究环境承载力为前提

环境承载力是某种环境状态与结构在不发生对人类生存发展有害变化的前提下所承受的人类社会作用，是环境本身具有的有限性及自我调节能力。环境承载力包含资源、技术、污染3个方面的内容，随城市外部环境条件的变化而变化，并推动城市生态系统的正向或逆向的演替。当城市生态系统向结构复杂、能量最优利用、生产力最佳配置方向演化时被称为正向演替，反之，则为逆向演替；同样，当城市人口活动强度小于环境承载力时，城市生态系统可表现为正向演替，反之则相反。在城市系统中，人主动地、积极地适应环境、改造环境，其系统行为很大程度上取决于人类所作出的决策，因而它的调控机制是以“人工选择的正反馈为主”。

城市环境一方面为人类活动提供空间及物质能量，另一方面容纳并消化其废弃物。城市的规模决定于人口、土地、营养食物的供应，城市人口必须控制在生态系统环境承载力之内，包括土地承载力、水源容量、资源能源承载力及空气环境等。综合分析，城市中较合理的人口密度为10 000～12 000 人/km^2，而市中心区不大于20 000 人/km^2。

人类活动超出环境承载力限度，就会产生种种城市环境问题。应深入研究城市环境的承载力状况，从而合理有效地配置环境资源，实现人口、资源、环境与发展的可持续利用和生态系统的良性发展。

（二）以增强系统抵抗力为关键

抵抗力是生态系统抵抗外干扰并维持系统结构和功能的能力，是维持生态平衡的重要途径之一。环境容量、自净作用等都是系统抵抗力的表现形式。城市生态系统在来自外部和内部两类因素的压力下运行。人类是城市生态系统的主体，在当代，对生态系统的最大压力是人口种群。当人类成为支配整个景观区域生态系统的组分时，人类学因素是内部因素。而当生态系统因工业等各类化学物质或其他污染物排放使环境受到损害时，人类学因素又可视为外部因素。无论是哪类压力引起环境条件的改变，系统都是通过调节机能来尽量维持自身的稳定，这种调节机能实际上是生态系统的一种适应能力。随着城市化进程的不断加快，城市生态环境问题已成为城市可持续发展的最大障碍。城市是人口和工业生产集中的地域，一方面，维持城市运转需要自然界大量物质供给和输入，常常会超越城市所在区域自然生态环境负荷能力；另一方面，城市工业生产与城市居民生活排出的大量废弃物，常常超出城市生态系统的自净能力，提高生态系统调节能力及自身恢复力至关重要。

城市生态系统以第二产业、第三产业为主，人工或自然植被所占城市空间比例不大。虽然城市生态系统绿色植物的物质生产和能量储存不占主导地位，但城市植被的景观作用和环境保护功能对城市生态系统十分重要。因此，大面积保留城市农田系统、森林系统、草地系统等面积非常必要。园林绿地既是城市生态系统的初级生产者，也是生态平衡的调控者，一定数量和质量的绿地不仅是美化城市景观和市容的需要，也是减轻城市环境污染必不可少的。

（三）以保证系统循环的连续性为重点

城市空间作为一种有机的结构系统，与其所在的环境相联系，并形成一个联系的整体。对于一个稳定的生态系统而言，无论对生物、对环境，还是对整个生态系统，物质的输入与输出都是平衡的，一旦打破了这种平衡，生态系统就会发生毁灭性灾害。多数城市都需要从外部输入城市生产、生活活动所需要的各类物质，离开了外部输入，城市将陷入困境。城市生态系统在输入大量物质满足城市生产和生活需求的同时，也输出大量物质（包含产品和废物）。没有循环就没有生态系统的存在，抑制或阻塞物质循环于生态系统的某一点，都将威胁整个生态系统的生态平衡。城市生态系统包括：自然、社会、经济发展到一定的高度，必须放开市场，开放经济，建立健全合理的经济体制和市场体系；保证城市间及城乡间自由输入物质、能量、信息，并向外输出产品、废物、信息；物质输入与输出达到平衡点时生态系统达到内部稳定，利用各子系统相互开放交流，达到城市生态系统可持续发展的境地。

（四）以协调城市中人与环境的相互关系为核心

自然环境能够满足人类的需要，并且是稀缺的，因而是有价值的。应该将环境价值与经济利益直接联系起来，在经济核算中考虑环境的成本价值以及人类生产生活中造成的环境价值损失，建立并实施环境价值损失的合理补偿机制，从而定量地调控环境价值损失，为可持续发展决策服务。

在城市的人类活动存在一定局限性的时代，应将环境问题纳入现行市场体系和经济体制中，并结合政府规章制度，制约人们破坏环境的行为。这就要求人们具有强烈的环境意识，减少或控制环境污染，开发有益于环境并降低能耗的绿色产品。

一个符合生态规律的生态城市应该是结构合理、功能高效和关系协调的城市生态系统。所谓结构合理是指适度的人口密度、良好的环境质量、充足的绿地系统、完善的基础设施、有效的自然保护；功能高效是指资源的优化配置、物力的经济投入、物流的畅通有序、信息的快速便捷；关系协调是指人和自然协调、社会关系协调、资源利用和资源更新协调和环境承载力协调。概而言之，理想的城市应该是环境清洁优美、生活健康舒适、人尽其才、物尽其用、地尽其利、人和自然协调发展、生态良性循环的城市。

第六节　城市生态系统的调控

城市生态系统的存在与发展不仅遵循社会经济规律，而且受自然规律支配。城市生态系统的调控，需要多种效益的统一、生态合理性与生产可行性的统一、自然调控与人工调控相结合，扬长避短，发挥优势，重视多样性。

一、城市生态系统的调控原则

对城市生态系统所采取的调控措施，如果考虑不周，就会使人的主观愿望无法实现，甚至可能造成诸如生态失调等一些严重后果。所以，在调节和控制城市生态系统时，应该遵循以下基本原则。

（一）多种效益的统一

人类对自然所施加的各种实践活动，都会产生一定的影响、作用和效果，其中对人类有益的作用和效果就称为效益。在生产实践中，通常以生态效益、经济效益和社会效益来衡量城市生态系统所带来的实际效果。

所谓生态效益，就是指人类的生产和生活对城市生态系统的物质生产过程、能量流动和转化过程、自然资源的利用与保护，以及对环境的治理和改善等方面的好的效果和影响。它包括三个方面的含义：① 对系统能流、物流的影响。人为的调控措施如果能促使系统内物流合理、能流畅通，不仅可以提高系统的生产力和生产效率，同时也是保证系统稳定持续发展的重要前提。② 对系统内自然资源的影响。即是否能合理利用和保护系统内的自然资源。城市生态系统中的自然资源，对其的合理利用有不同含义，对于生物资源，应注意资源增值和永续利用，以加强系统的再生、贮备能力；对阳光、空气等可再生资源，要坚持充分利用的原则，尽可能将这些资源转化为产品；对于化石能等有限资源，应注意节约，不可滥用和浪费。③ 对环境的影响。这包括对已污染和破坏的环境的治理、对现有环境的改善、减少和防止对现有环境的污染和破坏三个方面的内容，其目的是使现有环境变得更有利于生物和人类本身的生存和生活，使环境质量不断提高。

经济效益是指生产活动能够给经营者带来高的经济收入和其他有益的经济效果。对于经营者来说，经济效益具有更大的吸引力，所以经营者往往能够自觉地注意提高系统的经济效益。

社会效益是指对社会文化、政治、宗教、军事、人口等方面的影响，以及对社会的服务。就城市生态系统而言，较多的产品输出能够满足社会的需要，促进社会的稳定；不断提高的产量在一定程度上可以满足人口增长和提高生活水平的需要；生产项目的增多可以提供更多的就业机会。

对城市生态系统进行调节和控制时，要注意协调好三种效益的关系，将它们有机地统一起来。满足社会需要是系统的根本任务，因此首先要使产品的生产量能够满足不断增长的社会需求；具有一定的经济基础，才能扩大再生产以满足社会更广泛的需要，同时也才有可能投入更多的资金对生态环境进行整治和改造；系统内物质和能量的良性循环，以及良好的资源增值能力和舒适的环境，才能使系统表现较高的稳定性和良好的持续性，使系统长期维持较高的生产力和生产效率，从而为社会提供更多的产品，为经营者提供更多的经济收入。所以，必须在三种效益兼顾的前提下，针对当时当地的具体情况适当有所侧重。

（二）自然调控与人工调控相结合

在自然生态系统中，交错的种间关系，生态位的分化，严格的食物链量比关系以及种群密度的自我调节，生活型、生态型分化等，都对系统具有积极作用，使系统表现出较强的自我调控能力。自然生态系统被驯化为城市生态系统以后，其自然调控机制可能被保存下来，如光温对植物发育的调节、昼夜节律对动物发育的调节、种间关系的牵制等大都保留了下来。因此，充分深入地了解、借鉴和利用这些自然调节机制，必将有助于建立合理的城市生态系统。目前，人类已经开始自觉地利用自然调控方式，如在城市污水处理和城市固体废物的处理等方面，均已取得较好的效果。

(三) 扬长避短，发挥优势，重视多样性

对城市生态系统的调节和控制必须根据各地的具体情况，充分发挥本地优势，因地制宜地建立多种形式的城市生态系统。调控时，对符合本地区或本单位的具体情况，能充分发挥本地优势，具有发展前途的生产项目或组分可以适当加强，反之则应适当削弱甚至取消。在这里，应该特别强调的是因地制宜，增加系统的多样性，以保证城市生态系统的稳定性和持续性。城市建设中切忌一刀切，照搬他人模式。

二、城市生态系统调控机制的层次

城市生态系统的调控机制可以分为三个层次：第一个层次是自然调控，它是从自然生态系统继承来的调控方式。通过生态系统内部生物与生物、生物与环境，以及环境因子彼此之间的物理、化学和生物的作用来完成；城市生态系统的调节和控制的第二个层次，是利用现代科学技术来调节和控制城市生态系统中的生物环境和非生物环境，预防和减轻灾害损失，维持城市生态系统的稳定、持续发展；城市生态系统调节和控制的第三个层次，是社会经济系统对城市生态系统的间接调节，包括财贸金融系统、工交通讯系统、科技文教系统、政法管理系统等。

三、城市生态系统的生物调控

(一) 城市植被建设

城市植被是指城市里覆盖着的各种植物，它包括城市里的公园、校园、寺庙、广场、球场、医院、街道、农田和空闲地等场所拥有的森林、灌丛、绿篱、花坛、草地、树木、作物等所有植物的总和。尽管城市或多或少仍残留或被保护着自然植被的某些片断，但城市植物不可避免地受到城市化的各种因素的影响。人们在城市建设过程中，一方面破坏或摒弃了许多原有的自然植被，另一方面又引进许多外来植物并建造了许多新的植被类群，从而改变了城市植被的组成、结构、类群、动态和生态等自然属性。因此，城市植被整体来说应属于人工植被为主的一种特殊的植被类群。

1. 城市植被的特色

由于人为因素的干预，城市植被的特色不仅表现在植被生境的特化，也表现在植被的组成、结构和动态等的改变，使之与自然植被表现出较大的差异。

(1) 植被生境的特化

城市化进程改变了城市环境，也改变了城市植被的生境。较为突出的是铺装了地表，改变了其下的土壤结构和理化性质以及土壤微生物组成，城市植被处于完全不同于自然植被的特化生境中。

(2) 植被区系成分的特化

一方面，尽管城市植被的区系成分与原生植被具有较大的相似性，尤其是残存或受保护的原生植被片断，但其种类组成远较原生植被为少，尤其是灌木、草本和藤本植物。另一方面，人类引进植物的比例明显增多，外来种占原植物区系成分的比率越来越大，并已成为城市化程度的标志之一。因此，在城市绿化过程中，注意对种树的选择，最大限度地保留或选择反映地方特色的树种是城市环境建设的标志之一。

(3) 植被格局园林化

城市乔、灌、草、藤等各类植物的配置，如城市森林、树丛、绿篱、草坪或草地，花坛亦是按人的意愿和周边环境的相互关系配置和布局的，都是人类精心镶嵌而成，在人类的培植和管理下形成的园林化格局。

(4) 城市植被结构单一化

城市植被结构分化明显，并且趋于单一化，除了残存的自然森林或受保护的森林以外，城市森林大都缺乏灌木层和草木层，藤本植物更是罕见；城市草坪、绿篱、花坛等大多是由少数几种甚至单一种类的植物构成，缺乏自然植被的层次性。城市植被的结构单一化有利于观赏利用，但同时也大大增加了其维护管理费用。

(5) 城市植被演替的偏途化

城市植被的演替属于典型的次生演替，其演替目标也不像自然植被一样朝顶极群落发展，而是在高度的人为干预下，按城市的绿化政策和人类的意愿发展的一种偏途演替。城市植被的演替周期很短，虽然其动态发展也是朝着物种多样化方向发展，但人类的控制目标则是限制非目标物种的衍生，对于大多数城市绿地而言，当这种人为控制变得艰难时，人们可能会实施重建，从而进入下一周期的偏途化演替。

2. 城市植被的类型

城市植被系统有不同的分类方法，美国 Detwyler(1972)把它划分为森林公园、园林、草坪或间隔草地；Ohsawa 等(1988)把它划分为城市化前保留下来的自然残遗群落、占据城市新生环境的杂草群落和人工栽植的绿色空间三类；黄银晓(1990)把它分为行道树、街头绿地、公园绿地、草地、水体绿地等；蒋高明(1993)认为自然植被、半自然植被和人工植被是城市植被的主要类型，其中伴人植物群落是城市半自然植被的主要组成部分，是与城市人为干扰环境密切相关的一类植物，在城市中有重要的作用，人工植被尚可划分为行道树、城市森林、公园和园林以及街头绿地等。

2002 年国家建设部颁布了《城市绿地分类标准》(建标[2002]135 号)，标准将城市绿地分为公园绿地、生产绿地、防护绿地、附属绿地和其他绿地五大类，成为到目前为止最新也是最权威的绿地分类行业标准。

3. 城市植被建设的生态原则

(1) 系统整体性原则

城市景观结构布局应从整体性出发，遵循居民生活环境与自然生态系统相协调的原理，重视绿地板块的镶嵌性和廊道的连贯性，将人工硬质景观要素与自然软质景观要素有机结合成物流、能流良性循环的人居生境。

(2) 生物多样性原则

生态系统中的多样性和复杂性有利于生态系统的稳定，抗干扰能力增强。建立和搭配丰富的物种结构、种群和群落类型结构是绿地生物多样性的内在要求。群落体系的稳定和平衡，以及与周围环境共同形成的区域生态系统的可持续发展，都依赖于群落类型的多样化和物种的多样性。物种多样性是绿地生物多样性的基础，它不仅反映了群落或环境中物种的丰富度、变化程度和均匀度，也反映了群落的动态与稳定性，以及不同的自然环境条件与群落的相互关系。在稳定的群落中，各种群对群落的条件、资源等方面都趋于互相补充而不是直接竞争，系统愈复杂也就愈稳定。另外，通过构建复杂的种类组成和结构，建立适应本地气候条件的地带性群落也有利于提高物种潜在的共存性，为动物、微生物提供良好的栖息和繁衍场所，绿化植物-病虫害-天敌与周围环境间的相互作用和制约，形成群落体系在最小人为干扰下的自我动态平衡机制。

从美学角度来看，绿地丰富的物种多样性能形成情趣各异、色相变化的群落景观，满足人们不同的审美要求和视觉享受，也提高了绿地植物配景的观赏价值。

4. 城市植被建设的实施

(1) 施工现场的生境调查

城市地区的光照、土壤、水分及植物生长空间都具有一定的特殊性，科学、详细地对施工现场进行生境调查具有重要的意义。

地形条件多方面影响生境因子。对施工现场的海拔高度、坡向、坡度、小地形状等要有充分的了解。城市土壤条件往往较差，多数情况下还不同程度地存在一定的城市生产或生活活动遗留的固体废物，严重影响植物的生长发育，因此必须对施工现场进行详细的土质情况调查与测试，以选择适宜的植物种类。

由于城区密集的建筑和人群，高强度的土地利用改变了城市的小气候状况，温度、湿度、风速、风向、日照时数、辐射强度等都与开阔地不同。因此，必须进行施工现场的局部小气候调查，了解附近是否存在热岛效应以及空气质量状况(SO_2、NO_2、TSP、降尘等)。

城市地区地上地下管网纵横交错，施工前必须详细了解地上地下管线的走向、类别、埋藏深度、安全距离等，严格按规定距离和深度施工，防止破坏线路和影响人身安全的事故发生。

(2) 植物种类的选择与群落设计

植物种类的选择应根据当地的具体条件，因地制宜地选择适生的植物种类。选择植物时，一般应以当地的乡土植物为主，也可适当选用一些经引种驯化成功的外来优良种类，在充分考虑到当地的土壤条件、小气候条件、环境污染状况等的情况下组成群落。

群落设计除应强调结构、功能和生态适应性的相互结合外，还应特别注意施工地点的特点及环境条件，使城市植被不仅具有较高的景观价值，还具有较高的生态环境效益。

(3) 种植与养护

城市植被的种植方式主要有规则式、自然式、混合式三种。规则式要求按设计图上标明的坐标和比例，通过实地测量，以固定设施为准，然后根据其对应位置逐一用石灰粉标出，确定栽植位置。规则式绿地多使用形体规整的树种，采用多层次行列式种植，常绿树种占较大的比重，道路一般为规则的直线或曲线，植物的配置呈现有规律、有节奏的排列变化，或组成一定的图形、图案，甚至其中的植物也可以修剪成特殊形状，给人以整齐、鲜明之感。自然式种植形式主要是结合地形、水体或其他自然条件，依形就势，注重反映自然群落的结构特点。自然式种植形式可使用的植物种类多种多样，以混交林、树丛和树群为主，注重色彩和季相的变化，充满自然的深邃意境。混合式种植方式则是自然式与规则式相结合的种植方式。

城市植被的种植方法包括大树移植、苗木移植、直接播种。大树移植多在特定时间内特定地点上为满足特殊要求进行绿化时使用，其优点是立即形成明显的景观，但移植成本较大，技术要求较高。苗木移植是先在苗圃中育苗或购入商品苗木，再移植到一定的地段上，主要适用于一些草本花卉和灌木。直接播种是在指定地段上播撒植物种子，待其长成植被，主要适用于草坪建造。

（二）城市动物的管理

1. 城市野生动物的保护与管理

近一个世纪来，各国大都通过一些保护野生动物的法令，切实保护野生生物资源，以维护地球生物圈的生物多样性。对于城市而言，野生动物相对较少，管理城市野生动物需要注意以下两点：① 为野生动物提供充分的生存空间。应争取扩大城市绿地空间，建造一定的森林公园，增加城市植被的覆盖率，为城市野生动物提供良好的栖息环境。② 防止人为干扰和伤害。设立野生动物保护区也是保护野生动物的有效方法。野生动物保护区可以满足风景、娱乐以及科学研究的需要，在保护区内还可保存濒于绝种的动物。通过提高公众的道德水准和环保意识，教育人们尽量不干扰野生动物的正常生活栖息，严厉禁止捕杀野生动物。同时，建造城市设施时尽量远离野生动物的生育地，减少对野生动物的干扰和惊吓。

在管理城市野生动物时，对于危害人类和城市的野生动物，应采取适当的措施进行驱赶或防治；对于无害的野生动物，尤其是一些濒危物种，应采取措施加以保护，以保护生物圈的物种多样性。

2. 城市动物园的作用

目前，全世界在人工圈养条件下的野生动物有 3 000 种，我国动物园饲养的动物有 600 种，占世界总数的 20%。这说明我国动物园对我国的生物多样性保护及世界的生物多样性保护（国外珍稀动物）担负着重要的义务。目前我国动物园饲养珍稀野生动物 200 种，包括大熊猫、金丝猴、扬子鳄、黑顶鹤等一大批珍稀动物。一些物种已在几个动物园建立了种群规模。动物园通过宣传教育、饲养繁殖、建立人工繁殖种群等各种途径进行保护，这对野生动物的栖息地保护无疑是一个补充，其作用是栖息地保护所不能取代的。

动物园在城市中的出现，给现代城市带来一个认识自然生物的直观窗口。由于动物园展出的是以活生生的、生活于大自然的珍稀动物为主，吸引了成千上万的游客，因此，动物园已成为公众认识大自然的重要途径，也成为通过宣传教育使公众提高环保意识的重要场所。

3. 城市户养动物的管理

城市户养动物包括各种观赏鸟、观赏鱼和户养宠物等。户养动物给养殖者带来了一定的乐趣，但同时也可能带来一些诸如传播疾病、影响公共卫生、影响交通等多方面的问题。因此，合理管理城市户养动物势在必行。户养动物管理始终是城市管理的软肋，迄今为止，我国仍没有关于城市户养动物管理方面的法律法规。但是许多城市立法部门开始着手这方面的研究和立法工作，如《城市宠物饲养管理相关法律问题》被列入北京市应用法学研究会成立后的首批研究课题之一，一部完整规范的宠物管理办法蓝本将有望出台。城市户养动物的管理可以从以下几方面着手：① 强化城市户养动物登记制度，实行户养动物持证养殖；② 完善疾病预防体系，防止户养动物传播疾病；③ 加强卫生管理，规范户养动物养殖技术；④ 加强动物园建设，缩减户养动物养殖面；⑤ 加强宣传教育，控制户养动物养殖数量。

（三）城市有害生物防治

城市有害生物是指在城市范围内生活的对人类、城市设施和城市环境具有危害的生物。城市有害生物的种类很多，包括有害昆虫、有害兽类、绿地杂草、病原微生物等。城市有害生物的防治应贯彻预防为主、综合防治的方针，采用物理措施、化学措施、生物措施、工程措施相结合的方法，控制有害生物的危害。

1. 城市有害昆虫的防治

城市有害昆虫包括直接危害人类传播病原微生物的各种蚊、虱、蝇等，也包括危害城市植被的各种植食性昆虫。由于城市生境的特化，城区昆虫的总数量和种类大幅度减少，但伴人昆虫的数量却相对增加，一方面导致危害加剧，另一方面也使自然界原有的自然调节机制减弱，给害虫防治增加了难度。

(1) 加强公共卫生管理，减少害虫滋生场所

城市垃圾堆、垃圾箱、污水场、下水道等是有害昆虫繁殖滋生的重要场所，因此，及时清理垃圾，搞好城市污水处理，减少害虫滋生场所，是防治城市害虫的重要措施。

(2) 物理措施防治害虫

对于户居环境而言，采用隔离措施如安装纱窗、纱门，阻挡室外害虫进入室内，可以有效地减轻蚊、蝇危害；少数有害昆虫进入室内，采用人工扑杀、诱杀，可避免害虫危害。这些都属于物理防治措施。

对于公共环境而言，可结合城市路灯等设施，采用灯光诱杀害虫，这对防治城市害虫也能起到一定的效果。

(3) 化学措施防治害虫

室内环境通常可采用化学杀虫剂毒杀蚊、蝇、蟑螂等，效果往往很好。由于户居环境是城市居民的主要活动场所，居民在室内活动的时间较多，使用化学毒杀剂要注意选择低毒、高效、低残留的杀虫剂种类，并且注意喷撒时切勿落到食物、炊具之上，避免造成中毒。

蚊香、灭蚊片等熏杀蚊蝇也属于化学措施，这类熏杀剂虽然毒性较低，但对人类(尤其是呼吸道疾病患者)也有一定的危害，熏杀害虫时最好不在室内逗留。

(4) 生物措施防治害虫

生物措施是害虫防治的发展方向，目前在农作物害虫防治上已取得了很大的进展，如利用天敌控制害虫密度，使害虫种群控制在受害允许密度之下；进行抗虫育种，选育害虫拒食品种；使用人工释放昆虫性外激素，扰乱害虫的繁殖体系等，对控制城市植被的害虫危害都具有指导意义。

危害人类的蚊、蝇、虱、蟑螂等有害昆虫，目前尚无有效的生物防治方法，但利用生物制剂防治这类害虫，是一个很好的研究方向。

2. 城市鼠害防治

我国城市鼠害防治重点对象是褐家鼠、小家鼠和黄胸鼠。由于城市结构复杂，食物条件好，各种物品材料较多，十分有利于害鼠的栖息繁殖，导致鼠害日益严重，造成的损失也逐年增加。

(1) 防鼠措施

防鼠措施主要是破坏害鼠的生存环境和食物条件，创造不利于害鼠栖息、繁殖、取食及迁移活动等一系列生态控制手段，将害鼠拒之门外，或把环境改造成不利于害鼠生存，使之难以生存，迫使其迁移别处。城市防鼠可从以下三个方面着手：① 减少鼠粮；② 搞好环境卫生，破坏干扰害鼠的栖息场所；③ 城市建筑防鼠。

(2) 器械捕鼠

器械捕鼠既是测定鼠类密度的方法之一，也是一种有效的灭鼠措施。虽然器械捕鼠较费人力，也有一定技术要求，但仍不失为捕杀少量鼠类的有效方法。使用器械捕杀具有对环境不留毒害、效果明显、鼠尸易处理、不留臭尸味等优点。不管用什么器械灭鼠，在使用前，室内的其他食物应事先藏好，以提高捕鼠效果。此外，用过的捕鼠器械要用清水洗净，除去异味。

(3) 药物灭鼠

对于城市垃圾场等鼠害严重的地段，灭鼠主要依赖于化学措施。目前常用的鼠药有溴敌隆、敌鼠钠盐、杀鼠灵、杀鼠迷等；熏杀剂也有近 10 种，常用的如磷化铝；也可使用马拉硫磷等驱鼠剂。不同的灭鼠剂品种和不同的环境，鼠药使用方法不同。

(4) 生物灭鼠

在自然界，鼠类的天敌很多，野生天敌如貂、黄鼬、猫头鹰、蛇类等，充分保护和利用这些天敌生物，严禁滥捕乱杀，对控制害鼠危害有着重要意义。

近年国内还研制出一种新型生物灭鼠剂——C 型肉毒梭菌毒素，这是一种毒蛋白，试验表明其对庭院害鼠具有较好的防治效果，而又不至造成其他危害。

此外，近年出现的电子猫对于驱鼠有很明显的效果。这是一种将鼠类被捕杀时垂死挣扎的声音录好，固化到集成电路芯片中而做成的一种电子设备，害鼠听到这种声音信息后，误以为此处有天敌或捕鼠设施从而逃遁。

(四) 外来生物入侵防治

1. 生物入侵的含义

生物入侵(biological invasion)是指外源生物(包括微生物、植物、动物)被引入本土种群迅速蔓延失控，造成土著种类濒临灭绝，并引发其他危害的现象。生物入侵本土的方式有 2 种：一是出于改善农林牧渔业生产、生态环境建设、生态保护等目的引进外来物种，而后这些物种演变为入侵物种；二是外来物种随着贸易、运输、旅游等活动而传入本土。入侵的外来物种在适宜其生存的本土自然或人为生态系统中定居，通过改变环境条件和资源的可利用性而对本地物种产生致命影响，使生态系统的能量流动、物质循环等功能受到影响，引起物种的消失和灭绝，严重者会导致整个生态系统的崩溃。

2. 我国生物入侵的现状

2005 年国家环境保护总局公布了第一批已形成严重危害的外来入侵物种，分别是：紫茎泽兰、薇甘菊、空心莲子草、豚草、毒麦、互花米草、飞机草、凤眼莲、蔗扁蛾、湿地松粉蚧、美国白蛾、非洲大蜗牛、福寿螺、牛蛙等。

我国生物入侵具有以下 4 个特点：① 生物入侵涉及面广。全国 34 个省(直辖市、自治区)均发现入侵种。② 涉及的生态系统多。几乎所有的生态系统，从森林、农业区、水域、湿地、草原、城市居民区等都可见到。③ 涉及的物种类型多。从脊椎动物(哺乳类、鸟类、两栖爬行类、鱼类)、无脊椎动物(昆虫、甲壳类、软体动物)、植物，到细菌、病毒都能够找到例证。④ 危害严重：外来入侵种已经成为当前生态退化和生物多样性丧失等的重要原因，特别是对于水域生态系统和南方热带、亚热带地区，已经上升为第一位重要的影响因素。

3. 我国生物入侵带来的危害

(1) 破坏生态环境

外来物种通常具有较强的环境适应能力、繁殖能力和防卫策略，引入新的生境后常常缺少天敌和其他制约因子，生长难以控制，对生态系统造成不可逆转的破坏，打破本地有益的生态平衡，严重威胁生态环境。

外来入侵种通过竞争或占据本地物种生态位，排挤本地种；或与当地物种竞争食物；或直接扼杀当地物种；或分泌释放化学物质，抑制其他物种生长，使当地物种的种类和数量减少，甚至濒危或灭绝，进而威胁我国生物的多样性。

值得注意的是，与人类对环境的破坏不同，外来入侵物种对生态系统的破坏及威胁是长期的、持久的。当人类停止对某一环境的污染后，该环境会逐渐恢复，而当外来物种入侵后，即使停止继续引入，已传入的个体并不会自动消失，而会继续大肆繁殖和扩散，这时要控制或清除往往十分困难。外来物种的排斥、竞争导致本地特有物种的灭绝是不可恢复的。

(2) 危害人类的健康

传染性疾病是外来物种入侵的典型例证。大凡新型的传染病，一些是直接通过旅行者无意带进来的，还有一些则是间接地从人们有意或无意引进的动物体上传染的。一些外来动物，如大瓶螺等，是人畜共患的寄生虫病的中间宿主。麝鼠可传播野兔热，极易威胁周围居民的健康。豚草花粉是人类变态反应症的主要病原之一，所引起的"枯草热"给全世界很多国家人们的健康带来了极大的危害。

(3) 造成经济损害

外来生物一旦入侵成功，在本土快速生长繁衍，改变本土生态环境，危害本土生产和生活，造成巨大的经济损失。要彻底根除这些入侵物种极为困难，而且用于控制其危害、扩散蔓延的代价极大，费用极为昂贵。

2006 年 3 月，联合国生物多样性公约组织发表报告说，美国、印度、南非 3 个国家受外来物种入侵造成的经济损失分别为 1 370 亿美元、1 200 亿美元、980 亿美元。据我国农业部数据，我国因为外来物种入侵造成的直接和间接损失，每年达到 1 198.7 亿元。

4. 防治措施

(1) 加快立法步伐

目前，我国涉及外来物种控制问题的相关法律主要有《中华人民共和国进出境动植物检疫法》、《中华人民共和国植物检疫条例》、《中华人民共和国动物防疫法》、《中华人民共和国国境卫生检疫法》、《中华人民共和国家畜家禽防疫条例》和《农业转基因生物安全管理条例》等，同时还有一些用以配套的名录及审批制度。此外，在《陆生野生动物保护实施条例》和《中华人民共和国海洋环境保护法》中也有相关的法律条款。然而，这些法律、条例及组织体系主要集中在人类健康、病虫害及与杂草检疫有关的方面，并没有充分包含入侵物种对生物多样性或生态环境破坏的相关内容，与从生物多样性保护角度控制外来物种的目标还相差甚远。

专家认为，我国应尽快制定《防止外来物种入侵法》和《入侵物种管理法》，应成立包括农业、林业、环保、海洋、贸易、检疫、卫生、国防、司法、教育、科研等国家主管部门在内的统一管理协调委员会，从国家利益的高度全面管理外来入侵物种。立法核心应该包括建立完善的外来物种入侵风险评估体系，建立外来入侵物种早期预警、监测和快速反应体系。

(2) 预防为主

对于生物引种，在引入前应进行充分的、科学的评估和预测。不仅要考虑到引进的生物在当前的各种生物生态学表现，还应预测将来可能出现的各种变化；不仅要看外来种的经济利益，还要看其生态影响；不仅要考虑地区性问题，更要考虑全国性问题。引入后应加强观测，释放后应不断跟踪，如发现问题应及时采取有效对策，避免大面积造成危害。应进一步加强边境海关检疫和阻截作用，阻止新的入侵种入境。加强对入境的各种交通工具如火车、汽车、轮船和旅游者携带的行李以及各种货物的检查工作，防止无意带入外来生物。

(3) 加强科普宣传，增强公众意识

在世界范围内，有许许多多的生物入侵都是生产者首先发现的，并赢得了有利的控制时间，从而避免了人为的范围扩散蔓延。如果公众能够意识到由于自己无意间从国外带回的水果可能携带危险害虫，如地中海实蝇，并且有可能引发我国整个水果产业的严重损失，从而避免自己的这种无意识行为的话，生物入侵发生的概率就会人为减少。因此，加强科普宣传、培养全民预防生物入侵的意识是非常重要的。

(4) 加强国际合作

控制外来入侵种涉及的范围十分广泛，它必然涉及国际贸易、海关、检疫等，并可能给经济和外交带来一些影响。而且，有关控制技术措施（例如天敌引入等）也涉及国际合作与研究。我国和周边国家，特别是东南亚的信息交流和合作十分必要。有些物种（如紫茎泽兰）是从东南亚国家通过交通运输渠道，甚至通过自然扩散进入我国。而分布于我国南方的入侵种，也有相当一部分同时还在东南亚国家泛滥。因此保持与这些国家的信息更新和交流的渠道畅通，并加强管理合作，更显得必要。

四、城市生态系统的环境调控

城市生态系统的环境调控既包括城市建设中加强市政设施建设，使城市环境更有利于城市居民的生产、生活和交流，也包括城市环境污染的防治等内容。为提高城市环境质量而实施的市政建设属于城市规划设计方面的内容，此处主要讨论城市环境污染的防治。

（一）城市大气污染防治

城市大气污染是指人类的生产、生活活动向大气排放的有毒有害物质超过了大气环境所能允许的极限，使大气质量恶化，对人类、生物产生不良影响。大气污染物主要有颗粒物、液体气溶胶、二氧化硫、氮氧化物、碳氧化物、碳氢化合物、氟化物、光化学氧化剂等。大气污染物的来源主要包括：① 工业企业向大气排放的烟尘、废气、粉尘及其中所包含的有毒有害物质；② 居民的生活行为向大气中排放的各种废气和颗粒物；③ 交通运输工具所排放的尾气及交通运输过程中扬起的尘埃和泄漏物等。

1. 大气污染的控制

(1) 严格的环境管理

环境管理是运用行政、法律、经济、教育和科学技术等措施，把社会经济建设和环境保护结合起来，使环境污染得到有效控制。完整的环境管理体制包括环境立法、环境监测机构和环境保护管理机构三部分。

20 世纪 70 年代以来，许多国家实施环境法，并设立了相应的管理机构。我国制定了《中华人民共和国环境保护法》、《中华人民共和国海洋环境保护法》、《中华人民共和国水污染防治法》、《中华人民共和国森林保护法》、《中华人民共和国草原法》和《中华人民共和国大气污染防治法》等法律，以及各种环保条例、规定与标准，使我国的环境法日趋完善。同时从中央到地方逐步建立起比较完整的监测系统，为环境的科学管理提供了大量资料。现在我国也建立了由中央到地方的各级环境管理机关，以保证国家各项环境保护法令和条例的执行。

（2）全面规划、合理布局、综合防治

大气环境质量受各种各样的自然因素和社会因素影响，政府必须进行全面环境规划并采取区域性综合防治措施，才能获得长期的效益。

大气污染与工业布局是否合理有密切关系。工业过分集中的地区，大气污染物排放量过大且不易被稀释扩散；相反，分散合理的工业布局将有利于污染物的稀释扩散。实现工业合理布局主要从两方面来抓：一是新建、扩建企业必须实行环境影响评价制度；二是对布局不合理的老企业实行关、停、并、转、治、迁等改造政策，逐步实现工业企业的合理布局。在兴建大型工矿企业、工业区时，首先要对拟建工程的自然环境和社会环境做综合调查，进行环境模拟试验及污染物的扩散计算，摸清该地区的环境容量，做出科学的环境影响评价报告，确定为保护、协调和改善环境应该采取的各种措施，为政府部门确定兴建与否、规模和布局等提供科学依据。

（3）控制大气污染的技术措施

从对污染源及污染物的分析中可知，在各种工业生产过程中所产生的污染物，因工艺、流程、原材料、燃烧、操作管理条件和水平等的不同，其种类、数量、组成和特性差别甚大。因此，合理利用能源、改革工艺、改进燃料和进行严格的工艺操作是控制大气污染的有效技术措施。必须优先采用无污染或少污染的工艺，认真选配合适材料，优选燃烧设备、燃料及改进燃烧条件，做到既节约能源又减少空气污染物的产生。

（4）逐步实现城市区域集中供热

分散于千家万户的炉灶和市区密集低矮的烟囱是大气烟尘的主要污染源。特别是北方城市，冬季取暖用煤量往往超过工业用煤量。采用大院式锅炉、电厂、工业余热、地热等集中供热，取代目前一家一户分散使用的煤炉和工厂的小锅炉，既节省能源又能减轻燃煤污染。此外，供热烟囱高大，有利于烟气的高空排放，便于推广高效除尘器及脱硫装置等设备。集中供热还能提高能量利用率，减少燃料运输量。现在世界上已有 20 多个国家实现了城市区域集中供热，市内基本无烟囱，烟尘危害得到了有效控制。

（5）绿化造林

绿化造林不仅能够美化环境、调节大气的温度和湿度、保持水土、防风固沙，而且在净化空气、降低噪音方面也有显著的功能。

（6）高烟囱排放及安装净化装置

据测定，地面污染物浓度与烟气排放高度的平方成反比，所以提高烟囱高度是降低近地面大气污染物浓度，减轻当地居民受害程度，防止急性中毒事件发生的有效措施。烟囱越高越有利于烟气的扩散稀释。

安装废气净化装置是消烟除尘、防治污染、保证环境质量的基础。根据烟气中污染物质的种类，可分别采用除尘、吸收、吸附和催化转化等方法进行捕集、处理、回收利用而使空气得以净化。

2. 主要大气污染物治理技术

(1) 消烟除尘技术

消烟除尘技术是指烟尘等固体颗粒物在排放到大气环境之前，采用除尘装置将其除掉，以减少大气污染物。目前使用的除尘装置大致可分为机械除尘器、湿式洗涤除尘器、袋式滤尘器和静电除尘器等四类。它们的性能及优缺点简介如下，可根据实际需要选择适当的类型配合使用。

(2) 二氧化硫治理技术

① 煤炭洗选脱硫。煤炭洗选脱硫是在煤炭燃烧前用水冲洗煤炭，使其中的无机硫被洗除。通过洗选，可将煤中40%～60%的无机硫脱去，同时也降低了煤的灰分，提高了煤炭的质量和热能利用率。

② 发展型煤。型煤是将原煤经过洗选、破碎、分筛、加入黏合剂、添加剂、固硫剂、成型等加工过程制成的一种固体清洁燃料。使用这种煤的锅炉，烟气中 SO_2 可减少 40%～45%，烟尘减少 50%～90%。

③ 烟气脱硫。一般以煤和石油做燃料的烟气中，SO_2 含量为 0.5%～1%，含硫量较低。如果烟气量大而温度高，采用烟气脱硫可收到较好的效果。烟气脱硫方法分为干法与湿法两类：干法是采用粉状或粒状吸收剂或催化剂来脱除烟气中的 SO_2；湿法是采用液体吸收剂洗涤烟气，以除去 SO_2。

(二) 城市水体污染防治

进入水体的污染物超过了水体的自净能力，使水体的物理、化学性质和生物群落组成发生变化，从而降低或破坏水体的利用价值，使水体丧失原有功能的现象就是水体污染。水体污染的主要污染物包括有机污染物、无机污染物、生物污染物、放射性污染物、热源污染等。

1. 水体污染控制的基本途径

(1) 加强环境保护宣传

环境保护意识应当从幼儿园做起，从幼儿园至大学都开设环保课程，大力宣传环保知识，使每一个居民都感到保护环境人人有责。

(2) 改革生产工艺

尽量不用水或少用水，尽量不用或少用易产生污染的原料，减少废水排放量。例如，采用无水印染工艺，以消除印染废水的排放；采用无氰电镀工艺，使废水中不再含有氰化物。

(3) 重复利用废水

尽量采用重复用水及循环用水系统，使废水排放量尽量减少。例如，高炉烟气洗涤废水经沉淀、冷却以后，可再次用来洗涤高炉烟气，并可不断循环，只需补充少量的水以补偿循环中水的损失就可以了；热电厂、氮肥厂的冷却水，只需冷却也可重复利用，不仅减少废水，还可以实现节约用水。

(4) 回收有用物质

尽量使流失至废水中的原料及成品与水分离，就地回收。这样做既可减少生产成本，提高经济效益，也可降低废水中污染物的浓度，减轻污水处理负担。例如，造纸工业废水碱度大，有机物浓度高，是一项重要的污染源，若能从中回收碱或有机物，即可变污染物为生产资料，同时减轻污水处理的负担。

(5) 强化环保管理的政策

有了完善的环保法律、法规、制度、标准、技术，如果执法力度不够，仍旧难于改善环境污染面貌。因此，必须建立健全有效的环保管理机构，坚决扭转以牺牲环境为代价，片面追求局部利益和暂时利益的倾向，严肃查处违法案件。

2. 污水的常规处理技术

污水处理的目的就是用各种方法，把污水中所含的污染物质分离出来，或将其转化成无害的物质，从而使污水得到净化。目前废水处理方法有4类：① 物理法。主要是利用物理作用分离废水中呈悬浮状态的污染物质，在处理过程中，不改变污染物的化学性质。属于物理方法的有格栅、沉降、过滤、浮选、隔油、离心、蒸发和结晶等。② 化学法。利用化学作用除去水中的污染物，如加入化学药品，促使污染物沉淀、混凝、中和、氧化、还原、萃取等，化学方法成本较高。③ 物理化学法。主要有吸附、离子交换、电渗析和反渗透法等，成本也很高。④ 生物法(生化法)。主要是利用自然界存在的各种微生物，将污水中的有机物分解、转化，从而达到净化的目的。它是在污水处理中应用最为广泛的方法，主要有活性污泥法、淋滤和生物膜法。

根据工厂化处理污水的技术和对污水处理的程度又可分为污水的一级处理、污水的二级处理和污水的三级处理。

① 污水的一级处理(primary treatment)基本上采用物理方法，通过格栅、过筛或沉降，以除去污水中的固体污染物，然后加氯消毒后再排放进入自然水体。一级处理后的生活污水可以排入海洋或用于灌溉农田。

② 污水的二级处理(secondary treatment)一般是在一级处理的基础上，再加上生化处理，净化率提高，特别是在有机质净化方面能达到很好的效果。图7-9是利用活性污泥法的二级处理工厂流程简图。

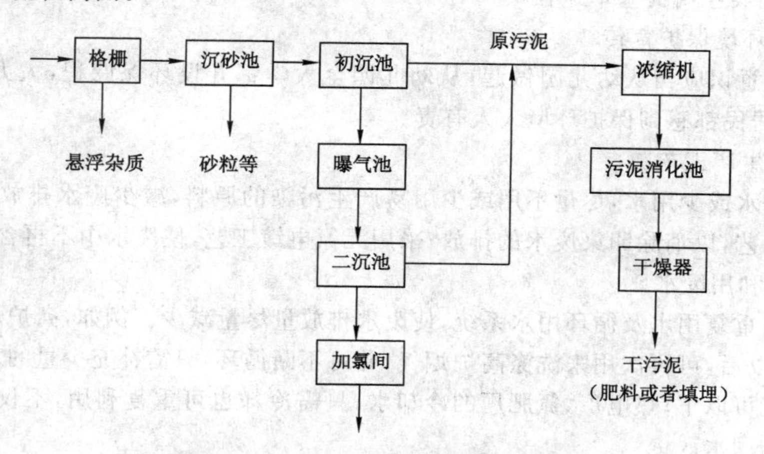

图7-9 污水的活性污泥法处理工艺

二级处理的主要设备是曝气池，应用最普遍的是活性污泥法。即在污水里用活性污泥(由很多细菌组成的菌胶团，有良好的吸附和氧化有机质的能力)接种，在充分搅拌和不断鼓入空气的条件下，使有机质分解为 NO_3^-、SO_4^{2-} 和 CO_2 等。

③ 污水的三级处理(tertiary treatment)是在二级处理的基础上，进一步用化学法或物理化学方法进行深化处理。三级处理可以除去污水中的有毒有害物质、氮、磷和其他污染物。经过三级处理后的水甚至可以饮用。但是三级处理的费用太高，即使在欧美等发达国家，应用也不很普遍。

3. 氧化塘

利用库塘和低洼荒地对污水进行处理的生物工程措施称为氧化塘法。因为它的基本原理是利用生物降解，故又称之为生物稳定塘法或生物氧化塘。氧化塘具有对有机污染物净化效果好、基建投资少、运转费用低、污水处理与利用相结合等特点，使其得以广泛应用。当然，氧化塘也有占地面积大、净化效果受气候影响、易渗透污染地下水和影响景观等缺点。

(三) 城市土壤污染防治

人类活动产生的污染物进入土壤并积累到一定的程度，超过了土壤的自净能力，引起土壤环境恶化的现象，称为土壤污染。造成土壤污染的主要污染物有无机酸、无机碱、重金属盐、有毒有机物质、放射性污染物等。按造成土壤污染的原因不同，可将土壤污染分为5类：① 水体污染型。利用工业废水和城市污水灌溉，使污染物进入土壤。② 大气污染型。大气污染物通过干、湿沉降所造成的土壤污染。③ 农业污染型。主要因大量使用化学农药、化学肥料和生长调节剂等造成。④ 生物污染型。对土壤施用垃圾、污泥、粪便及生活污水时，由于没有采取适当的消毒灭菌处理，使土壤成为某些病原菌的疫源地。⑤ 固体废物污染型。主要是城市生活垃圾、工业废渣、污泥等物质进入农田而使土壤受到污染。

对于土壤污染的防治，必须贯彻"预防为主、防治结合"的环保方针。

1. 控制和消除污染源

控制和消除污染源是控制土壤污染的根本措施，没有污染源就不会造成土壤及其他环境污染问题。但在目前社会发展速度下，所产生污染物的量远大于土壤本身的净化能力。我们所能采取的有效措施是控制和减少污染源以及污染物进入土壤的数量和速度。

(1) 控制和消除"三废"

大力推广闭路循环无毒工艺，以减少或消除污染物的排放。对工业"三废"进行回收处理，化害为利。对所排放的"三废"要进行净化处理，并严格控制污染物的排放量和浓度，使之符合排放标准。

(2) 加强污灌管理

污水必须经过处理后才可进行灌溉。要加强对灌溉污水的水质监测，以防止对土壤造成污染。

(3) 控制城市污泥肥料的使用

城市污泥中含有较多的有机物和一定数量的营养元素，既可作为作物生长的重要肥源，又可改良土壤结构。但大多数污泥中含有重金属、病原菌或其他污染物，如果不加控制滥用，有可能造成土壤的严重污染。因此，对污泥的使用要按国家的有关要求和规定进行。同时，污泥在应用前还必须进行无害化处理，经过高温堆腐或消化处理，以杀死病原菌和寄生虫卵，促进营养物质速效化。

(4) 合理使用农药化肥

禁止或限制使用剧毒、高残留农药，研制开发高效、低毒、低残留农药，大力加强生物防治技术研究，是解决农药对作物和土壤污染最根本的途径。严格农药的管理和监测，禁用或限用剧毒高残留农药，合理施用农药，减少用药量，提高防治效果，降低对土壤和农产品的污染。

(5) 植树造林，保护生态环境

土壤污染是以大气污染和水质污染为媒介的二次污染。森林是个天然的吸尘器，能阻挡、过滤和吸附污染大气的各种粉尘和飘尘，从而净化空气，避免由大气污染而引起的土壤污染。森林在涵养水源、调节气候、防止水土流失以及保护土壤自净能力等方面也发挥着重要作用。

2. 增加土壤容量，提高土壤净化能力

土壤本身所具有的净化能力是消除减缓土壤污染的一个重要特性。要预防土壤污染，需采取合理措施，提高土壤对污染物的容纳量，使污染减轻到最低限度，如增施有机肥，促进土壤熟化和团粒结构的形成，增加或改善土壤胶体的种类和数量，均可增加土壤容量，使土壤对有害物质的吸附能力加强，增加吸附量，从而减少污染物在土壤中的活性。分离培养和开发能分解和转化污染物的微生物种类，以增强微生物降解作用，提高土壤净化能力，是近年来发展较快的新途径。

3. 工程措施治理土壤污染

工程措施治理土壤污染包括客土、换土和深翻。客土法就是向污染土壤加入大量的干净土壤，覆盖在表层或混匀，使污染物浓度降低或减少污染物与植物根系的接触，达到减轻危害的目的。换土法就是把污染土壤取走，换入新的干净的土壤。该方法对小面积严重污染且污染物又易扩散难分解的土壤是有效的，可以防止污染范围扩大，但换出的污染土壤要合理处理，以免再度形成污染。在污染较轻的地方或仅有表土污染的地方，可采取将表层污染土壤深埋到下层，使表层土壤污染物含量降低。

4. 因地制宜改变耕作制度及客土深翻

对于轻度污染的土壤，采取深翻或换上无污染的新土；对于污染严重的土壤，可采取彻底挖去污染表土和客土的方法，以根除污染物。

耕作制度主要包括耕作制、轮作制和施肥等。如根据作物根系深度及地下水深度等对土地适当翻耕，可加速污染物质分解，减少对作物的污染。轮作制的改变，如旱地改为水田后，可加速有机氯农药如 DDT 等的降解速度，从而降低和消除农药污染。利用农业生态工程的食物链解链技术，在污染土壤种植非人畜食用的农业植物，既可避免污染物进入食物链，还可逐步降低土壤中污染物浓度。

(四) 城市噪声污染防治

所谓噪声，一般被认为是不需要的、使人厌烦并对人们生活和生产有妨碍的声音。一种声音是否是噪声不单独取决于声音的物理性质，也和人类的生活状态有关，不同年龄、不同健康状况、不同处境对噪声的理解都可以是不同的。城市噪声妨碍人们的休息与健康，是当今城市中生活的人群面对的一大环境问题。

1. 城市噪声的特征和来源

噪声属于感觉公害，在空中传播时并未给周围环境留下什么毒害性的物质。它对环境的影响不积累、不持久，传播的距离有限，一旦声源停止发声，噪声也就消失。噪声具有声音的一切声学特性和规律。噪声对环境的影响与它的频率、声压和声强有关。

(1) 交通噪声

城市环境噪声的70%来自交通噪声,而且汽车、火车、飞机等交通工具都是活动的噪声源,其影响面广。我国城市交通噪声普遍高于国外。

(2) 工厂噪声

工厂噪声来自生产过程和市政施工中的机械振动、摩擦、撞击以及气流扰动等产生的声音。工厂噪声是造成职业性耳聋甚至年轻人脱发秃顶的主要原因。它不仅给生产工人带来危害,而且厂区附近居民也深受其害,特别是市区内的一些街道工厂,与居民只有一墙之隔,振动与噪声使居民不能忍受。

(3) 生活噪声

生活噪声指街道和建筑物内部各种生活设施、人群活动等产生的声音。如敲打物体、儿童哭闹、收音机和电视机的大声播放、卡拉OK声、户外喧哗声等,均属此类。生活噪声一般在80 dB(A)以下,对人没有直接的生理危害,但都能干扰人们谈话、工作、学习和休息,使人心烦意乱。

2. 噪声的危害

40 dB(A)是正常的环境声音,一般被认为是噪声的卫生标准,在此以上便是有害的噪声。噪声的危害主要表现为以下几方面:

(1) 干扰睡眠

当人的睡眠受到干扰而辗转不能入睡时,人就会出现呼吸频率增高、脉搏跳动加剧、神经兴奋等现象;久而久之,就会引起失眠、耳鸣多梦、疲劳无力、记忆力衰退等。这些在医学上称为神经衰弱症候群。在高噪声环境下,这种病的发病率可达50%甚至60%以上。

(2) 损伤听力

噪声可以使人造成暂时性的或持久性的听力损伤,后者即耳聋。一般说来,85 dB(A)以下的噪声不至于危害听觉,而超过85 dB(A)则可能发生危险。

(3) 对人体生理的影响

一些实验表明,噪声会引起人体紧张反应,刺激肾上腺素的分泌,因而引起心率改变和血压升高,是心脏病恶化和发病率增加的一个重要原因。

(4) 对儿童和胎儿的影响

在噪声环境下,儿童的智力发育缓慢。噪声对胎儿也会产生有害影响。研究表明,噪声使母体产生紧张反应,会引起子宫血管收缩,以致影响供给胎儿发育所必需的养料和氧气。有人对机场附近居民的研究发现,噪声与胎儿畸形有关。此外,噪声还影响胎儿和婴儿的体重,吵闹区婴儿体重轻的比例较高。极强的噪声[如175 dB(A)]还会致人死亡。

(5) 对动物的影响

强噪声会使鸟类羽毛脱落,不能产蛋,甚至内出血和死亡。如20世纪60年代初期,美国F-104喷气机在俄克拉荷马市上空作超声速飞行试验,每天飞越8次,共飞行6个月,结果,在飞机轰隆声的作用下,一个农场的10 000只鸡被噪声杀死6 000只。

(6) 对建筑物的损害

20世纪50年代曾有报道,一架以每小时1 100 km的速度(亚音速)飞行的飞机,作60

m 的低空飞行时，噪声使地面一幢楼房遭到破坏。

3. 城市噪声综合防治

(1) 从声源上控制噪声

这是最根本的方法，包括研制和采用噪声低的设备和加工工艺等措施。

(2) 在传输途径上控制噪声

这是采取声学处理的方法，如采用吸声、隔声、隔振和阻尼等措施来降低噪声。利用玻璃棉、泡沫塑料和吸声砖等吸声材料，以及共振吸声和微穿孔板吸声结构，能减少室内噪声的反射，可使噪声降低 10～15 dB(A)。在与机器连接处还要进行隔振，隔振就是防止振动能量从振源传递出去。

(3) 在接受点阻止噪声

在上述两种控制方法失效时，应采取耳塞、耳罩、防声蜡棉和防护面具等个人防护措施。

五、城市生态系统的灾害控制

城市灾害(urban disaster)是指发生在城市范围内的自然灾害和人为的各种灾害。随着城市化的快速发展，工业化进程的加速，城市人口的迅速增加，城市的生态环境发生重大变化，同时也加剧了城市灾害的危害。

(一) 城市地质灾害的防治

1. 城市地质灾害的主要类型

地质灾害(geological disaster)是地壳动力地质作用及岩石圈表层在大气圈、水圈、生物圈相互作用和影响之下，使城市的生态环境和人类生命财产遭受损失的现象。

(1) 地震灾害

地震灾害是地壳任何一部分快速运动的一种形式，是地球内部经常发生的一种自然现象，它是人们的感觉或通过仪器能够感觉到的地面运动。地震是城市面临的第一大灾害，由于城市人口稠密、建筑密集、设施较多，因此城市地震往往损失惨重。

(2) 崩滑流灾害

崩塌、滑坡、泥石流等灾害分布广泛，它属于外动力地质灾害或外动力作用下形成的岩石圈灾害。近几十年来，我国中西部城市各项工程建设迅速发展，使崩滑流发生范围、频率和强度也达到历史最高水平。据初步调查，我国有灾害性泥石流 1.2 万处，滑坡数万处，崩塌数千处，这些都威胁着城乡安全。

(3) 地面变形灾害

地面变形包括地面沉降、地面塌陷和地面裂缝，广泛分布于城镇、矿区、铁路沿线。地面变形有地质因素造成的，也有人工开挖工程(采矿和开采地下水等)导致的。发生在城市范围内的地面变形导致建筑破坏、设施损毁，危害城市居民的生命财产。

(4) 风沙尘暴灾害

我国古代丝绸之路上的楼兰古国，因为罗布泊萎缩引起风沙侵袭而于公元前 4 世纪被迫放弃。目前，我国的西安、银川、兰州、乌鲁木齐、呼和浩特、北京等城市常年受到风沙危害，严重影响城市的经济发展和居民的身心健康，造成的经济损失逐年增加。

(5) 地下水污染灾害

地下水污染通常是因工业废料和未经处理的人类排泄物进入江河系统，然后渗入地下而导致的。根据《2005年中国地质环境公报》公布的数据，我国主要监测点地下水水质污染趋势加重的城市有21个。大中城市地下水污染又以北方城市更为严重，不仅污染元素多，而且超标率高。在我国沿海地区城市，海水入侵在一定程度上加剧了当地地下水污染程度。

(6) 海平面上升灾害

全球气候变暖，导致海洋液态水增加。近百年来，全球平均气温升高了0.14～0.45 ℃，相应全球海平面上升了10～20 cm。如果地球平均温度上升3 ℃，海平面将升高0.8～1.8 m。联合国专家小组经电脑模拟试验得出结论，2050年后，全球海平面将升高30～50 cm，世界海岸线的70%、美国海岸线的90%将被海水淹没。由于海平面上升，东京、大阪、曼谷、威尼斯、阿姆斯特丹和上海等许多沿海大城市的城市防汛负担越来越重，同时还可能带来海水倒灌而使许多沿海地区地下水盐化，影响城市供水，河流河口处淡水、海水混合区将向上游延伸，影响水生生态系统。

2. 城市地质灾害的防治对策

城市人口密集，是地区的经济、政治、文化中心，城市地质灾害的防治具有很重要的意义。防治城市地质灾害可以从以下几方面考虑：① 加强城市地质灾害的发生规律、产生机理、灾害区划、灾害评估及灾害预警系统的综合研究，建立城市地质灾害信息系统，借助于计算机技术、遥感技术、航天技术等，制定科学的减灾防灾方案。② 加强法制建设，建立健全城市地质灾害的有关减灾法规。③ 加大城市地质灾害防治的投入力度，加强防灾工程建设，加强水资源管理，不断提高城市防灾抗灾能力。④ 总结减灾经验教训，推动减灾工作的社会化。⑤ 发展城市地质灾害学科建设。⑥ 根据不同城市的地质灾害种类、特点和分布规律，制定科学的、切实可行的减灾措施。⑦ 搞好城市地质灾害的预测预报和监测工作，防患于未然。

(二) 城市火灾的防治

火灾(fire disaster)是一种发生频率最高且又无法预见的城市灾害，对城市设施的破坏和居民生命财产的威胁十分严重。城市火灾的原因是多方面的，除少数自然因素(如地震的二次灾害、雷击等)以外，绝大多数是思想上麻痹大意，在用火、用油、用气、用电的过程中不注意而引起的。例如，小孩玩火是一个原因，石油化工等易燃易爆工厂或实验不按规范操作而引起火灾也是重要原因，有意放火则是个别现象。

1. 城市规划与消防

城市规划与消防有着十分密切的关系，合理的规划布局可以减少火灾的发生，而且万一火灾发生也便于扑救。在城市功能分区上，要严格将工矿企业与居民区的布局分开，对石油化工、贮存易燃易爆物品的仓库和车站码头，应布局在远离居民区或远离市区的地段。对建筑物的层高、不同建筑物之间的防火间距、消防车道、安全出口、防火墙、防火带以及消防站的配备、消防用水等，城市规划的有关规范都有严格的要求，在城市建设、生产活动和日常生活中都要严格遵守。

2. 建筑与消防

建筑设计对防火的要求必须严格遵守。按建筑物建筑材料最低耐火极限分为五级，其中一级与二级耐火建筑物的主体建筑都是用的非燃烧性建筑材料，如影剧院的放映厅、有气体或粉尘爆炸危险的车间等建筑均要求使用一级耐火等级建筑材料。

安全出口可以保证在发生火灾时人员能尽快疏散，减少伤亡。一旦发生火灾，一、二级建筑物要求在 6 min 内疏散完毕。生产、工业辅助及公共建筑或房屋安全出口数目不得少于 2 个，影剧院的观众厅至少应有 2 个独立的安全出口，11 层以上的高层建筑各户应有通向 2 个楼梯间的 2 个出口。建筑设计规范还规定了其他疏散人员用的安全设施。

高层建筑由于其拔风效应，一旦起火蔓延很快，一幢 30 层的高层建筑，在无阻挡的情况下，半分钟左右烟气就可以从底层扩散到顶层，火灾后果极为严重。高层建筑住的人员多，疏散距离长，如果发生火灾，楼梯电源切断，疏散更为困难，地面消防设施供水难度也很大，因此高层建筑的防火更为重要。对高层建筑，一是保证安全出口的数量，设置消防专用楼梯；二是要立足于自救，配齐室内消防栓、消防水池、消防泵等，设置自动报警装置，并要有排烟、防烟措施，保证预备电源的供给等。此外，高层建筑的建筑材料耐火等级要求更高，在 2002 年美国发生的“9·11”恐怖事件中，76 层的大厦起火后倒塌，伤亡惨重，专家分析认为是因为建筑用的钢材耐火性能不够，使之在大火中融化而导致大厦倒塌。

3. 消防用水

虽然有泡沫、干粉、卤代烷等多种灭火剂，但大面积火灾仍然靠水来扑救。在城市给水规划中要充分考虑消防用水，输水干管不少于 2 条，其中 1 条发生故障时，另 1 条通达的水量不少于 70%，管道最小直径不小于 100 mm，管通压力在灭火时不小于 98 066.5 Pa。室外消防栓沿街设置并靠近十字路口，相邻消防栓间距不应超过 120 m。超过 800 个座位的影剧院，超过 1 200 个座位的礼堂，超过 5 000 m^2 的公用建筑，超过 6 层的单元住宅，以及一般的厂房，都应设置室内消防给水，并保证在火灾发生 5 min 内投入使用。

4. 灭火设施

消防站的配备，要保证在接到报警后 5 min 内到达责任区的最远端，一般每个消防站的责任面积为 4～7 km^2。消防瞭望台应能及时发现火警，为灭火争取时间，瞭望台一般设置在责任区的最高点。消防通道要求畅通、快速，在居住区车行道宽度不小于 3.5 m，厂房两侧的通道不小于 6 m，以保证消防车快速到达现场。

消防车是消防站的主要灭火器材，一级消防站应配备 6～7 辆消防车，二级消防站应配备 4～5 辆消防车，三级消防站至少配备 3 辆消防车。

（三）城市洪涝灾害的防治

随着城市化的发展，人口向城市集中，城市范围不断扩大，工业化程度不断提高，这些必然地改变了当地的自然地理环境。如砍伐和清除森林、植被，营造房屋、街道与下水管道等，都对城市地区雨洪产生了直接影响，导致蒸发、截流和下渗减少，径流和汇流速度加快，峰现时间提前等，从而扩大了洪水的灾害性。

1. 中国城市布局特点及洪涝灾害

中国城市地理分布不均，76%的城市分布在东部和中部地区，主要是沿海、沿江分布，珠江、长江、淮河、黄河、辽河、松花江等江河流域集中了中国 90%以上的城市人口，集中了工业总产值和固定资产的 90%，集中了中国政治、经济和文化精华。

1998 年入夏后，长江发生了自 1954 年以来的又一次全流域特大洪水，嫩江、松花江也发生了历史上的大洪水，直接经济损失达 1 666 亿元。

2. 城市洪灾的控制和防治

洪涝灾害具有随机性、突发性等特点，给城市造成巨大的破坏与损失。一方面，由于城市地面覆盖不透水的铺层，加上地面排水系统的改造，这些使得市区降水后的土壤截流大大减少，地表径流增加；另一方面城市地面没有合理的排水系统（市内排水网采用地下管道排水），加上我国城市多沿江沿河而建，使城市洪涝灾害更为严重，洪峰快速迅猛。

（1）加强防洪战略研究

及时修订防洪规划和具体工程项目的设计，结合城市市政布局，根据洪灾风险划分区域，分别制定房屋、道路、桥梁等建筑标准，以及土地利用法规，以指导城市的经济建设和城市发展。

（2）建立洪水预报和报警系统

充分利用城市的先进技术和通讯设备，建立一套为洪水预报和报警所需的洪水水情数据收集、处理和传送的自动化系统，制作中长期预报模型和从降水开始后的短期实时校正的洪水预报和警报模型，及时发布长、中、短期的洪水预报，并制定相应的防洪调度方案。

（3）结合城市的具体条件开辟滞洪区

滞洪区可分散在公园、水塘、湖泊等处。滞洪区应采用宜于下渗的多孔或砾石作铺砌材料，以增加下渗，减少雨洪。山城可沿等高线铺设绿地，以延长洪水滞留时间，迟滞径流。

（4）制定河流管理法规，明确防洪责任制

有关部门承担防洪责任，统一协调各部门防洪的得与失、利与弊。汛前对各类防洪设施进行检查，拆除碍洪建筑，加固和维修防洪工程，按照事先确定的防洪方案结合短期实时预报，调度和操作防洪工程，启闭滞洪区域，以至撤退必要的居民、设备和财物，发动群众巡视和保护防洪工程，随时警惕洪水进犯。

（四）城市流行性疾病灾害的防治

流行性疾病（epidemic disease）是指特定区域内发病人群广、发病范围大的疾病。传染病（infectious disease）是指能通过空气、水、食物等媒介传播的疾病。二者非常类似，其区别简而言之，就是流行性疾病并不一定有传染性，如国际上公认的“公害病”——水俣病（甲基汞中毒）、痛痛病、慢性砷中毒、由大气污染引起的哮喘等。但是这些流行病很多是由于城市污染等原因引起的，在这里暂不作探讨。对发展中国家的城市而言，传染病仍然是主要杀手，本书所探讨的城市流行性疾病同城市传染病不做严格区分。由于现代城市人口稠密，人际交流频繁，城市流行性疾病的扩展速度远高于乡村。例如，2002 年 11 月至 2003 年 6 月，我国香港、广州、北京等城市暴发非典型性肺炎（重症急性呼吸综合征，SARS），短短半年时间内国内 26 个省（自治区、直辖市）和全球 30 多个国家都发现病例，虽然该病死亡率并不比以往的传染病高，但其传播速度之快，覆盖范围之广，都与现代城市居民的快节奏生活和交流圈扩大有着密切关系。

城市流行性疾病灾害应坚持预防为主的方针，应注意：① 加强公共卫生设施建设；② 在城乡接合部建立传染病专科医院；③ 养成良好的个人卫生习惯；④ 加强传染病治疗措施的研究；⑤ 加强恶性传染病疫苗的研制和开发；⑥ 加强体育锻炼，提高个人体质。

（五）城市交通事故的防治

城市交通事故是城市的人为灾害。现代城市人口密集、交通拥挤，导致交通事故频繁发生。美国是世界上交通事故最多的国家，高速公路上的车祸一撞就是数十上百辆，每年约 15 万人死于车祸。中国仅次于美国，每年平均车祸死亡人数约 5.3 万。

一方面，城市化使得交通需求矛盾日益加剧，现代城市居民已完全依赖于交通工具。人们的愿望是利用交通工具节省时间，提高效率，但城市的交通拥挤已使得这一愿望大打折扣，目前很多大城市在上下班时间乘车比步行快不了多少。另一方面，城市居民对交通工具的需求与日俱增，目前很多城市居民已将拥有私家车作为一种时尚追求。在中国这样一个人口大国，如果家家都有车，城市交通的拥挤状况可想而知，而城市交通事故的发生率也无疑会急剧增加。

减轻城市交通事故的危害，可以从以下几方面着手：① 加速城市交通设施建设，缓解交通拥挤现状；② 强化城市道路交通管理，使交通规则深入人心；③ 加强驾驶执照的考核管理，提高职业道德修养；④ 规范城市道路交通的功能划分，车辆过多的地段进行封闭式管理，避免人车同行；⑤鼓励市区内短距离步行，缓解交通压力；⑥ 加强市内立交桥、车辆停靠站点、交通标志设施等的管理，维护城市交通秩序。

本章小结

城市生态系统是指城市居民以自然环境系统和人工建造的社会环境系统相互作用形成的统一体，是人工生态系统，也是一个人类在改造和适应自然环境的基础上建立起来的“自然-社会-经济”三者合一的复合系统。

城市生态系统具有生产功能、能量流动功能、物质循环功能和信息传递功能。生产功能包括生物初级生产、生物次级生产和非生物生产。能量流动是能源在满足城市四大功能（生产、生活、游憩、交通）过程中在城市生态系统内外的传递、流通和耗散的过程。物质循环维持城市的生存和运行。

城市生态系统具有整体性、复杂性、人为性、开放性、依赖性、不稳定性和脆弱性等特点。

城市生态系统平衡的调节应从以下几方面入手，以研究环境承载力为前提、增强系统抵抗力为关键、保证系统循环的连续性为重点、协调城市中人与环境的相互关系为核心。

城市生态系统调控的一般原理：多种效益的统一、生态合理性与生产可行性的统一、自然调控与人工调控相结合、扬长避短，发挥优势，重视多样性，并从生物调控、环境调控、灾害控制等方面对城市生态系统进行调控。

思考题

1. 简述城市生态系统的功能。
2. 如何认识城市生态系统和自然生态系统的区别？
3. 如何实现城市生态系统的平衡？
4. 城市生态系统的调节与控制需要遵循哪些基本原则？
5. 试述如何防治城市生物入侵。
6. 如何防治城市火灾？

第八章　城市景观

第一节　城市景观的概念

一、城市景观的含义

景观(landscape)是指土地及土地上的空间和物体所构成的综合体,它是复杂的自然过程和人类活动在大地上的烙印。而且城市景观是多种功能(过程)的载体,因而具有风景、栖息地、生态系统和符号等多种定义。其中风景是指视觉审美过程的对象;栖息地是指人类生活在其中的空间和环境;生态系统是指一个具有结构和功能、具有内在和外在联系的有机系统;符号是指一种记载人类过去,表达希望与理想,赖以认同和寄托的语言和精神空间。

景观也是一个具有时间属性的动态整体系统,它是由地理圈、生物圈和人类文化圈共同作用形成的。当今的景观概念已经涉及地理、生态、园林、建筑、文化、艺术、哲学、美学等多个方面。现代景观具有以下特点。

(一)景观是一个生态学系统

景观由相互作用、相互影响的生态系统组成。生态系统的相互作用和相互影响是通过生态系统之间的物质、能量和信息流动实现的,从而形成整体的结构、功能、过程及变化规律。

(二)景观是异质生态系统的镶嵌体

异质生态系统的空间构型、空间配置和空间格局是景观结构的重要表现形式,也是决定景观功能、过程及其变化的基础。

(三)景观是具有一定自然和文化特征的地域空间实体

景观具有明确的空间范围和边界,具有自然、文化、经济、生态多重属性。景观的空间范围是由特定的自然地理条件(主要是地貌过程和生态学过程)、地域文化特征(包括土地及相关资源利用方式、生态伦理观念、生活方式等方面)以及它们之间的相互关系共同决定的。景观地域文化特征本身是景观整体特征的组成部分,同时也决定着景观的干扰状况。

(四)景观是人类活动和生存的基本空间

人类活动是构成景观的基本要素。人类活动方式既对原有景观产生巨大的改造作用,同时也受景观的制约和影响。随着人们对自然风景观念的普及,景观的概念也进一步变化,逐渐与规划、园林、生态、地理等多种学科交叉、融合,逐渐融入生活和生存空间。

随着人们生活水平的不断提高,对环境要求不断提高,景观设计被人们欣然接受,然而景观设计在不同的学科中却具有不同的意义。“景观设计”(又叫作景观建筑学)是指在建筑设计或规划设计的过程中,对周围环境要素的整体考虑和设计,包括自然要素和人工要素。

景观设计使得建筑(群)与自然环境产生呼应关系，使其使用更方便、更舒适，能提高其整体的艺术价值。这个概念更多的是从规划及建筑设计角度出发，关注人的使用，即与作为自然和社会混合物的人和与周边环境的关系。

城市景观指构成环境的实体，如地形、水体、植被、建筑、构筑体及公共艺术品等，但其宗旨是改善人的生存环境，不断满足人类对生活功能和生活品质的要求，丰富人的身心体验和精神追求。城市景观在宏观环境保护、土地发展计划、区域环境规划、自然地貌保护等方面，以更加广阔的视角，无论是地理学还是城市景观生态学，都是从自然科学角度论及城市景观学出发，并在深化城市景观内涵的过程中，逐渐淡化了城市景观原意中的视觉审美特征。城市景观属于景观的一种类型，其主要包括城市公园、城市广场、主题公园、居住区城市景观、特色城市景观街区、交通环境设计、自然与人文保护区等中观层面的景观。

总而言之，城市景观的本质是对人的存在方式的规定、满足与探究，并在这种过程中展现其存在的意义。城市景观留下了人类文明的印记，它寄托了人类生存理想与自然关系不断演变的历程，反映和折射了人类社会形态变化的过程。而这其中贯穿始终的是人类不断演进的城市景观概念，这一价值观念决定着人们对待城市景观的态度、创造方式和模式。城市景观是建筑学中一个范围宽泛、综合性强又难以准确定义的概念。

(五) 城市景观多元化

所谓城市景观多元化即城市景观构成要素多元化或城市景观形态多元化，具体表现在三个方面：

一是城市硬质景观多元化。这主要是指城市中无生命的人工景观多元化。城市由满足人的生存需要到发展需要，人工景观已不局限于基本的生产生活需要而扩充了诸多满足人们享受、发展之需的人工景观，如体现不同功能的广场、街道艺术小品、街道灯饰、喷泉、公园。城市建筑也多种多样，并不断产生新的建筑，既有反映本土特色的，又有体现现代特征的，还有展示异域风味的。

二是城市软质景观多元化，即城市植物或绿化景观多元化。生态是当今城市发展的主题，它反映了市民对优美的生活环境的追求。这一趋势不仅打破了城市工业化以来的灰色常态，而且丰富了城市的绿化种类。

三是由城市人群及其活动所构成的景观形态多元化。当代城市较过去，人口密集且异质性更强，形成了各色人群；市民活动也多样化，除基本的生产劳动，人们广泛开展、参加各种休闲文娱活动，这不仅成为人们日常生活的基本内容，也成为城市一道美丽的景观。

总之，景观多元化是现代城市的一个显著特征，它突破了硬质景观的一统局面，硬质景观、软质景观、各类社会活动协调发展，三者相得益彰，共同构成了美丽的城市画面。

二、景观生态学

尽管景观学和生态学是各自独立平行发展的，但两者在解决许多实际问题时都存在一定的局限性，都需要从其他学科中吸收营养。由于景观学和生态学具有很强的发展需求互补性，因而促成这两门科学的结合，从而导致了景观生态学的诞生。

景观生态学是以生态学理论为基础，吸收现代地理学和系统科学之所长，研究景观和区域尺度的资源、环境、经营与管理问题，具有综合总体性和宏观区域特色。景观生态学究其性质是地理学与生态学相结合的产物，因此它的发展与自然地理学中的景观学的发展和生态学的发展有直接而紧密的关系。它把地理学家研究自然现象的空间相互作用的水平方法(横向研究)与生态学家研究一个生态区的功能相互作用的垂直方法(纵向研究)结合为一体,通过物质流、能量流、信息流及价值流在地球表层的传输和交换,通过生物与非生物以及人类之间的相互作用与转化,运用生态系统原理和系统方法研究景观结构和功能、景观动态变化以及相互作用机理,探讨空间异质性的发展和动态,研究景观的美化格局、优化结构、合理利用和保护。

景观生态学的研究方向具有多向性,如图 8-1 所示。

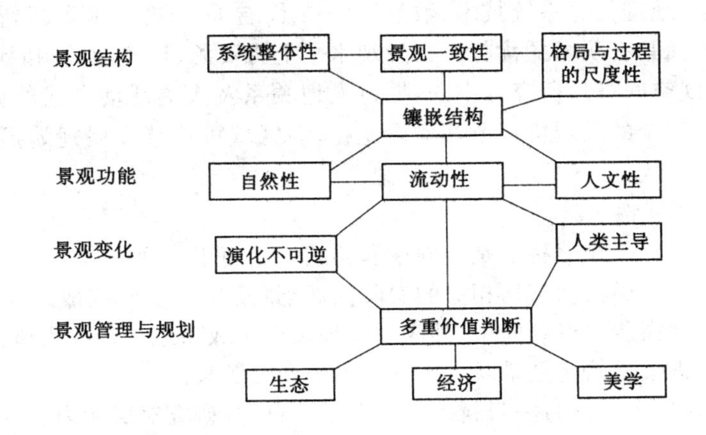

图 8-1　景观生态学核心概念框架

景观结构:景观单元的类型、多样性及其空间关系;

景观功能:景观结构与生态学过程的相互作用或景观单元之间的相互作用;

景观动态:景观在结构和功能方面随时间的变化;

景观规划与管理:景观恢复、保护、建设和管理的规划与相应的目标、措施、对策。

景观生态学具有以下几类特点:

(1) 异质性和尺度性

空间异质性是指景观系统的空间复杂性和变异性,是景观的基本属性。尺度是对研究对象在空间或时间上的度量,景观格局具有强烈的尺度特征。强调研究对象的整体特征和系统属性,把景观要素间的空间关系和功能关系作为景观整体属性进行研究,揭示景观整体对各种影响和控制因素的反应。值得一提的是,景观生态学中的理论和方法学可以用来处理自然-社会关系研究中的尺度问题和不确定性,特别是涉及景观规划和资源管理。

尺度(scale)是研究对象的空间维度,一般用空间分辨率和空间范围来描述,表明对细节的把握能力和对整体的概括能力。尺度越小,对细节的把握能力越强,而对整体的概括能力越弱。由于生态学中许多事件和过程都与一定的时间和空间尺度相联系,不同的生态学问题只能在不同尺度上加以研究,其研究结果也只能在相应的尺度上应用。由于对景观异质性和尺度效应的普遍重视,强调研究对象的空间格局、生态过程与时空尺度之间的相互作用和控制关系是景观生态学的重要特点。

(2) 整体观和系统观

景观生态学强调研究对象的整体特征和系统属性，避免单纯采用还原论的研究方法将景观分解为不同的组成部分，然后通过研究其组成部分的性质和特点去 推断整体属性。虽然景观生态学仍然重视对景观要素或结构成分的基本属性和动态特点研究，但景观生态学更多地通过景观要素之间的空间关系和功能关系作为景观整体属性加以研究和分析，揭示景观整体对各种影响和控制因素的反应。

(3) 综合性和宏观性

景观生态学重点研究宏观尺度问题，其重要特点和优势就是高度的空间综合能力，特别是在利用遥感技术、地理信息系统技术、数学模型技术、空间分析技术等高新技术研究和解决宏观综合问题方面具有明显的优势。在景观水平上将资源、环境、经济和社会问题进行综合，以可持续的景观空间格局研究为中心，探讨人地关系及人类活动方式的调整，研究可持续的、宜人的、生态安全的景观格局及其建设途径，为区域可持续发展规划提供理论和技术支持。

(4) 目的性和实践性

景观生态学的另一个显著特点是目的性和实践性。由于景观生态学中的问题直接来源于现实景观管理中与人类活动密切相关的实际问题，景观生态学研究成果通过景观规划途径在景观建设和管理实践中得到应用，其应用效果反过来成为进一步深入研究的基础，这种良性互动或反馈促进关系始终是景观生态学发展的动力源泉。

综上所述，景观生态学作为一门新兴的生态学学科，其研究对象和内容在发展过程中不断完善，反映了科学发展从整体到部分再到整体的过程。

第二节 城市景观结构

景观空间结构是不同层次水平或者相同层次水平景观生态系统在空间上的依次更替和组合，直观地显现景观生态系统纵向横向的镶嵌组合规律。景观生态系统研究的核心之一在于综合分析整体功能、结构及组织过程，空间结构研究正是通过直观全面的方式透视其中的秩序关联。系统的整体特征，决定于其各子系统的相互关联。景观空间结构的研究就在于以直观、方便又有效的方法途径探究系统的整体性状，达到综合研究的目的。

一、城市景观要素

景观空间结构的研究，首先是对个体单元空间形态进行考察。从空间形态、轮廓和分布等基本特征入手，可以分出斑(patch)、廊(corrdor)、基(matrix)、网(net)及缘(edge) 5 种空间类型。在这里，斑(又称拼块、斑块、嵌块体等)是指不同于周围背景的非线性景观生态系统单元；廊(又称廊道)是指具有线或带形的景观生态系统空间类型；基(又称基质)是指一定区域内面积最大、分布最广而优质性很突出的景观生态系统，往往表现为风、廊等的环境背景；网(又称网络)是指在景观中将不同的生态系统相互连接起来的一种结构；缘(又称脆弱带、过渡带、边缘带等)是指景观生态系统之间有显著过渡特征的部分。景观生态系统在地球表层上的渐变特征，是缘的发生基础，从空间角度看，缘所占面积比重小，边界形态不确定。但其特殊的空间位置，决定了其具有可替代几率大、竞争程度高、复原几率小、抗干扰能力弱、空间运移能力强、变化速率快的特点，更有非线性关系的集中表现区、非连续性的显现区及生物和功能多样性区等一系列独特的性质。网和缘可以看作景观中景观要素的空间联系方式，如在景观中既有由廊道相互连接形成的廊道网络及由同质性和(或)异质性景观斑块通过廊道的空间联系形成的斑块网络，又有异质性斑块空间邻接形成的、具有边缘效应的生态交错带。

因此，从景观结构的空间构成要素看，城市景观和自然景观一样，包括基质、块、廊道三大要素。城市是典型的人工景观，建筑物群体和硬铺装地面构成了景观的主体，街区和街道是城市景观的基质；城市廊道即城市中的线性景观，通常包括交通干线、河流和植被带，廊道在很大程度上决定城市景观结构与人口空间分布模式；城市中的斑块与基质、廊道之间没有严格的界限，可以按地域、功能、行政单位等进行划分，如居民区、商业区、工业区等。

二、城市景观总体结构

(一) 景观多样性

景观多样性是指景观单元在结构和功能方面的多样性，它反映了景观的复杂程度。景观多样性主要研究组成景观的斑块在数量、大小、形状和景观的类型、分布及其斑块间的连接性、连通性等结构和功能上的多样性，它与生态系统多样性、物种多样性和遗传多样性在研究内容和研究方法上有所不同。

景观多样性可区分为景观类型多样性、斑块多样性和格局多样性，各种类型均具备一些数量化指标。类型多样性是指景观中类型的丰富度和复杂性。类型多样性多考虑景观中不同的景观类型(如农田、森林、草地等)的数目多少以及它们所占面积的比例。类型多样性的测定指标包括类型的多样性指数、优势度、丰富度等。斑块多样性是指景观中斑块(广义的斑块包括斑块、廊道和基质)的数量、大小和斑块形状的多样性和复杂性。斑块多样性的测定指标包括景观中的斑块数目、面积、形状、破碎度、分形维数等。

景观多样性指数可分为斑块水平指数、斑块类型水平指数以及景观水平指数。斑块指数往往作为计算其他景观指数的基础，而其本身对了解整个景观的结构并不具有很大的解释价值。而在景观水平上，可包括 Shannon-Weaver 多样性指数、Simpson 多样性指数、均匀度指数和聚集度指数等。

1. 景观丰富度指数

景观丰富度 R 是指景观中斑块类型的总数，即：

$$R=m$$

式中，m 为景观中斑块类型数目。

在比较不同景观时，相对丰富度和丰富度密度更为适宜，即：

$$R_r=\frac{m}{m_{\max}}$$

$$R_d=\frac{m}{A}$$

式中 R_r，R_d——分别为相对丰富度和丰富度密度；

$m_{\max}$——景观中斑块类型数的最大值；

A——景观面积。

2. 景观多样性指数

多样性指数 H 是基于信息论基础之上，用来度量系统结构组成复杂程度的一些指数。

常用的包括以下 2 种：

① Shannon-Weaver 多样性指数(有时亦称 Shanno-Wiener 指数，或简称 Shannon 多样性指数)

$$H = \sum_{i=0}^{n}(P_i \ln P_i)$$

式中 P_i——斑块类型 i 在景观中出现的概率(通常以该类型占有的栅格细胞数或像元数占景观栅格细胞总数的比例来估算)；

n——景观中斑块类型的总数。

② Simpson 多样性指数：

$$H = 1 - \sum_{i=1}^{n} P_k^2$$

式中 n——景观中斑块类型的总数；

P_k——k 斑块景观中所占块数的比例，$P_k = 1/n$。

③ 景观均匀度指数：

$$E = \frac{H}{H_{\max}} = \left(-\sum_{k=1}^{n} P_k \ln P_k\right)/\ln(n)$$

式中 H——Shannon 多样性指数；

$H_{\max}$——其最大值。

均匀度是指不同类型斑块的相对多度，它强调相对优势度或均衡度。

(二) 景观异质性

景观异质性研究已经成为当代生态学，尤其是景观生态学的一个重要研究课题。景观异质性包括 3 种类型：空间、时间和功能异质性。目前景观异质性研究还是以空间异质性为主，时间异质性和功能异质性研究还有待深入。

具体研究内容如下：

① 景观空间异质性的发展与动态。

② 异质性景观的相互作用和变化。

③ 空间异质性对生物和非生物过程的影响。

④ 空间异质性的管理。

这些均与空间异质性密切相关。空间异质性有水平异质性和垂直异质性之分，但在景观生态学中，主要集中在水平异质性的研究，这与景观的尺度范围有关。景观是高于生态系统的等级层次，与区域的尺度更接近。在这样中观的尺度范围内，垂直距离往往远小于水平距离，因此在多数情况下，忽略垂直异质性是可以理解的。

景观异质性是指景观或其属性的变异程度。景观本质上就是异质性的，异质性是景观的一个根本属性，Risser(1987)指出："由于景观组分间的内在差异以及中小规模的干扰，通常引起异质性，没有任何景观可以自然地达到同质性。"因此，异质性是绝对的，而同质性是相对的，如图 8-2 所示。

从来源来看，景观异质性有 3 个组分：空间组成(生态系统的类型、数量和面积比例)；空间构型(生态系统的空间分布、斑块形状、斑块大小、景观对比度、景观连通性)；空间相关(生

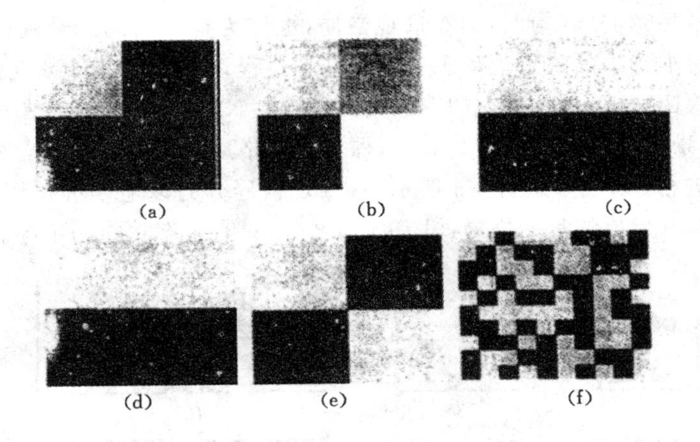

图 8-2 景观异质性组成

态系统的空间关联程度、整体或参数的关联程度、空间梯度和趋势度、空间尺度等)。从图8-2(a)到(c),异质性随景观要素和比例增加而增加;从(d)到(f),在相同格局下,异质性随景观要素在空间分布变化而增加(引自 Burel&Baudry,2003)

(1) 城市景观的水平异质性

公园、道路、广场及建筑等性质各异,功能各不相同。公园绿地中多以人工栽植的观赏植物及人工挖掘的水面为主,发挥着重要的生态、社会功能,是城市的"肺"。作为绿地的斑块,由于植物种类不同,也形成了各具相貌的绿地异质性。道路、街道网络起通道作用,它们贯穿于整个城市景观,形成了许多引进斑块。正是这些道路、街道网络增加了城市景观的破碎性及异质性。同时,由于城市景观功能区的存在,城市景观分为商业区、工业区、住宅区及文化区等。而各功能区的性质不同,对城市景观的效应亦不同,如工业区,特别是重工业区,污染严重,从而使得重工业区上空的空气透明度低,悬浮物多,污染物浓度高,而住宅区和文化区污染相对较低。对于道路廊道而言,由于汽车流量大,因此其附近含铅的汽车尾气污染物含量高于其他景观要素,噪声污染亦是如此。就景观某一要素而言,其内部亦存在景观异质性。例如,公园内有水体、树林、草坪、建筑及硬质铺装场地等,这些不同性质的地块组合在一起形成了供人们娱乐、休息和消遣的公园。再如,道路廊道的组成要素为绿化带和车行道。广场作为斑块,其内部亦存在着景观异质性。建筑以其不同的功能与其所处的区位形成景观异质性。

(2) 城市景观的垂直空间异质性

城市是一个高度人工化的景观,高楼林立,因此使得城市景观粗糙度大,在垂直方向上亦表现出异质性。垂直异质性一方面表现为尺度的差异,建筑物因高度不同呈现出垂直方向的参差不齐;另一方面表现为空气的构成。城市景观中,一般情况下车多人多,使得近地面空气中尘埃、一氧化碳、二氧化氮及二氧化硫等浓度较高,并随高度的升高而浓度逐渐降低。

(三) 景观格局

景观是由斑块、廊道、基质等构成的镶嵌体。在观察一个景观时,我们头脑中反映的是一真实的景观综合体,绝不仅是由景观要素相加构成,而是多种要素相融合的整体。我们把景观要素构成的各种镶嵌体(构型)称作景观格局,也称为空间格局。景观格局的显著特征之一就是可以及时准确地反映景观动态变化的基本过程,这就需要进行景观格局分析,从看似无序的景观斑块镶嵌中,发现潜在的有意义的规律性,以确定产生和控制空间格局的因子和机制,比较不同景观的空间格局及其效应,探讨空间格局的尺度性质等。肖笃宁等(2002)对景观格局构型进行了综述,如图 8-3 所示,将景观格局分为以下 4 种类型,这些格局类型是自然界和人为影响形成的常见格局,没有优劣之分,只有生态功能的不同。

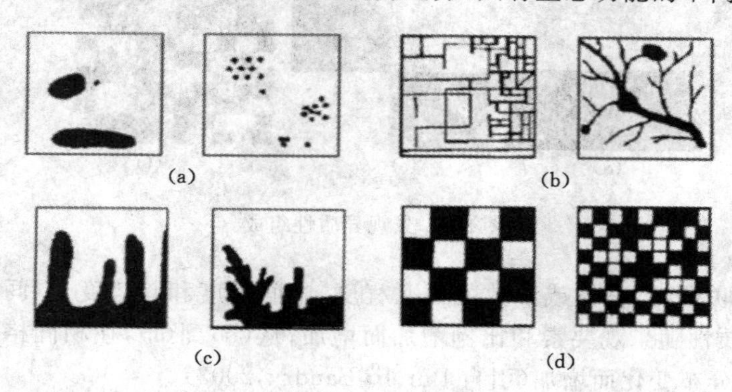

图 8-3 4 种基本景观类型(引自肖笃宁等,1997)

(a) 斑块散布型;(b) 网络型;(c) 指状型;(d) 棋盘型

在每一景观中仅包括 2 种组分(生态系统和土地利用类型),由黑色和白色表示。树枝状例子则兼有网络和散布的 2 种景观类型的特征。

城市景观格局及其变化反映了人类活动和自然环境等多种因素的共同作用,同时又对城市生态环境、资源利用效率、居民社会生活及经济发展产生积极或消极的影响,因此对城市景观格局的变化及其驱动机制的研究是城市景观生态学研究的重点,也是城市景观生态规划的基础。

城市是以人工生态系统为主构成的景观,斑块、本底、廊道、边界构成了一个完整的城市景观空间格局。人类是城市中的主体,城市景观结构及格局主要规划者根据人类的需求来设计,使城市更好地服务于城市居民。有学者对城市景观格局特征进行了分析,发现城市化过程没有造成景观整体和景观类型的严重破坏,但是主要景观斑块类型集中分布现象突出,不利于边缘效应的发挥。人类活动强烈影响着城市景观的自然条件、水文状况、气象特点、地表结构、动植物区系等。

第三节 城市景观功能

景观功能表现为景观要素之间的相互作用、相互联系、相互依存,实质上是由能量和物质在景观要素之间的流动引起的。对于一个斑块来说,要了解与周围环境的相互作用,也要了解其他斑块对它的影响和作用。整个景观表现出的功能,是整个景观要素相互作用的结果。

一、景观功能的定义

有关景观功能一词功能的含义至今众说不一：狭义的解释多指其使用功能（社会服务功能）、生产功能等，为居民生活提供遮阴、活动场所、服务设施、生产用地等，以实用为目的，以满足日常生活为目标，常将功能一词与生态、美学、文化等并列使用；广义的解释，包括景观发挥的所有与人类生存与生活相关的作用。景观功能指的是空间景观组分之间的相互作用，即能量、物质、物种在生态系统之间的活动。

（一）景观生态流

景观生态流是指物质、能量和物种在景观要素间的流动过程，即空气流、水流、养分流、动物流和植物流。在景观层面，需关注生态流的动力、媒介物、运动方向和距离以及运动格局。具体的，如植物繁殖体传播散布方式及其分布区变化，动物的运动方式及其分布格局。

（二）景观功能

景观功能是指景观生态系统对各种生态过程（物质、能量、信息、物种）、时空过程的综合调控过程。

广义上，生态过程所包含的内容更广，如生态系统的演化过程，风、光、地质和人为活动的影响，景观格局和生物多样性的变化等。景观生态过程的具体体现就是各种形式的流：物流、能流、物种流、信息流，甚至心理流。人类对景观利用和管理的主要目的就是在时间和空间上通过对景观格局的优化，调控各景观要素之间的相互关系，使景观要素间各种流有序、健康、持续地运动，并最大限度地利用各种流为人类服务。

景观的基本功能可理解为景观要素间能量、物质流动及景观要素的相互作用。因此，景观生态过程发挥景观基本功能，同时表现出总体景观的一般功能：景观的生产功能、生态功能、美学功能以及文化功能。如城市景观依赖化石能源，生产各类物质性及精神性产品，完全改变自然景观的结构、格局与功能。

二、城市景观过程与功能

在人类出现以前，自然景观依照本身的自然节律和变化周期演变与发展，自然干扰尽管无时不在，然而随着时间的演替，自然景观逐渐适应了干扰过程，形成了适合不同格局的人工景观。从一定意义上说，人们所看到的某一景观现象或景观格局就是某一时刻景观变化过程的瞬间平衡，不同类型的景观生态系统具有各自的景观功能。

城市景观的立体空间结构，可按等级加以描述。许多年来，一些研究人员和科学家已经注意到城市地区的组织结构和布局的等级关系。在一个地区范围通常分布有许多小城市、几个中等城市和 1 个或 2 个大城市。城市景观等级关系形成的原因之一是商品和服务设施的布局。大城市进口和生产商品，在布局上起中心枢纽作用，其拥有的各种丰富商品与服务设施可输送分布到中等城市，再从中等城市分散到小城市。形成城市景观等级关系的另一个原因是能量的聚集。能量从乡村小城镇汇集到中等城市，再到大城市。换而言之，等级关系是能量聚集的结果，由很多小城市汇集起来的能量维持一个大城市，这如同很多昆虫和啮齿动物的能量维持一只捕食的鸟。实际上我们可以把城市景观的等级关系理解为生态系统的食物网，大城市给小城市提供反馈（商品、设备和劳务技术等）是必要的，这有助于大城市控制整个网状城市系统。

不但一个地区的城市景观具有等级关系，而且每个城市的结构也呈立体等级排列。城市中心总是最繁华，拥有最大的建筑群、最密集的人口以及最大量流动的能量。从城市中心向周围辐射的活动圈逐渐变小，离中心越远越冷落。虽然城市四周也可能有一些较集中的活动场所，如购物中心和工业区，但间隔距离越来越远；街道也从市中心向外辐射延伸，直至城市外围，但越来越小，行人也越来越少；城市马路把各活动场所与市中心联结起来，夜晚从空中观察街道排列特别清楚，灯光有如天上的星星在街上移动，条条马路从市中心向外伸展，宛如手臂。

一个城市的能流、物流如图 8-4 所示。城市工业生产过程的实施与完成需通过商业部门，有的产品卖给市民，有的提供给政府部门，有的外销。城市居民为工业、商业和政府机关提供劳力。政府各部门如卫生、教育和政法部门，对城市其他部门起控制作用。为支付政府各部门的费用，政府向公民、工业和商业部门征收税赋，所有城市均与政府发生关系。公民交税，同时亦得到养老及健康福利。地方政府也征税，用于支付警察、法院、社会福利和办学费用出口外销商品换取的钱，多用于购买物资、设备和燃料。

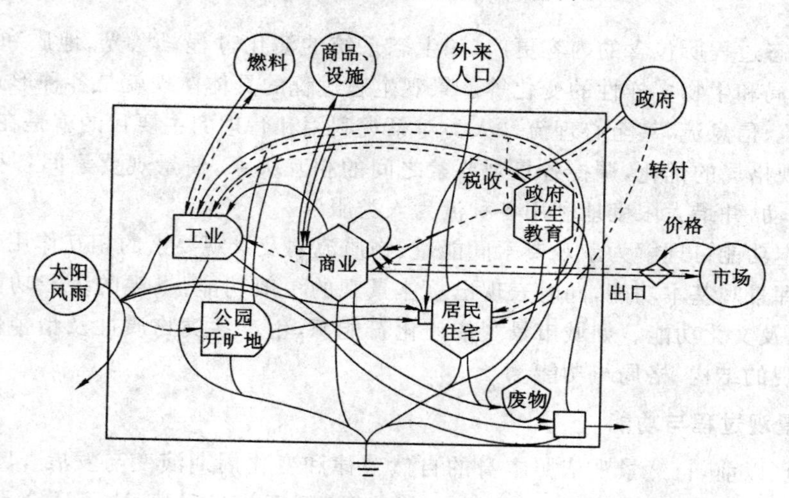

图 8-4 城市能量系统

第四节 城市景观动态

景观变化实质是景观的结构和功能随时间所表现出的动态特征，也称景观动态，如图 8-5 所示。这种变化来源于景观的本身，也受到自然因素和人为因素的影响。景观变化可以是一个规律性的相当缓慢的过程，甚至我们在一定程度上感觉不出这种变化，也可以表现为突发的非规律性的灾变，如各种自然灾害和人为灾害。

一、景观稳定性的概念

景观无时无刻不在发生着变化，绝对的稳定性是不存在的，景观稳定性只是相对于一定时段和空间的稳定性。景观又是由不同组分组成的，这些组分稳定性的不同影响着景观整

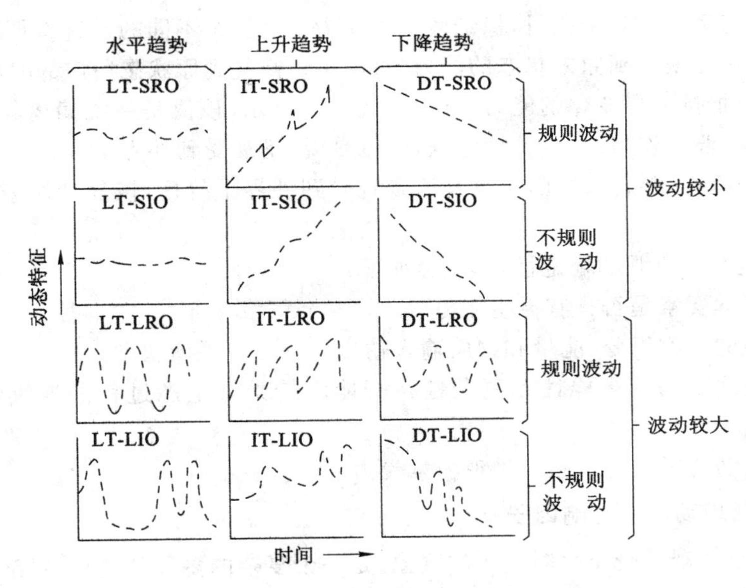

图 8-5　景观随时间变化的一般规律

注：曲线包括总趋势、波动幅度和韵律 3 个基本特征。图中英文是 3 个基本特征的缩写

体的稳定性。景观要素的空间组合也影响着景观的稳定性，不同的空间配置影响着景观功能的发挥。人们总是试图寻找或是创造一种最优的景观格局，从中获益最大并保证景观的稳定和发展，事实上人类本身就是景观的一个有机组成部分，而且是景观组分中最复杂、最具活力的部分。同时，景观稳定性的最大威胁恰恰是来自于人类活动的干扰，因而人类同自然的有机结合是保证景观稳定性的决定因素。

自 20 世纪 50 年代生态系统稳定性理论被提出以来（Elton，1958），稳定性一直是生态学中十分复杂而又非常重要的问题。生态系统稳定性的概念很多，使用频繁，但由于人们往往从不同角度对其进行发展和补充，许多概念看起来相似，却有区别，容易引起混淆。目前常见的生态系统稳定性概念见表 8-1。

表 8-1　　**生态系统稳定性的概念**

稳定性概念	含　义
恒定性	生态系统的物种数量、群落的生活型或环境的物理特征等参数不发生变化。这是一种绝对稳定的概念，在自然界中几乎是不存在的
持久性	生态系统在一定的边界范围内保持恒定或维持某一特定状态的历时长度，这是一种相对稳定概念，且根据形容对象不同，稳定水平也不同
惯性	生态系统在风、火、病虫害以及食草动物数量剧增等扰动因子出现时保持恒定或持久的能力
弹性	生态系统缓冲干扰并保持在一定阈值内的能力，也称恢复性
抗性	生态系统在外界干扰后产生变化的大小，即衡量其对干扰的敏感性
异性	生态系统在扰动后种群密度随时间变化的大小
变幅	生态系统可被改变并能迅速恢复原来状态的程度

当景观生态系统受到干扰时，稳定性就表现为2种完全不同的系统特征：一是恢复，表示系统发生变化后恢复到原来状态的能力，可用系统恢复到原状态所需的时间来度量；二是抗性，表示系统抵抗外界变化的能力，可用阻抗值来表示，该值是系统偏离其初始轨迹的偏差量的倒数。一般来说，景观的抗性越强，也就是说，景观受到外界干扰时变化较小，景观越稳定；景观的恢复性（弹性）越强，也就是说景观受到外界干扰后，恢复到原来状态的时间越短，景观越稳定。

因此，判定某一景观的稳定性，其内容如下：

① 景观基本要素是否具有再生能力。

② 景观中的生物组分、能量和物质输入输出是否处于平衡状态。

③ 景观空间结构的多样性和复杂性是否能维持景观生态过程的连续性和功能的稳定性。

④ 人类活动的影响是否超出景观的承受力。

二、城市景观动态及影响因子

景观动态是景观遭受干扰时发生的现象，是一个复杂的多尺度过程，对绝大多数生物体具有极为重要的意义。景观动态分析是景观结构和功能随时间的变化过程，实质上包括了不同组分之间复杂的相互转化。

（一）城市景观动态变化

城市景观动态变化研究是目前最受瞩目的景观动态变化研究领域，其重点是弄清在特定社会经济发展背景和资源条件下，城市建设用地的膨胀规模、时空分布特征和景观格局重建特点，研究城市景观与周边其他景观类型之间的相互作用和影响，探讨其动态变化的过程特点和内在驱动机制，预测未来的发展走向和可能遇到的约束问题，为城市发展进程设计和景观整体规划提供科学的决策依据。

人类活动对景观变化的影响方式包括土地利用、大型工程建设、城市化规模扩展等多方面。不合理的土地利用将直接造成土地覆盖的变化，导致地表下垫面的改变，从而引发气候、水文和地质灾害等问题。大型工程的兴建，如水电站、小城镇、飞机场等是点状工程；防洪大堤、人工开凿的运河等是线状工程；相邻点状工程扩展连接、镶嵌形成大的集群或斑块，如大城市群，都给地区生态环境带来影响。城市化规模扩展包括乡村城镇化、城市巨型化和城市区域化，城市化给人类带来经济和社会效益的同时也带来许多生态环境问题，突出表现在对自然生态系统的破坏和污染物的产生、排放。人类活动及其影响对地球环境的干扰，使得地球的土壤圈、水圈、气圈和生物圈不断变化，其中许多剧烈的变化表现为自然灾害的加重，如干旱、洪水、沙漠化、泥石流、酸雨、赤潮和疾病传播等。

城市景观动态变化的类型主要分为两类：空间变化和过程变化。两者是同一变化的两个方面，过程变化是空间变化的原因，空间变化反过来又影响过程变化。由此，把城市景观动态变化归纳为城市景观空间动态和城市景观过程动态两类。

城市景观空间动态一般分三类：城市斑块动态，包括斑块数量、大小、类型的变化；城市用地变化的空间模式，包括边缘式、单核式、多核心、廊道式等；城市空间属性的变化，例如破碎度、复杂度、多样性、等级特征等。

根据城市景观系统功能流的输入输出图解，城市景观过程动态也主要表现在人口、经济、技术以及政策的变化等方面。

① 人口因素。人口增长以及人口结构的变化影响流的输入输出量和类型的变化，其中年龄结构、贫富人口比例以及文化水平的差异具有重要影响，例如文化水平的不同影响到人们的自身生产和消费需求，进而影响系统流的变化。

② 经济因素。经济增长扩大了对流输入的需求，同时增加了流的输出；经济结构，尤其是产业结构的变化导致能量的重新分类和输入输出流的变化；经济水平的提高也引起居民对产品和居住环境的需求变化，导致系统物质、能量和人口流的变化。

③ 技术因素。科学技术进步，包括新的运输（通讯）技术，提高了流的吸收率和传输率。

④ 政经体制及决策因素。规划和政策对流的变化起着控制和引导作用。

（二）城市景观动态影响因子

景观变化的影响因子一般可分为两类：一类是自然因子，一类是人为因子。自然因子常常是在较大的时空尺度上作用于景观，它可以引起大面积的景观发生变化；人为因子包括人口、技术、政经体制、政策和文化等因子，它们对景观的影响十分重要，但还需要进一步研究它们同景观作用的方式、影响景观的程度以及进一步确定它们和景观之间关系的研究方法。

景观变化的自然因子主要指在景观发育过程中，对景观形成起作用的自然因素。例如：地壳运动、流水和风力侵蚀、重力和冰川作用等，它们对景观中不同的地貌类型气候的影响可以改变景观的外貌特征；景观的变化同时伴随着生命的定居、植物的演替、土壤的发育等过程；火烧、洪水、飓风等自然干扰也能够引起景观大面积的改变。而在景观的动态变化中，自然和人的因素的作用经常是交织在一起的，人既是生物的一部分，又是基因和环境的导向因子。在地球的各个角落，几乎每一个生态系、土壤、植被都打上了人类活动的印痕。

在人为影响因子的作用下，景观的变化主要表现在土地利用和土地覆被的变化中。土地利用本身就包括了人类的利用方式及管理制度，土地覆被是与自然的景观类型相联系的。

城市景观大致由 2 个景观元素组成，即街道和市区，其中零星分布有公园和其他不常见的景观特征。城市的空间结构一般存在 3 种模式，如图 8-6 所示。在同心圆模型中各区依次环绕中心商业区，各方向大体相似。在楔状扇形模型中，某种特定类型区往往从中心商业区延伸到市区边缘，所以城市的不同方向上有不同区域。在多核心模型中，围绕中心商业区形成一个不对称的镶嵌结构。

很少动植物种能在现代城市中繁衍生长，生物系统的物种总是因人类的需要而发生两极分化。广阔的街区廊道网络贯穿整个城市景观，形成密度大而且面积相近的引进斑块群。偶尔出现河流廊道、城市小片林地以及运动场或墓地，它们对于生物群落都是重要的。

由于整个城市生态系统不能利用太阳能获取能量，而只能从周围环境中获得能量，因此城市景观的平均净生产力呈负值。

特大城市是指城市向四周持续不断地扩展，形成许多被郊区包围的城市。特大城市化的结果是形成巨大的城郊景观。郊区内的小城市中心只是一种特殊类型的景观元素。特大城市绝不是处于稳定性的顶峰上，由于特大城市的输入与输出都很大，它比任何其他景观更具有依赖性，需要大量化石燃料来维持其正常运转。

总结从自然景观到城市景观的空间格局特征的变化，可以得出如下发展趋势：引进斑块

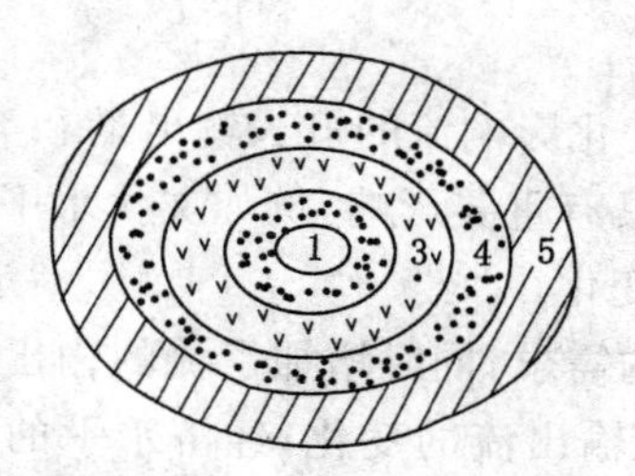

同心圆模型（1表示中心区）

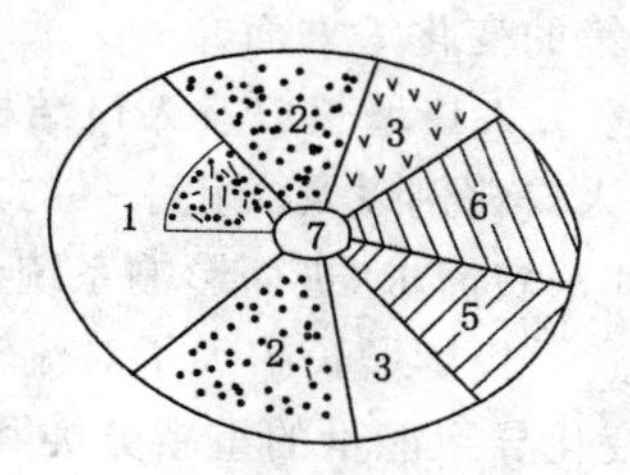

楔形扇形模型（7表示中心区）

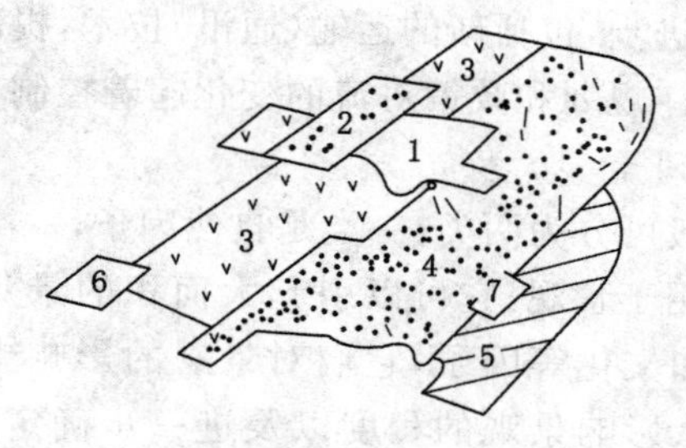

多核心模型（1表示中心区）

图 8-6 城市的空间结构

注:1～7表示不同功能区

同心圆模型(1表示中心区);楔形扇形模型(7表示中心区);多核心模型(1表示中心区)

增加,干扰和环境资源斑块减少;斑块密度增大,形状日渐规则,面积变小;线状廊道和网络增加,河流廊道减少等。

本章小结

城市景观格局影响着众多生态过程,如生物多样性、初级生产力、物流过程、能流过程,局部气候等。这些影响有正面的,也有负面的,而且负干扰往往会产生环境问题。目前,城市景观格局研究已成为城市景观生态学研究的一个热点问题。因此,本章以城市这一特殊景观为主线,从其概念、空间结构、功能动态为主体内容,阐述其特殊性以及与自然景观的异同。根据景观生态学原理和方法,合理地规划城市景观空间结构,使斑块、基质、廊道等景观要素的数量及其空间分布合理,使信息流、物质流与能量流畅通,使景观不仅符合生态学原理,而且具有一定的美学价值,为适合人居住提供理论基础。

思考题

1. 城市景观与自然景观的主要区别是什么?

2. 应用所学知识探讨如何研究城市区域扩展带来的景观格局的变化及城市热岛的变化问题。

第九章　城市生态规划

规划是对未来的设想和构思，是有意识地对自然界进行调整、建设、改造或创造，以满足预想的需要或欲望的一个过程。城市生态规划运用系统分析手段、生态经济知识和各种社会信息、自然信息、经验，规划、调节和改造城市各种复杂的系统关系，在城市现有的各种有利和不利条件下寻找扩大效益、减少风险的可行性对策，最终结果应给城市有关部门提供有效的可供选择的决策。

在过去的几年里，由于一些城市在建设发展中缺乏规划，各自为政，只顾及眼前利益，不考虑长远效益，造成了居住区与工业区交错混乱的局面，至今仍然留下许多难以治理的问题。除此之外，在城市兴建中由于缺乏对当前环境、资源以及历史的了解，还有不切实际盲目发展造成的损失也是层出不穷、屡见不鲜。城市作为一个生态系统，它的各组分之间都是相互联系、相互影响的。要想解决城市发展中的环境、资源、人口以及住房、交通等问题，就不能就事论事，仅仅依靠单项规划去解决问题。它要求人们在生态评价的基础上，做好城市生态规划，以此作为生态建设和生态管理的依据。

城市生态规划既要与城市规划和环境规划有着必不可少的紧密联系，又要与之有一定的区别。城市生态规划是在区域规划的基础上，根据国家城市发展和建设的方针、经济技术政策、国民经济和社会发展计划以及城市的自然条件和建设条件等等，合理地确定城市发展目标，城市性质、规模和布局，布置城镇体系，重点强调规划区域内土地利用空间配置和城市产业及基础设施的规划布局、建筑密度和容积率的合理设计等，也可以说主要是城市物质空间与建筑景观的规划。环境规划强调的是规划区域内大气、水体、噪声及固体废弃物等环境质量的监测、评价和调控管理。城市生态规划则强调运用生态系统整体优化的观点，在对规划区域符合生态系统的研究基础上，提出资源合理开发利用、环境保护和生态建设的规划，它与城市总体规划和环境规划紧密结合、相互渗透，是协调城市发展建设和环境保护的重要手段。

城市生态规划是城市建设的基础工作，也是城市建设和发展的依据。无论城市的规模和性质如何，都必须依法编制城市规划。城市总体规划是基本的规划成果，也包括各个专项规划，如城市环境保护规划、城市绿地系统规划、城市道路建设规划等。城市生态规划既可以是城市规划系统中包括城市生态环境建设和保护、城市景观生态建设和保护以及城市绿地系统建设和保护等规划在内的城市综合生态规划的总称，也可以作为编制城市总体规划和各专项规划的规划方法论。本章将综合应用整体的观点介绍城市生态规划各方面的基本概念、理论和方法。

第一节 城市生态规划的概念

生态规划是在自然综合体的天然平衡情况不作重大变化、自然环境不遭破坏和一个部门的经济活动不给另一个部门造成损害的情况下，应用生态学原理，计算并合理安排天然资源的利用及组织地域的利用。

生态规划涉及人类活动中的生产性领域和非生产性领域，具有极强的综合性、社会性、经济性及预防性。

生态规划在早期(20 世纪 60 年代)偏重于土地利用规划。美国宾夕法尼亚大学的 Lan-Mcharg 在他的《结合自然的设计》一书中写道："生态规划法是在认为有利于利用的全部或多数因子的集合，并在没有任何有害的情况或多数无害的条件下，对土地的某种可能用途，确定其最适宜的地区。符合此种标准的地区便认定本身适宜于所考虑的土地利用。利用生态学理论而制定的符合生态学要求的土地利用规划称为生态规划"。可见土地利用规划在生态规划中占有重要的地位。随着生态学的迅速发展并逐渐渗入至社会经济的各个领域，我国目前所进行的区域性发展规划中有关生态规划的方方面面已不仅仅限于空间结构布局、土地利用等方面的内容，已渗入到经济、人口、资源、环境等诸方面，与国民经济发展和生态环境保护、资源合理开发利用紧密结合起来。因此对生态规划也可理解为：应用生态学的基本原理，根据经济、社会、自然等方面的信息，从宏观、综合的角度，参与国家和区域发展战略中长期发展规划的研究和决策，并提出合理开发战略和开发层次，以及相应的土地及资源利用、生态建设和环境保护措施。从整体效益上看，生态规划使人口、经济、资源、环境关系相协调，并创造一个适合人类舒适和谐的生活与工作环境。

城市生态规划是与可持续发展战略相适应的一种规划方法，它可以将生态学的原理和城市总体规划、环境规划相结合，对城市生态系统的生态开发和生态建设提出合理对策，从而能够达到正确的处理人与自然、人与环境之间的关系。所以，城市生态规划是联系城市总体规划和环境规划及社会经济规划的桥梁，它的科学内涵是强调规划的能动性、协调性、整体性和层次性，其目标是追求社会的文明、经济的高效和生态环境的和谐。

第二节 城市生态规划的原则

自 1992 年以来，可持续发展思想已经成为社会、经济、生态建设和发展的核心，实现城市可持续发展是城市生态规划的根本目标。为此，城市生态规划应以"可持续发展"理论为指导，强调在城市发展过程中合理利用资源，维护好城市生态环境，并且维护好人类生存环境，既要考虑当代人的福祉，又要为后代留下发展的空间；既要考虑城市发展的合理速度和规模，提高当代人的生活质量，更要考虑城市社会、经济、人文、生态环境等多方面稳定发展的可持续性，为后代人选择发展模式和途径留下更多的回旋余地。根据可持续发展理论，城市生态规划应遵循以下基本原则。

一、整体优化原则

城市生态规划坚持整体优化原则，从生态系统的原理和方法出发，强调城市生态规划的整体性和综合性，将城市看作整体等级生态学系统，使城市生态规划与区域总体规划目标相协调，规划目标不只局限于城市结构的局部最优，而是要追求城市生态环境、社会经济的整体最佳效益。城市中各种单项规划都必须考虑它的全面影响和综合效益，各类人工建筑物也不能仅仅考虑本身外在的华美，而是应该兼顾到建筑物可能造成的对生态与环境的干扰与破坏。与此同时，城市生态规划还需要与城市总体规划目标相协调，更应考虑它对周围生态环境和城市整体景观可能造成的干扰和影响。城市结构的优化不仅要考虑经济效益和经济运行效率，更要考虑生态环境和文化品位与社会经济综合协调发展。

二、协调共生原则

在城市生态规划中应该坚持遵循协调共生原则，协调共生原则中的协调是指要保持城市与区域、部门与子系统的各个层次、各个要素之间以及周围环境之间相互协调的关系、有序和动态平衡；共生是指不同的子系统之间合作共存、互惠互利的现象，其中最终的结果是所有共生者都节约了原材料、能量和运输量，系统获得了多重效益。不同产业的部门之间互惠互利、合作共存是搞好产业结构调整和生产合理布局的重要依据，同时部门之间联谊的多寡和强弱以及其部门的多样性是衡量城市共生的重要标志。城市生态规划应以环境容量、自然资源承载能力和生态适宜度为依据，科学地确定城市各组分的生态地位，充分发挥生态系统的潜力，强化城市建设和管理对城市未来生态变化趋势的调控能力，通过城市生态系统各组分的协调共生，特别是城市社会经济子系统与自然生态子系统之间的协调性和互惠共生，使系统的持续运行能显著节约资源消耗，并使系统获得多重效益，改善区域和城市生态环境质量，促进城市生态建设，为实现城市可持续发展提供保障。

三、功能高效原则

城市生态规划的目的是将人类居住的城市建设成为一个功能高效的生态系统，使其内部的物质代谢、能量流动、价值转换和信息传递形成一个环环相扣的网络，物质和能量得到多层次多途径充分利用，废弃物利用回收率高。城市是一个人类主导的、高度人工化的生态学系统，生态规划是使其系统的结构功能充分协调，使其内部物质代谢、能量流动和信息传递过程高效、有序，系统内的物质和能量得到多层多级利用，废弃物循环再生，系统的功能、结构充分协调，这样系统的能量损失就会降到最小，物质利用率达到最高，经济效益也达到最高。

四、趋适开拓原则

城市生态规划坚持趋适开拓原则，在以环境容量、自然资源承载力和生态适宜度作为依据的条件下，积极寻找到最佳的区域和城市生态位，并且不断地开拓和占领空余生态位，以此充分发挥城市生态系统的潜力，强调人为调控未来生态变化趋势的能力，改善区域和城市生态环境的质量，促进城市生态建设。

五、生态平衡原则及生态可持续性原则

城市生态规划应该遵循生态平衡原则，重视搞好水资源、土地资源、大气环境、人口容量、经济发展水平、园林绿地系统等各种要素之间的综合平衡。合理的规划城市人口、资源和环境，优化产业结构和生态布局，建立合理的城市生态功能分区，努力去创造一个稳定的、可持续发展的城市生态系统。

城市生态规划也要遵循生态可持续性原则。城市生态规划要通过调节和控制水资源和土地资源、大气污染、人口容量、经济发展水平、园林绿地系统的结构与布局以及城市生态功能分区，努力保持和增加城市生态系统中的自然成分，保持城市生态环境诸要素的永续利用，建设一个稳定的、可持续的城市生态系统。

六、保护多样性原则

城市生态规划的多样性包括城市的生物多样性和城市的景观多样性。由于城市里物种、群落、生存环境、人类文明等的多样性影响着城市的结构、功能以及它的可持续发展，在制定城市生态规划的时候，应该避免一切对自然系统和城市景观的破坏，尽最大努力减少水泥、沥青等封闭地面；保护城市及其周围的动植物生境斑块，特别是要保持城市与城郊景观中自然斑块之间的连通性，包括河流、湿地、林地、灌丛、树篱等，为自然保护区预留足够的土地，保护特殊生境，保留尚未分割的开敞空间，保护城市中的动植物所生存的地方，为自然保护区和城市动、植物园预留出足够多的土地，生物多样性的保护是通过保护不同土地利用方式来实现的，不同土地利用方式的保护也是对城市景观中各种典型成分的保护；保留城市中人类文明的多样性，保存历史文脉的延续性，体现城市文化特色。

七、区域分异原则

城市生态规划应该坚持区域分异理论，就是在充分研究区域和城市生态要素的功能现状、问题及发展趋势的基础上，综合考虑区域规划、城市总体规划的要求以及城市的现状，充分利用环境的容量，治理好生态功能分区，以便有利于居民生活和社会经济发展，实现社会、经济和生态环境效益的统一。

八、谨慎性原则

城市生态规划还应坚持谨慎性原则。在充分研究区域和城市生态要素的功能现状、问题及发展趋势的基础上，综合考虑区域规划、城市总体规划的要求以及城市现状，充分利用环境容量，搞好生态功能分区，以利于居民生活和社会经济的发展，实现社会、经济和环境效益的统一。但对于一些涉及生态环境长期变化、影响城市生态安全和生态可持续性的建设项目，要采取谨慎态度，在缺乏充分论证的情况下避免仓促上马。对关系城市经济发展大计的项目要进行认真的可行性研究，对可能出现的不良影响能够提出有效的预防方案。

第三节　城市生态规划的内容与程序

城市生态规划的对象是一个由自然生态要素和人工生态要素复合而成的高度人工化的生态系统，因子众多，复杂多变，不同地区的城市又有不同的特点，城市规划的内容也应根据城市的具体情况，突出重点、因地制宜，有针对性地拟定。一般来说，城市生态规划的主要内容应包括生态功能分区和布局规划、土地利用规划、人口容量规划、环境污染综合治理规划、资源利用和保护规划等内容。城市生态系统不同于其他生态系统，它有“集聚化”、“人工化”、还原功能差、需要人工调节等特点。

城市生态规划十分强调规划的协调性、区域性和层次性。强调协调性，即强调经济、人口、资源、环境的协调发展，这是规划的核心所在；强调区域性，生态问题的发生、发展都离不开一定的区域，城市生态规划是以特定的区域为依托，规划人工化环境在区域内的布局和利用；强调层次性，城市生态系统是个庞大的网络、多级多层次的大系统，一个合理的规划应具有明显的层次性。

城市生态规划可分为生态功能区规划、土地利用规划、人口容量规划、环境污染综合治理规划、园林绿地系统规划、资源利用与保护规划等。

一、城市生态规划的内容

（一）生态功能分区规划

生态功能分区规划是进行城市生态规划的基础，它是根据城市生态系统的结构及功能特点划分出不同类型的单元，研究其结构、特点、环境污染、环境负荷以及承载力等问题。

在功能分区规划中，应该综合考虑地区生态要素的现状、问题、发展趋势以及其生态适宜度，并提出工业、生活居住区、交通、仓库、公共建筑、园林绿化、游乐等功能区的划分，以及大型生态工程布局的方案，充分发挥各地区生态要素的有利条件，利用各要素对生态功能分区的反馈作用，促进功能区内生态要素朝着良性的方向发展。

具体操作时，可以将土地利用评价图、工业和居住用地适宜度等图纸进行叠加，并结合城市建设总体规划综合分析来进行城市功能分区。在功能分区中应该遵循的原则有：

第一，产业布局应该符合生态要求，并且根据风向、风频、河流的流向以及水流量等自然因素和环境条件的要求，对于发展工业适宜度大的地区应该设置工业区；

第二，综合考虑经济效益、社会效益和生态效益的协调和统一发展，并且以城市总体规划与城市环境保护规划为指导；

第三，既要有利于改善生态环境，促进生态环境的良性循环，又要有利于经济的良好发展。

（二）土地利用规划

城市土地利用空间配置直接影响到城市生态环境质量，无论是新城市建设还是老城区改建，它们的生态规划都应该因地制宜地进行土地利用布局的研究。除了应该考虑城市的性质、规模和城市的产业结构外，而且还应该充分综合考虑用地面积大小、地形、山脉、河流、气候、水文以及工程地质等自然因素的制约。

城市规划用地一般可分为工业用地、农业用地、生活居住用地、市政设施用地、道路交通用地、绿化用地等，它们各自对环境质量有着不同的要求，它们本身也会给环境带来不同程度的影响。所以，在城市生态规划中，人们应该综合研究城市用地状况与环境条件之间的相互关系，并且按照城市的规模、性质、产业结构和城市总体规划以及环境保护规划的要求，提出调整用地结构的合理化建议和科学依据，与此同时，应该充分重视农业用地，特别是基本农田的保护，促使土地利用布局趋向于合理。

城市规划中各种类型用地的选择应该根据生态适宜度分析结果，确定选择的标准，同时还应该考虑到国家的有关政策、法规以及技术、经济的可行性。在恰当合理的标准指导下，结合生态适宜度、土地条件等评价结果，划定出城市各种类型用地的范围、位置和大小。在充分考虑土地条件的前提下，应该按照生态适宜度的不同等级以及经济技术水平，确定用地开发次序的标准，然后再根据先前拟定的标准确定土地开发次序。

（三）人口容量规划

人口是城市生态的主体，在城市生态规划中必须确定所在的区域近、远期的人口规模，并且提出人口密度调整的合理意见，提高人口素质和实施人口规划的相关对策。

在城市人口容量规划中，确定合理的人口密度是一项至关重要的工作，由于人口密度的指标能够反映出不同类别城市人口集中的程度，也能间接地反映出城市环境质量。在人口容量规划中必须查明城市土地开发利用上的差异和均衡人口分布的相关情况。

人口密度相对集中并且偏大是我国城市所面临的一大难题，城市人口对城市的水环境、土地资源、能源、城市空间和环境容量都具有较大的影响。制定适宜人口容量的规划将会有助于降低单位国土面积的资源消耗和环境影响。城市人口规划内容包括人口分布、密度、规模、年龄结构、文化素质、性别比例、自然增长率、机械增长率以及流动人口等基本情况。可以说，城市越大，人口就会越多，居民的生活水平将会难于提高，环境质量却会容易下降。所以，适宜的人口容量的规划是城市生态规划中的一项重要内容，它将有助于降低平均人口对资源消耗和环境的影响，节约能源，并且有利于充分发挥城市的综合功能和提高系统的综合效益。

（四）环境污染综合治理规划

环境污染综合治理规划是城市生态规划中的一项重要组成部分，这项规划应该从整体出发，实行主要污染废物排放总量的控制，并且建立数学模型模拟城市环境要素的发展趋势，分析出不同时期环境污染对城市生态的影响，除此之外还应根据各功能区不同的环境目标，实行分区生态环境质量管理，逐步地达到生态规划目标的要求。环境污染防治规划的主要内容由以下四部分组成：大气污染控制、水污染控制、噪声污染控制和固体废物管理。在此基础上，应根据主要污染物的最大允许排放量，计算出各主要污染物的削减量，实行污染物排放总量控制，按照系统分配削减量的指标，对各个功能区、各个行业的综合治理方案进行综合比较，选择出最优化方法求出环境投资-效益的最佳分配，并且提出城市规划中总的污染综合治理方案。

制定城市环境污染综合治理规划，主要应该考虑两个前提：一是根据污染源环境质量评价以及其预测的结果，准确有效掌握当前环境质量的现状、发展趋势以及在未来发展阶段中所会遇到的主要环境问题；二是针对主要的环境问题，确定出污染控制目标和生态建设目标，在此基础上进行功能合理分区，研究污染总量控制方案，并通过一系列控制污染的工程技术措施和非工程对策，进行必要的可行性论证，逐渐形成一个城市的环境质量保护规划。

（五）园林绿地系统规划

园林绿地系统是城市生态系统中具有自净能力系统的组成部分，它对于改善生态环境质量、调节小气候、丰富与美化城市景观起着至关重要的作用。所以，城市生态规划应该制定城市各种类型绿地的用地指标，选定各个项目绿地的用地范围，合理地安排整个城市园林绿地系统的结构和布局形式，并且研究维持城市生态平衡的绿地覆盖率和人均绿地面积等，按照有关要求合理设计群落结构、选择配置植物的种类和数量，并且进行绿化效益的最合理预算。

制定一个城市或地区的绿地系统规划，首先必须对该城市或地区的绿化现状有所了解，并且对绿地系统的结构、布局和绿化指标等作出定性和定量的评价，在此基础上再根据以下步骤对园林绿地进行绿地系统的规划：确定绿地系统规划原则；选择与合理布局各项绿地，确定其位置、性质、范围和面积；根据该地区生产、生活水平及其发展规模，研究绿地建设的发展速度和水平，制定相关的绿地各项定量指标；对于过去的绿地系统规划进行合理调整、充实、改造和提高，并且提出绿地分期建设以及重要修建项目的实施计划，划分出需要控制和保留的绿化用地；编制绿地系统规划的图纸以及文件；设计重点绿地规划的示意图并提出规划方案。根据实际工作的需要，还需要提出重点绿地的设计任务书，内容包括：绿地的性质、位置、周围的环境、服务对象、估算旅游人口数量、布局形式、艺术风格、主要设施的项目与规模、建设年限等，作为绿地详细规划的主要依据。

（六）资源利用与保护规划

在城市建设与经济发展的过程中，普遍存在着不合理使用和浪费自然资源的现象，掠夺式开发将会导致人类面临资源枯竭的危害。所以，城市生态规划应该依据国土规划和城市总体规划的要求，根据城市社会经济发展趋势和环境保护的相关目标，制定出对水资源、土地资源、大气资源、生物资源、矿产资源等的合理开发利用与保护的规划。

在水土流失治理规划方面，应该采用以下几种方法：制定上游水源涵养林和水土流失防护林的建设规划；禁止乱垦滥伐，保护鱼类和其他水生生物的生存环境；积极研究和推广保护水源地、水生生态系统和防止水污染的新技术；兴建一批跨流域调水工程和调蓄能力较大的水利工程，恢复水生生态平衡；建立健全水土资源保护和管理体制，制定相关的政策、法规和条例。

制定生物多样性保护与自然保护区建设规划需要开展以下几个方面的工作：加强生物多样性的规划和管理工作，包括建立和完善生物多样性保护的法律法规体系，制定生物多样性保护的计划，制定生物多样性保护的规范和标准，积极推行和完善管理体制，强化监督管理、逐步使生物多样性保护的管理制度化、规范化和科学化，加强执法监督检查，加强监督管理和服务。开展生物多样性保护的监测和信息系统建设，包括建立健全生物多样性保护的监督网络，参与建立生物多样性保护的国家信息系统，积极开展生物多样性的国际与区域合作。开展多种形式的生物多样性保护与利用方面的示范工程建设。通过教育和培训措施，建立一支训练有素、精通业务、善于管理的队伍。建立生物多样性保护机构，明确职责，并且在各个机构之间有效的协作，是生物多样性保护的行之有效的组织保证。

二、城市生态规划的程序

城市生态规划的一般程序如图 9-1 所示，依据城市性质、规模和发展目标不同，各个城市生态规划的重点也会有所差异，而且城市涉及的因素较多，涉及的专业和部门非常广泛。在实际制定城市生态规划时，不可能面面俱到，必须根据规划要求选择关系比较密切的专业和部门参与到城市生态规划的拟制。

生态要素资料的收集与调查的目的其实是搜集规划区域内包括地质地貌、气候、水文、土壤、植被、动物、土地利用类型、环境质量、人口、产业结构以及布局等因素在内的自然、社会、经济等方面的资料与数据，为充分了解规划区域的生态特征、生态过程、生态潜力与限制因素提供基础。生态要素资料的搜集不仅仅应包含现状资料，也应包含历史资料。在城市生态规划中，应十分重视人类活动与自然环境的长期相互影响和相互作用，例如土壤退化、

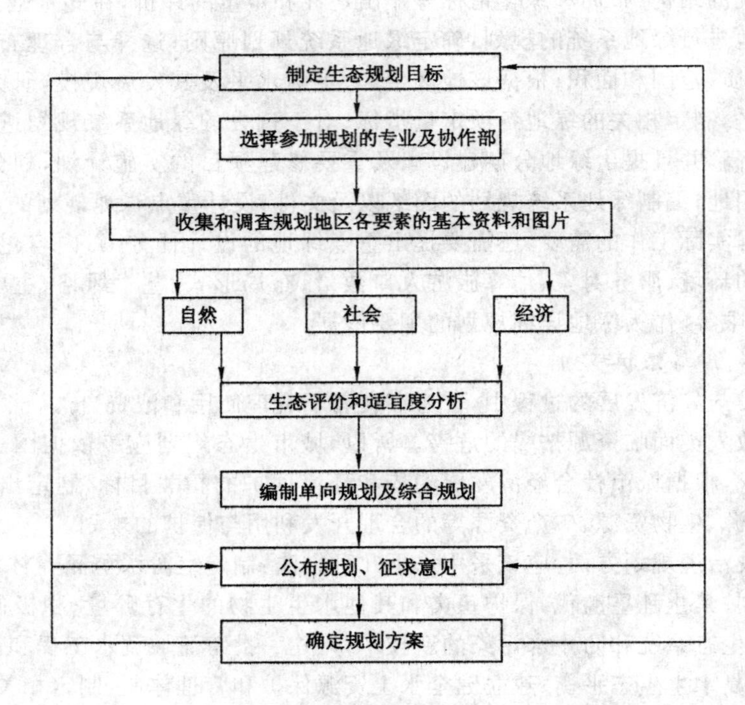

图 9-1 生态规划程序图

大气污染、水体污染、自然生境与景观破坏等，这些都与过去的人类活动有关。所以，历史资料的研究至关重要。生态要素资料收集包括文字资料，也包括图件。图件不仅直观，而且能提供较准确的位置。

本章小结

城市生态规划是以生态学原理为指导，同时运用环境科学、系统科学的方法，对城市复合生态系统的功能分区、土地利用、人口容量、环境污染综合防治、园林绿地系统、资源利用和保护以及城市综合生态系统进行规划。城市生态规划的原则包括：整体优化原则、土地利用规划、功能高效原则、趋适开拓原则、生态平衡原则、保护多样性原则、区域分异原则、谨慎性原则。

城市生态规划的内容主要包括：生态功能分区规划、土地利用规划、人口容量规划、环境污染综合治理规划、园林绿地系统规划、资源利用与保护规划。

思考题

1. 何为城市生态规划？与城市规划、城市环境规划有什么不同？

2. 城市生态规划应坚持的基本原理有哪些？

3．城市生态规划应遵循哪些原则？
4．城市生态规划的主要内容由哪几部分组成？
5．制定环境污染综合治理规划时有哪些要求？
6．环境质量保护规划的具体内容由哪几个部分构成？
7．城市生态规划的步骤方法有哪些？

第十章 城市生态建设

第一节 城市生态建设的概述

一、城市生态建设概念

城市生态建设是在城市生态规划的基础上进行的具体实施城市生态规划的建设性行为。城市生态规划的一系列目标、设想通过城市生态建设得到逐步实现。

城市生态建设是按照生态学原理，以空间的合理利用为目标，以建立科学的城市人工化环境措施去协调人与人、人与环境的关系，协调城市内部结构与外部环境关系，使人类在空间的利用方式、程度、结构、功能等方面与自然生态系统相适应，为人类创造一个安全、清洁、美丽、舒适的生态城市。

二、中国生态城市建设发展背景

从我国城市建设发展来看主要经历了"城市环境综合整治考核"、"环境保护模范城市"两个阶段，而目前正在朝着"生态城市"发展。

1988 年 7 月 13 日，国务院环境保护委员会发布《关于城市环境综合整治定量考核的决定》([88]国环字第 008 号)，规定城考工作自 1989 年 1 月 1 日起实施。1990 年 12 月 5 日，国务院《关于进一步加强环境保护工作的决定》(国发[1990]65 号)，规定城市人民政府应当积极开展城市环境综合整治工作，省、自治区、直辖市人民政府环境保护部门负责对本辖区的城市环境综合整治工作进行定量考核，每年公布结果，直辖市、省会城市和重点风景游览城市的环境综合整治考核结果，由国家环境保护总局核定后公布。"城市环境综合整治考核"是我国城市建设思想发生根本性转变的开始，认识到了生态环境建设在城市发展过程中的重要性，初步把可持续发展的理念与城市发展相结合。

"九五"期间，为组织实施国务院批准的《国家环境保护"九五"计划和 2010 年远景目标》所提出的城市环境保护"要建成若干个经济快速发展、环境清洁优美、生态良性循环的示范城市"，国家环境保护总局于 1997 年决定创建国家环境保护模范城市，许多城市纷纷响应，包括大连、深圳、厦门、威海、珠海、杭州、绍兴等 30 多个城市先后被命名为国家环境保护模范城市。

2003 年 5 月，国家环保总局发布了《生态县、市、省建设指标(试行)》，其中把生态城市定义为生态市(含地级行政区)是社会经济和生态环境协调发展，各个领域基本符合可持续发展要求的地市级行政区域。同时创建国家"生态城市"也率先在一些条件比较好的城市规划实行。

可以说，生态城市是我国"城考"、"建国家环境保护模范城市"和"生态示范区建设"的延续和深化。生态城市已成为国际第四代城市的发展目标。

三、中国生态城市建设进展

1986年，我国江西省宜春市提出了建设生态城市的发展目标，并于1988年初进行生态试点工作，可以说迈出了我国生态城市建设的第一步；目前，我国许多城市把生态城市作为城市建设的目标，如上海、广州、天津、深圳、珠海、绍兴、哈尔滨、扬州、长沙、厦门、秦皇岛、唐山、日照、威海等城市纷纷提出建设生态城市，并进行了生态城市规划，开展了生态城市建设，并开展了广泛的国际合作和交流。其中山东省威海市具有一定的代表性，1996年，威海市提出了"不求规模，但求精美"的城市建设指导方针，并落实在"基础设施现代化、城市环境生态化、产业结构合理化、生活质量文明化"的生态城市建设的总体思路中。上海提出要在2020年基本建成生态型城市，2004年上海启动了一项以建设健康城市为目标的三年行动计划，将700亿元人民币投入到300多个环境治理项目。不论是政府、学术界，还是人民群众，都前所未有地开始重视保护生态环境。

我国是全世界城市化进程速度最快的国家之一，预计城市化率在未来二三十年间将突破50%，大小城市都将面临与日俱增的资源环境压力。同济大学教授诸大建认为，未来30年间，中国城市面临的生态压力可能增加3～4倍。到2030年将有4亿新增人口进入城市，加上城市消费水平迅速增长，将对资源和环境造成巨大压力。另外，我国的生态城市建设还存在不少问题，首先生态城市规划的方法还有待于进一步深入的研究、发展；国家环境保护部颁布了生态县、生态市建设规划编制大纲，一方面有利于生态市建设规划编制的规范化，但一定程度上也出现了一些县市照搬其他城市的做法，而不考虑当地具体的自然、社会、经济条件的现象；生态城市建设还缺乏一套有效的监督监测体制；生态城市建设的有关法律法规建设还没有得到足够的重视；生态城市建设过程中公众参与还不够充分。可以看出，中国生态城市建设任重而道远，我们并不能盲目乐观。

第二节　生态县、生态市和生态省建设指标

2007年12月，为推进生态文明建设，进一步深化生态县(市、省)建设，原国家环保总局组织修订了《生态县、生态市、生态省建设指标》。

一、生态县(含县级市)建设指标

(一) 基本条件

① 制定了《生态县建设规划》，并通过县人大审议、颁布实施。国家有关环境保护法律、法规、制度及地方颁布的各项环保规定、制度得到有效贯彻执行。

② 有独立的环保机构。环境保护工作纳入乡镇党委、政府领导班子实绩考核内容，并建立相应的考核机制。

③ 完成上级政府下达的节能减排任务。3年内无较大环境事件，群众反映的各类环境问题得到有效解决。外来入侵物种对生态环境未造成明显影响。

④ 生态环境质量评价指数在全省名列前茅。

⑤ 全县80%的乡镇达到全县环境优美乡镇考核标准并获命名。

（二）建设指标

生态县（含县级市）建设指标见表10-1。

表10-1　　生态县（含县级市）建设指标

	序号	名称	单位	指标	说明
经济发展	1	农民年人均纯收入	元/人		约束性指标
		经济发达地区			
		县级市（区）		≥8 000	
		县		≥6 000	
		经济欠发达地区			
		县级市（区）		≥6 000	
		县		≥4 500	
	2	单位GDP能耗	吨标煤/万元	≤0.9	约束性指标
	3	单位工业增加值新鲜水耗	m^3/万元	≤20	约束性指标
	4	农业灌溉水有效利用系数		≥0.55	
		主要农产品中有机、绿色及无公害产品种植面积的比重	%	≥60	参考性指标
生态环境保护	5	森林覆盖率	%		约束性指标
		山区		≥75	
		丘陵区		≥45	
		平原地区		≥18	
		高寒区或草原区林草覆盖率		≥90	
	6	受保护地区占国土面积比例	%		约束性指标
		山区及丘陵区		≥20	
		平原地区		≥15	
	7	空气环境质量	—	达到功能区标准	约束性指标
	8	水环境质量	—	达到功能区标准，且省控以上断面过境河流水质不降低	约束性指标
		近岸海域水环境质量			
	9	噪声环境质量	—	达到功能区标准	约束性指标
	10	主要污染物排放强度	千克/万元（GDP）		约束性指标
		化学需氧量（COD）		<3.5	
		二氧化硫（SO_2）		<4.5	
				且不超过国家总量控制指标	
	11	城镇污水集中处理率	%	≥80	约束性指标
		工业用水重复率		≥80	

续表 10-1

	序号	名称	单位	指标	说明
生态环境保护	12	城镇生活垃圾无害化处理率	%	≥90	约束性指标
		工业固体废物处置利用率		≥90 且无危险废物排放	
	13	城镇人均公共绿地面积	m^2	≥12	约束性指标
	14	农村生活用能中清洁能源所占比例	%	≥50	参考性指标
	15	秸秆综合利用率	%	≥95	参考性指标
	16	规模化畜禽养殖场粪便综合利用率	%	≥95	约束性指标
	17	化肥施用强度(折纯)	千克/公顷	<250	参考性指标
	18	集中式饮用水源水质达标率	%	100	约束性指标
		村镇饮用水卫生合格率			
	19	农村卫生厕所普及率	%	≥95	参考性指标
	20	环境保护投资占 GDP 的比重	%	≥3.5	约束性指标
社会进步	21	人口自然增长率	‰	符合国家或当地政策	约束性指标
	22	公众对环境的满意率	%	>95	参考性指标

二、生态市(含地级行政区)建设指标

(一) 基本条件

① 制定了《生态市建设规划》,并通过市人大审议、颁布实施。国家有关环境保护法律、法规、制度及地方颁布的各项环保规定、制度得到有效贯彻执行。

② 全市县级(含县级)以上政府(包括各类经济开发区)有独立的环保机构。环境保护工作纳入县(含县级市)党委、政府领导班子实绩考核内容,并建立相应的考核机制。

③ 完成上级政府下达的节能减排任务。3 年内无较大环境事件,群众反映的各类环境问题得到有效解决。外来入侵物种对生态环境未造成明显影响。

④ 生态环境质量评价指数在全省名列前茅。

⑤ 全市 80%的县(含县级市)达到国家生态县建设指标并获命名;中心城市通过国家环保模范城市考核并获命名。

(二) 建设指标

生态市(含地级行政区)建设指标见表 10-2。

三、生态省建设指标

(一) 基本条件

① 制定了《生态省建设规划纲要》,并通过省人大常委会审议、颁布实施。国家有关环境保护法律、法规、制度及地方颁布的各项环保规定、制度得到有效的贯彻执行。

② 全省县级(含县级)以上政府(包括各类经济开发区)有独立的环保机构。环境保护工作纳入市(含地级行政区)党委、政府领导班子实绩考核内容,并建立相应的考核机制。

③ 完成国家下达的节能减排任务。3 年内无重大环境事件,群众反映的各类环境问题得到有效解决。外来入侵物种对生态环境未造成明显影响。

表 10-2 生态市(含地级行政区)建设指标

	序号	名称	单位	指标	说明
经济发展	1	农民年人均纯收入	元/人		约束性指标
		经济发达地区		≥8 000	
		经济欠发达地区		≥6 000	
	2	第三产业占 GDP 比例	%	≥40	参考性指标
	3	单位 GDP 能耗	吨标煤/万元	≤0.9	约束性指标
	4	单位工业增加值新鲜水耗	m^3/万元	≤20	约束性指标
		农业灌溉水有效利用系数		≥0.55	
	5	应当实施强制性清洁生产企业通过验收的比例	%	100	约束性指标
生态环境保护	6	森林覆盖率	%		约束性指标
		山区		≥70	
		丘陵区		≥40	
		平原地区		≥15	
		高寒区或草原区林草覆盖率		≥85	
	7	受保护地区占国土面积比例	%	≥17	约束性指标
	8	空气环境质量	—	达到功能区标准	约束性指标
	9	水环境质量	—	达到功能区标准，且城市无劣Ⅴ类水体	约束性指标
		近岸海域水环境质量			约束性指标
	10	主要污染物排放强度	千克/万元(GDP)	<4.0	约束性指标
		化学需氧量(COD)		<5.0	
		二氧化硫(SO_2)		不超过国家总量控制指标	
	11	集中式饮用水源水质达标率	%	100	约束性指标
	12	城市污水集中处理率	%	≥85	约束性指标
		工业用水重复率		≥80	
	13	噪声环境质量	—	达到功能区标准	约束性指标
	14	城镇生活垃圾无害化处理率	%	≥90	约束性指标
		工业固体废物处置利用率		≥90 且无危险废物排放	
	15	城镇人均公共绿地面积	m^2/人	≥11	约束性指标
	16	环境保护投资占 GDP 的比重	%	≥3.5	
社会进步	17	城市化水平	%	≥55	参考性指标
	18	采暖地区集中供热普及率	%	≥65	参考性指标
	19	公众对环境的满意率	%	>90	参考性指标

④ 生态环境质量评价指数位居国内前列或不断提高。

⑤ 全省 80%的地市达到生态市建设指标并获命名。

（二）建设指标

生态省建设指标见表 10-3。

表 10-3 生态省建设指标

	序号	名称	单位	指标	说明
经济发展	1	农民年人均纯收入	元/人		约束性指标
		东部地区		≥8 000	
		中部地区		≥6 000	
		西部地区		≥4 500	
	2	城镇居民年人均可支配收入	元/人		约束性指标
		东部地区		≥16 000	
		中部地区		≥14 000	
		西部地区		≥12 000	
	3	环保产业比重	%	≥10	参考性指标
生态环境保护	4	森林覆盖率	%		约束性指标
		山区		≥65	
		丘陵区		≥35	
		平原地区		≥12	
		高寒区或草原区林草覆盖率		≥80	
	5	受保护地区占国土面积比例	%	≥15	约束性指标
	6	退化土地恢复率	%	≥90	参考性指标
	7	物种保护指数	—	≥0.9	参考性指标
	8	主要河流年水消耗量	—		参考性指标
		省内河流		<40%	
		跨省河流		不超过国家分配的水资源量	
	9	地下水超采率	%	0	参考性指标
	10	主要污染物排放强度	千克/万元(GDP)		约束性指标
		化学需氧量(COD)		<5.0	
		二氧化硫(SO_2)		<6.0	
				且不超过国家总量控制指标	
	11	降水 pH 值年均值		≥5.0	约束性指标
		酸雨频率	%	<30	
	12	空气环境质量	—	达到功能区标准	约束性指标
	13	水环境质量 近岸海域水环境质量	—	达到功能区标准，且过境河流水质达到国家规定要求	约束性指标
	14	环境保护投资占 GDP 的比重	%	≥3.5	约束性指标

续表 10-3

	序号	名称	单位	指标	说明
社会进步	15	城市化水平	%	≥50	参考性指标
	16	基尼系数	—	0.3～0.4 之间	参考性指标

四、指标解释

（一）生态县

1. 第一部分：基本条件

（1）制定了《生态县建设规划》，并通过县人大审议、颁布实施。国家有关环境保护法律、法规、制度及地方颁布的各项环保规定、制度得到有效的贯彻执行。

指标解释：

按照《生态县、生态市建设规划编制大纲（试行）》（环办〔2004〕109 号），组织编制或修订完成生态县（市、区）建设规划。通过有关专家论证后，由当地政府提请同级人大审议通过后颁布实施。

规划文本和批准实施的文件报国家环保总局备案。规划应实施 2 年以上。

严格执行国家和地方的生态环境保护法律法规，并根据当地的生态环境状况，制定本地区生态环境保护与建设的政策措施；严格执行项目建设和资源开发的环境影响评价和“三同时”制度。主要工业污染源达标率 100%，小造纸、小化工、小制革、小印染、小酿造等不符合国家产业政策的企业全部关停。

数据来源：当地政府或各有关部门的文件、实施计划。

（2）有独立的环保机构。环境保护工作纳入乡镇党委、政府领导班子实绩考核内容，并建立相应的考核机制。

指标解释：

设有独立的环保机构，将环境保护纳入党政领导干部政绩考核。成立以政府主要负责人为组长、有关部门负责人参加的创建工作领导小组，下设办公室。评优创先活动实行环保一票否决。

数据来源：当地政府或各有关部门的文件。

（3）完成上级政府下达的节能减排任务。三年内无较大环境事件，群众反映的各类环境问题得到有效解决。外来入侵物种对生态环境未造成明显影响。

指标解释：

按照国务院印发的《节能减排综合性工作方案》，明确各乡镇各部门实现节能减排的目标任务和总体要求，完成年度节能减排任务。

较大环境事件，指“国家突发环境事件应急预案”规定的较大环境事件（Ⅲ级）以上（含Ⅲ级）的环境事件，具体要求详见上述预案。及时查处、反馈群众投诉的各类环境问题。

外来入侵物种指在当地生存繁殖，对当地生态或者经济构成破坏的外来物种。

数据来源：发展改革、环保等部门。

（4）生态环境质量评价指数在全省名列前茅。

指标解释：

按照《生态环境状况评价技术规范(试行)》(HJ/T 192—2006)开展区域生态环境质量状况评价。

生态环境质量评价指数连续三年在全省排名前10位(不含已命名生态县排名)。

数据来源：环保部门。

(5) 全县80%的乡镇达到全国环境优美乡镇考核标准并获命名。

指标解释：

全县(含县级市、区)80%的乡镇(街道)被命名为“全国环境优美乡镇(街道)”。

数据来源：环保部门。

2. 第二部分：建设指标

(1) 农民年人均纯收入

指标解释：

指乡镇辖区内农村常住居民家庭总收入中，扣除从事生产和非生产经营费用支出、缴纳税款、上交承包集体任务金额以后剩余的，可直接用于进行生产性、非生产性建设投资、生活消费和积蓄的那一部分收入。

数据来源：统计部门。

(2) 单位工业增加值新鲜水耗、农业灌溉水有效利用系数

① 单位工业增加值新鲜水耗

指标解释：

工业用新鲜水量指报告期内企业厂区内用于生产和生活的新鲜水量(生活用水单独计量且生活污水不与工业废水混排的除外)，它等于企业从城市自来水取用的水量和企业自备水用量之和。工业增加值指全部企业工业增加值，不限于规模以上企业工业增加值。计算公式为：

$$\text{单位工业增加值新鲜水耗}=\frac{\text{工业用新鲜水量}(\mathrm{m}^3)}{\text{工业增加值(万元)}}$$

数据来源：统计、经贸、水利、环保等部门。

② 农业灌溉水有效利用系数

指标解释：

指田间实际净灌溉用水总量与毛灌溉用水总量的比值。毛灌溉用水总量指在灌溉季节从水源引入的灌溉水量；净灌溉用水总量指在同一时段内进入田间的灌溉用水量。计算公式为：

$$\text{农业灌溉水有效利用系数}=\frac{\text{净灌溉用水总量}}{\text{毛灌溉用水总量}}\times 100\%$$

数据来源：水利、农业、统计部门。

(3) 受保护地区占国土面积比例

指标解释：

指辖区内各类(级)自然保护区、风景名胜区、森林公园、地质公园、生态功能保护区、水源保护区、封山育林地等面积占全部陆地(湿地)面积的百分比，上述区域面积不得重复

计算。

数据来源：统计、环保、建设、林业、国土资源、农业等部门。

(4) 主要污染物排放强度

指标解释：

指单位GDP所产生的主要污染物数量。按照节能减排的总体要求，本指标计算化学需氧量(COD)和二氧化硫(SO_2)的排放强度。计算公式为：

$$\text{主要污染物排放强度}=\frac{\text{全年 COD 或 } SO_2 \text{ 排放总量(千克)}}{\text{全年国内生产总值(万元)}}$$

COD和SO_2的排放不得超过国家总量控制指标，且近三年逐年下降。

数据来源：环保部门。

(5) 城镇污水集中处理率、工业用水重复率

① 城镇污水集中处理率

指标解释：

城镇污水集中处理率指城市及乡镇建成区内经过污水处理厂二级或二级以上处理，或其他处理设施处理(相当于二级处理)，且达到排放标准的生活污水量与城镇建成区生活污水排放总量的百分比。计算公式为：

$$\begin{matrix}\text{生活污水}\\\text{集中处理率}\end{matrix}=\frac{\begin{matrix}\text{二级污水处}\\\text{理厂处理量}\end{matrix}+\begin{matrix}\text{一级污水处理厂、排}\\\text{江、排海工程处理量}\end{matrix}\times0.7+\begin{matrix}\text{氧化塘、氧化沟、沼气}\\\text{池及湿地处理系统处理}\end{matrix}\times0.5}{\text{城镇建成区生活污水排放总量}}$$

数据来源：建设、环保部门。

② 工业用水重复率

指标解释：

指工业重复用水量占工业用水总量的比值。计算公式为：

$$\text{工业用水重复率}=\frac{\text{工业重复用水量}}{\text{工业用水总量}}\times100\%$$

数据来源：统计、发展改革、经贸、环保部门。

(6) 城镇人均公共绿地面积

指标解释：

指城镇公共绿地面积的人均占有量。公共绿地包括公共人工绿地、天然绿地，以及机关、企事业单位绿地。

数据来源：统计、建设部门。

(7) 农村生活用能中清洁能源所占比例

指标解释：

指农村用于生活的全部能源中清洁能源所占的比例。清洁能源是指环境污染物和温室气体零排放或者低排放的一次能源，主要包括天然气、核电、水电及其他新能源和可再生能源等。

数据来源：统计、经贸、能源、农业、环保等部门。

(8) 化肥施用强度(折纯)

指标解释：

指本年内单位面积耕地实际用于农业生产的化肥数量。化肥施用量要求按折纯量计算。折纯量是指将氮肥、磷肥、钾肥分别按含氮、含五氧化二磷、含氧化钾的百分之百成分进行折算的数量。复合肥按其所含主要成分折算。计算公式为：

$$化肥施用强度=\frac{化肥施用量(千克)}{耕地面积(公顷)}$$

数据来源：农业、统计、环保部门。

(9) 集中式饮用水源水质达标率、村镇饮用水卫生合格率

① 集中式饮用水源水质达标率

指标解释：

指城镇集中饮用水水源地，其地表水水源水质达到《地表水环境质量标准》(GB 3838—2002)Ⅲ类标准和地下水水源水质达到《地下水质量标准》(GB/T 14848—1993)Ⅲ类标准的水量占取水总量的百分比。计算公式为：

$$\begin{matrix}集中式饮用水源\\水质达标率\end{matrix}=\frac{各饮用水水源地取水水质达标量之和}{各饮用水水源地取水量之和}\times 100\%$$

数据来源：建设、卫生、环保等部门。

② 村镇饮用水卫生合格率

指标解释：

指以自来水厂或手压井形式取得饮用水的农村人口占农村总人口的百分率，雨水收集系统和其他形式饮水的合格与否需经检测确定。饮用水水质符合国家生活饮用水卫生标准的规定，且连续三年未发生饮用水污染事故。计算公式为：

$$\begin{matrix}村镇饮用水\\卫生合格率\end{matrix}=\frac{取得合格饮用水农村人口数}{农村人口各总数}\times 100\%$$

数据来源：环保、卫生、建设等部门。

(10) 环境保护投资占 GDP 的比重

指标解释：

指用于环境污染防治、生态环境保护和建设的投资占当年国内生产总值(GDP)的比例。要求近三年污染治理和生态环境保护与恢复投资占 GDP 比重不降低或持续提高。计算公式为：

$$环保投资占\text{ GDP }的比重=\frac{污染防治投资+生态环境保护和建设投资}{国内生产总值(GDP)}\times 100\%$$

数据来源：统计、发展改革、建设、环保部门。

(11) 公众对环境的满意率

指标解释：

指公众对环境保护工作及环境质量状况的满意程度。

数据来源：现场问卷调查。

(二) 生态市

1. 第一部分：基本条件

指标解释参照生态县的相关内容。“生态环境质量评价指数在全省名列前茅”指生态环境质量评价指数连续三年全省排名前 3 位(不含已命名生态市的排名)。

2. 第二部分:建设指标

(1) 应当实施强制性清洁生产企业通过验收的比例

指标解释:

《清洁生产促进法》规定:污染物排放超过国家和地方规定排放标准或者超过经有关地方人民政府核定的污染物排放总量控制标准的企业,应当实施清洁生产审核;使用有毒、有害原料进行生产或者在生产中排放有毒、有害物质的企业,应当定期实施清洁生产审核。同时规定,省级环保部门在当地主要媒体上定期公布污染物超标排放或者污染物排放总量超过规定限额的污染严重企业的名单。

数据来源:经贸、环保、统计部门。

(2) 城市污水集中处理率、工业用水重复率

① 城市污水集中处理率

指标解释:

指城市市区经过城市污水处理厂二级或二级以上处理且达到排放标准的污水量与城市污水排放总量的百分比。计算公式为:

$$\text{城市污水集中处理率}=\frac{\text{城市污水处理厂处理污水量(万吨)}}{\text{城市污水排放总量(万吨)}}\times 100\%$$

数据来源:建设、环保部门。

② 工业用水重复率

指标解释参照生态县的相关内容。

(3) 城市化水平

指标解释:

指城镇建成区内总人口占地区总人口的比重。计算公式为:

$$\text{城市化水平}=\frac{\text{城镇建成区内总人口数}}{\text{市(县)总人口数}}\times 100\%$$

数据来源:统计部门。

(4) 采暖地区集中供热普及率

指标解释:

指城市市区集中供热设备供热总容量占市区供热设备总容量的百分比。计算公式为:

$$\text{市区集中供热普及率}=\frac{\text{市区集中供热设备供热总容量(兆瓦)}}{\text{市区供热设备供热总容量(兆瓦)}}\times 100\%$$

数据来源:建设部门。

(三) 生态省

1. 第一部分:基本条件

指标解释参照生态县的相关内容。

2. 第二部分:建设指标

(1) 城镇居民年人均可支配收入

指标解释:

指城镇居民家庭在支付个人所得税、财产税及其他经常性转移支出后所余下的人均实际收入。

数据来源：统计部门。

(2) 环保产业比重

指标解释：

指环保产业产值占国内生产总值(GDP)的比重。环保产业是环境保护相关产业的简称，指国民经济结构中为环境污染防治、生态保护与恢复、有效利用资源、满足人居环境需求，为社会、经济可持续发展提供产品和服务支持的产业。它不仅包括污染控制与减排、污染清理及废物处理等方面提供产品与技术服务的狭义内涵，还包括涉及产品生命周期过程中对环境友好的技术与产品、节能技术、生态设计及与环境相关的服务等。

数据来源：统计、发展改革、经贸、环保部门。

(3) 退化土地恢复率

指标解释：

土地退化是指由于使用土地或由于一种营力或数种营力结合致使雨浇地、水浇地或草原、牧场、森林和林地的生物或经济生产力和复杂性下降或丧失，其中主要包括：① 风蚀和水蚀致使土壤物质流失；② 土壤的物理、化学和生物特性或经济特性退化；③ 自然植被长期丧失。本指标计算以水土流失为例，水利部规定小流域侵蚀治理达标标准是土壤侵蚀治理程度达70%。其他土地退化，如沙漠化、盐渍化、矿产开发引起的土地破坏等也可类推。计算公式为：

$$\text{退化土地恢复率}=\frac{\text{已恢复的退化土地总面积}}{\text{退化土地总面积}}\times 100\%$$

数据来源：水利、林业、国土、农业部门。

(4) 物种保护指数

指标解释：

指考核年动植物物种现存数与生态省建设规划基准年动植物物种总数之比。计算公式为：

$$\text{物种保护指数}=\frac{\text{考核年动植物物种数}}{\text{基准年动植物物种数}}$$

数据来源：林业、农业、环保部门。

(5) 主要河流年水消耗量

指标解释：

对省域内主要河流，国际上通常将40%的水资源消耗作为临界值；对跨省主要河流，水资源的消耗不得超过国家分配的水资源量。

数据来源：水利部门。

(6) 地下水超采率

指标解释：

指一年内区域地下水开发利用量超过可采地下水资源总量的比例。

数据来源：水利、国土资源、建设部门。

(7) 降水 pH 值年均值、酸雨频率

降水 pH 值年均值指一年降水酸度(pH 值)的平均值。酸雨频率指一年的降水总次数中,pH 值小于 5.6 的降水发生比例。

数据来源:环保部门。

(8) 基尼系数

指标解释:

是用来反映社会收入分配平等状况的指数。基尼系数一般介于 0～1 之间,0 表示收入绝对平均,1 表示收入绝对不平均,小于 0.2 表示收入高度平均,大于 0.6 表示收入高度不平均。0.3～0.4 之间表示较为合理。国际上一般把 0.4 作为警戒线。

基尼系数的计算方法:按人均收入由低到高进行排序,分成若干组(如果不分组,则每一户或每一人为一组),计算每组收入占总收入比重(W_i)和人口比重(P_i),计算公式为:

$$G = 1 - \sum_{i=1}^{n} P_i(2Q_i - W_i)$$

其中:

$$Q_i = \sum_{k=1}^{i} W_k$$

则

$$G = 1 - \sum_{i=1}^{n} P_i \cdot (2\sum_{k=1}^{i} W_k - W_i)$$

数据来源:统计部门。

备注:生态省、生态市建设条件和指标中与下一级(生态市、生态县)指标重复的,遵照下一级(生态市、生态县)的解释执行。

第三节　国内外生态城市建设

生态城市在国际上有着广泛的影响,目前全球有许多城市正在进行生态城市的建设,例如,丹麦的哥本哈根(Copenhagen)、加拿大的哈里法克斯(Halifax)及我国青岛和厦门。

一、丹麦哥本哈根

哥本哈根是丹麦的首都,位于丹麦西兰岛东部,是丹麦政治、经济、文化的中心,是丹麦最大和最重要的城市,也是北欧最大的城市和著名的古城。虽然哥本哈根地理纬度较高,但由于受墨西哥湾暖流影响,气候温和,7～8 月平均气温 16 ℃,年均降水量 700 毫米。哥本哈根拥有人口 170 万,其中城区人口 50 万(2001 年)。全国重要的食品、造船、机械、电子等工业大多集中于此。哥本哈根海港水深港阔,是丹麦最大的商港。

(一) 手指形态规划

1947 年哥本哈根提出了手指形态规划,规定城市开发要沿着几条狭窄的放射形走廊集中进行,走廊间被森林、农田和开放绿地组成的绿楔所分隔。在以后的几十年里,规划被很好地执行。手指形态规划作为区域发展的标准而广为人知,从而使该区域的发展规划在政治形势不断变化的情况下仍然能够处于一个相对稳定的状态,最终手指形态规划得以实现(图 10-1)。

(二) TOD(transit-oriented development)模式

TOD 模式即公交引导城市发展模式(公交优先发展模式),哥本哈根通过公交引导城市发展的模式构建了“手形”的城市形态和可持续的交通系统,放射形的轨道交通线网对引导

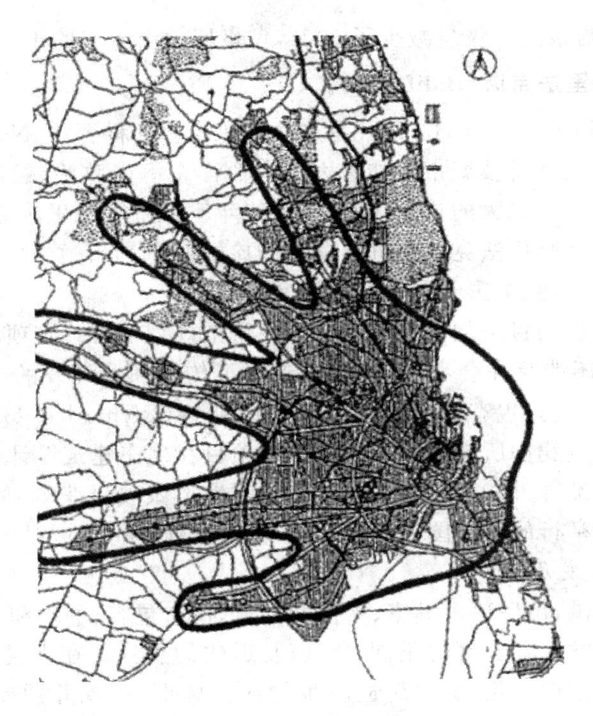

图 10-1 哥本哈根的手指形态规划

(a 城市区域;◆S-Rail 系统-主要道路)

城市有序扩张起到了决定性作用。发达的轨道交通系统沿着这些走廊从中心城区向外辐射,沿线的土地开发与轨道交通的建设整合在一起,大多数公共建筑和高密度的住宅集中在轨道交通车站的周围,使得新城的居民能够方便地利用轨道交通出行。在中心城区,公交系统与完善的行人和自行车设施相结合,共同维持并加强了中世纪风貌的中心城区的交通功能。作为欧洲人均收入最高的城市之一,其人均汽车拥有率却很低,人们更多地依靠公共交通、步行和自行车来完成出行。哥本哈根非常强调规划对于城市发展的引导作用,特别是长期规划的作用。

(三)建立绿色账户,强化公众参与

哥本哈根通过在学校和居民区建立绿色账户,确定水、电、热和其他物质材料的消费量和污染物排放量,从而详细记录了一个家庭、一个学校、一个企业、一个政府机构,甚至一个城市的资源、能源消耗和污染物排放。绿色账户不仅提供了环境保护的背景知识,而且能够比较城市不同区域、不同行业等的资源、能源消费和污染物排放,从而可以为资源节约、能源结构调整和污染物排放控制提供有力的依据。哥本哈根市通过生态市场交易日,实现生态产品(包括生态食品)的交换,鼓励生态食品的生产和销售,宣传生态城市建设项目的内容;通过开设相关课程或培训,吸引学生及家长的参与;政府还制定了一套手册,以指导并促进居民的参与。其中垃圾分拣和堆肥制作项目的作用极为显著。

哥本哈根生态城市建设项目进展顺利,降低了水、电消费量,回收垃圾以减少城市垃圾产生,建立堆肥容器以回收有机垃圾,回收建筑垃圾等均取得了明显的进步。生态城市中期报告结果显示，哥本哈根的垃圾量减少了50%，垃圾回收由原来的13%提高到45%。

二、加拿大的哈里法克斯(Halifax)

哈里法克斯市(The City of Halifax)是加拿大东部新斯科舍省(Nova Scotia)的省会，也是加拿大大西洋省区的高科技城市和加拿大的大西洋东海岸政治、经济、文化和研究中心。哈里法克斯拥有世界上第二大的自然深水港，为终年不冻港。哈里法克斯气候温湿多雨，每年有140天的无霜期。哈里法克斯是世界著名的旅游城市，拥有秀丽的风景和宜人的气候。其主要产业包括信息产业、电影制作以及石油和天然气等。

哈里法克斯生态城项目是加拿大第一例生态城市规划项目。该项目不仅涉及社区和建筑的物质循环规划，还涉及社会和经济结构，走出了传统商业开发的老路，提出了“社区驱动”的生态开发模式。美国生态学家理查德·瑞杰斯特(Richard Register)称赞“哈里法克斯生态城项目远远超过我们所知道的其他生态城项目在生态建筑设计、社区布局、规划程序等方面的生态城市标准”。1994年2月哈里法克斯生态城项目获“国际生态城市奖”，1996年6月在伊斯坦布尔举行的联合国人居会议的“城市论坛”中，该项目被作为最佳实践范例。

(一) 坚持生态开发原则

城市应该属于市民，市民追求健康、平衡的环境，追求包容、平等和参与。因此生态开发的原则与传统商业开发有着显著的不同：① 恢复退化的土地。在人类住区发展过程中，充分重视土地的生态健康性和潜力。② 适应生物区。尊重、重视并适应生物区的有关参量(生态因素)，开发模式要与景观、土地固有 形式及其极限相适应。③ 平衡发展。平衡开发强度与土地生态承载力的关系，并保护所有现存的生态特征。④ 阻止城市蔓延。固定永久自然绿带范围，相对提高人类住区的密度开发或在生态极限允许的开发密度下开发。⑤ 优化能源效用。实现低水平能量消耗，使用可更新能源、地方能源产品和资源再利用技术。⑥ 利用经济，支持并促进适当的经济活动。⑦ 提供健康和安全。在生态环境可承受的条件下，使用适当的材料和空间形式，为人们创造安全、健康的居住、工作和游憩空间。⑧ 鼓励社区建设，创造广泛、多样的社会及社区活动。⑨ 促进社会平等，经济和管理结构体现社会平等原则。⑩ 尊重历史，最大限度保留有意义的历史遗产和人工设施。⑪ 丰富文化景观，保持并促进文化多样性，并将生态意识贯穿到人类住区发展、建设、维护各方面。⑫ 治理生物圈，通过对大气、水、土壤、能源、食物、生物多样性、生境、生态廊道及废物等方面的修复、补充、提高来改善生物圈，减小城市的生态影响。

(二) 社区驱动发展机制

首先是社区设计。哈里法克斯生态城的规划格网呈方形，公寓街坊围合一个方形庭院和广场，为避免重复，没有一个庭院采用同样的形式围合，并偶尔穿插圆形要素作为主题。简单的7.6米格网——厚实、有弹力的土墙结构决定了城市基本形态的“经纬”。它们立于大地之上，最终将归于大地，设计寿命为数百年，有支撑、储热、吸声和隔声作用。建筑在2到5层之间变化，上有屋顶花园、观景楼和众多的太阳能收集器，通过它们可以热水、取暖、制冷或给蓄电池充电。建筑都是由专业建筑师和居民共同完成的，选用对人体无毒、无过敏、节能、低温室气体排放的建筑材料，避免使用木料，减少对珍稀森林的砍伐。区内设置一定的停车场，大都是地下的，没有穿过式交通。全区设有残疾人通道，小径、可通车区域通过不渗透或半渗透地面收集雨水，停车场的地面设计为人可活动的场所而不是仅仅为了汽车。

全区最大限度避免依赖区外基础设施，特别是水和电的供应。通过收集、储存雨水和中水阻止区内的水流失。“绿色走廊”为本地本土动物提供生境。在区内制造能量、获取资源并就近使用，如通过太阳能光电板发电，过剩的电力则输送至蓄电池。在区内设置一些堆肥厕所使富含有机质的污水不全部流入下水道，不仅为区内植被提供肥料，同时还可制造沼气。在小型市场附近建有太阳能水生动植物温室（即污水处理厂），污水将在这里通过生物过程得到处理，并提供堆肥和洁净的灌溉水。

其次是社区驱动机制的建立。社区驱动的思想是开发由社区控制，社区的规划、设计、建设、管理和维护全过程都由社区居民参与，一种社区自助性的开发方式。“社区驱动”开发程序起步的关键是管理机构——管理组。管理组是通过邀请个人和作为重要组织的代表加入而组建的。管理组协调组建土地信托公司、生态开发公司和社区委员会 3 个组织。管理组建立土地信托公司或土地银行来购买土地、控制财政，对区内生态开发的不当行为提出警告；生态开发公司的建立将取代传统的开发商，是社区基本的开发实体；社区委员会则代表社区内的租户、拥有者、使用者，它将处理社区内部的冲突及需求，利于居民在不断发展过程中参与设计、维护和管理。股权与参与权面向的公众与组织，作为居民、签约的投资者或支持者（人或组织），在个人或者组织的目标是恰当、允许的情况下，可通过各种方式参与社区建设。每一个可能成为本项目的居民都可参加到生态城市“赤脚建筑师计划”队伍中去。

三、我国青岛生态城市建设

青岛位于亚欧大陆和太平洋的海陆交汇地带，是我国的重要港口，是山东省、沿黄河流域的主要出海口岸之一，是亚欧大陆桥的东方桥头堡，距韩国、日本仅 300～800 海里，具有便利的海上交通条件。20 世纪 80 年代以来，世界经济重心正在向太平洋地区转移，国际经济发展的大潮，把包括青岛在内的我国沿海地区推向了国际经济合作与交流的前沿。从国内看，青岛是天津与上海之间最大的经济中心城市和外贸港口城市。近年来，我国对外开放和经济建设呈现由南向北推进的趋势，80 年代经济热点地区是珠江三角洲，90 年代是以上海浦东为中心的长江流域地区，2000 年前后，环渤海地区成为中国改革开放和经济建设的一个热点。青岛作为环渤海经济区的重要城市和山东改革开放的龙头，将首先迎接下一轮经济建设高潮的到来。这是青岛经济崛起的难逢机遇，也是青岛加快建设现代化国际城市的有利契机。

根据《青岛市城市总体规划（1995～2010 年）》，青岛城市主体功能主要体现为：以港口为主的国际综合交通枢纽；国际海洋科研及海洋产业开发中心；区域性金融、贸易、信息中心；国家高新技术产业、综合化工、轻纺工业基地；旅游、度假、避暑、文化娱乐中心。

青岛生态市建设的战略目标是坚持可持续发展思想，以系统的生态思想为指导，从理顺和改进产业体系、完善基础设施建设、改善生态环境质量和建设生态文明入手，促进青岛生产高效发展，人民生活质量提高，生态环境质量改善，努力把青岛市建设成为生态文明繁荣、经济发达高效、生态良性循环、环境洁净优美、人与自然和谐，适于居住与创业的现代化、国际化、具体滨海城市特色的生态市。

（一）生态城市建设的步骤

青岛市生态市建设分阶段、分步骤进行：

第一步，建设起始阶段。以举办奥运为中心，开展生态市重点建设项目，集中解决突出的生态环境问题，各县级市（区）达到国家环境保护模范城市和生态示范区的验收标准。

第二步，全面建设阶段。全面推进各市县（市、区）、各行业各项建设，青岛市基本达到生态市建设的要求。

第三步，建设完成阶段。全面实现生态市建设规划目标，生态达国际一流水平。

（二）生态功能区划与调控

青岛市生态功能区划系统分为三级。一级区划根据对青岛市的地理过程和生物过程的分析，并结合宏观的社会经济状况及海洋功能区划，以地形地貌和土地利用方向作为分级因子，将青岛划分为"三区一线"：三区为山区丘陵结构性控制区、环胶州湾及两翼沿海产业重点发展区和中部平原生态农业发展区三个一级区，一线为海岸线；二级区根据生态系统服务功能的重要性、生态环境的敏感性等不同，以生态系统服务功能、生态环境敏感性、土地利用现状为分级因子，将三个一级区划为重要生态功能保护区、保护性利用区、引导开发区和建设开发区 4 类二级区，将海岸线划分为开发利用区、治理保护区、自然保护区、特殊功能区、预留区；三级区在二级区划的基础上，以生物多样性保护、土壤侵蚀、水源涵养、社会服务功能及视觉敏感性为分级因子，将青岛划分为 11 类、53 个三级区。

重要生态功能区内要停止一切导致生态功能退化的开发活动和其他人为破坏活动，特别是城市建设和工业布局；严格控制区内人口增长，保护区内人口在承载能力之内；改变生产经营方式，走生态经济的发展道路；可在区内建立自然保护区，保护生态环境。

对于保护性利用区，以引导性开发为主，进行适度开发，严格控制城市建设用地的开发；控制人口规模；引导产业结构，发展生态产业；在保护自然生态环境的基础上，可以开发果园、经济林、花卉、观光旅游等。

引导性开发区，该区以半自然和人工生态系统为主，区内城市开发活动不明显，人口密度适中，生态条件良好。区内部分土地将作为城市发展的后备土地资源。区内开发要坚持生态有限的原则。

建设开发区，区内抗干扰能力比较强，是生态条件较差的区域，可承受一定强度的开发建设。土地可作多种用途开发，较适宜作城市建设发展用地。

（三）青岛市生态足迹计算

从生态足迹供给和需求角度计算青岛市的生态足迹，青岛市的人均生态足迹远远高于我国的平均水平和西部省份的生态足迹，远低于世界发达国家。青岛市的生态足迹表现出"低需求、低供给"的特点。

（四）生态型社会培育

从生态文化宣传引导、生态法规与管理体制建设等方面建设生态型社会。

（五）青岛市陆域、海域及产业体系规划对策

对于海洋生态环境，从污染物来源、水环境质量、海洋环境容量、海岸线动态变化、面源污染物入海过程开展规划研究，强调了面源污染，提出了青岛市海洋生态保护对策以及具体的措施。

对于陆域生态环境，从生态安全体系构建，打造人居环境的生态基础，恢复退化生态系统角度开展自然生态的规划；从大气环境、水环境和水资源以及固体废弃物排放角度开展环境质量的规划与建设；强调了基础设施建设对于生态市建设的重要意义。

对于青岛市的产业发展，提出了以可持续发展为主导的工业化模式；以绿色产品和环境标志为引导的产品策略；大力发展服务业；跟踪国外环境壁垒动态，适时采取对策；积极参与产业结构调整，提高产业结构品质的发展策略。

第四节 国内外生态海绵城市建设案例

一、中国海绵城市建设理念的发展

（一）海绵城市提出背景

根据住房和城乡建设部的统计，2008 年至 2010 年，全国有 60％以上的城市发生过洪涝，其中有近 140 个城市洪涝灾害超过 3 次以上。而同时全国 600 多个城市中，缺水城市有 400 多个，其中严重缺水城市 114 个。旱涝急转的主要原因是我国城市建设中地面硬化建设严重，80％以上的雨水形成地表径流，暴雨来临时便会超出了地下排水系统的承受能力形成内涝，而且同时形成严重的面源污染。受灾城市数量、规模、经济损失程度和人员死伤均呈显著上升的态势。2013 年，全国 31 省（自治区、直辖市）中县级以上城市受淹 234 个，直接经济损失3 100多亿元。

究其原因，城市化的结果使地面变成了不透水表面，路面、屋顶雨水或融雪无法渗入地下，降水损失，水量减少，径流系数明显提高，变成径流的降水量增多。同时，水流在地表的汇流历时和滞后时间大大缩短，地表径流过程峰高量大。另外，城市扩张导致耕地、林地大量减少，湿地、水域衰减或破碎化，水量调蓄能力降低，洪水长驱直入，导致城区洪涝严重。武汉，1949 年以来城市建设面积扩大 200 km^2，湖泊面积减少 230 km^2，城进湖退、填湖致灾，2016 年洪涝“教训深刻”。城市排水方式和格局被城市建设破坏了，排水系统更加脆弱。城市建有的大量地下停车场、商场、立交桥等微地形有利于雨水积聚和洪涝的形成，也是城市洪涝最为严重的地点。城市的无序开发，排水系统不完善；城市洪涝监测预警薄弱，应急管理体制不健全等，均是城市洪涝问题的重要原因。

（二）海绵理念提出

2013 年 12 月 12 日习近平总书记在中央城镇化工作会议上发表讲话时谈到建设自然积存、自然渗透、自然净化的“海绵城市”。2014 年 11 月国家住房和城乡建设部出台《海绵城市建设技术指南——低影响开发雨水系统构建》明确了“海绵城市”的概念、建设路径和基本原则，并进一步细化了地方城市开展“海绵城市”的建设技术方法；同年 12 月份财政部、住房和城乡建设部和水利部联合下发开展试点工作的通知；2015 年 1 月开展试点城市申报工作；2015 年 4 月确定 16 个试点城市，7 月住房和城乡建设部出台考核办法。政策频出，可见国家对海绵城市建设的重视程度。目前，我国已有两批共 30 个城市作为试点。按照规划，到 2020 年，城市建成区 20％以上的面积达到目标要求；到 2030 年，城市建成区 80％以上的面积达到目标要求。“海绵城市”项目已覆盖多数省份，其推广也在飞速进行中。“海绵城市建设”是近年来我国在城镇开发建设中大力倡导的新模式，与国外所提倡的低影响开发理念是一致的。海绵城市建设是生态基础设施建设的更高层面的表述，更是我国水生态文明建设的战略措施和具体体现。

《海绵城市建设技术指南——低影响开发雨水系统构建》对海绵城市定义如下：海绵城

市是指城市能够像海绵一样，在适应环境变化和应对自然灾害等方面具有良好的“弹性”，下雨时吸水、蓄水、渗水、净水，需要时将蓄存的水“释放”并加以利用。《海绵城市(low impact development)的内涵、途径与展望》一文中，提到“海绵城市”的本质是，解决城镇化与资源环境的协调和谐。传统城市开发方式改变了原有的水生态，海绵城市则保护原有的水生态；传统城市的建设模式是粗放式、破坏式的，海绵城市对周边水生态环境则是低影响的；传统城市建成后，地表径流量大幅增加，海绵城市建成后地表径流量能尽量保持不变。

因此，海绵城市建设又称为低影响设计和低影响开发。首先，海绵城市建设视雨洪为资源，重视生态环境海绵城市建设的出发点是顺应自然环境、尊重自然环境。城市的发展应该给雨洪储蓄留有足够的空间，根据地形地势，保留和规划更多的湿地、湖泊，并尽可能避免在洪泛区内搞建设，使之成为最大雨洪的蓄洪区、湿地公园、农业用地等，以减少城市内涝。与此同时，也保证了水资源的安全。

其次，海绵城市建设的目标就是要减少地表径流和减少面源污染，要量化年径流量控制率、综合径流系数、湿地面积率、水面面积率、下凹式绿地率等指标，指导城市生态基础设施建设减少地表径流，就能减少面源污染，这对水系水质保障和水质安全很重要。减少地表径流，雨水能就地下渗，这对地下水补充很重要。在某种意义上讲，海绵城市设计，就是要最大限度地争取雨水的就地下渗。

另外，海绵城市建设将会降低洪峰和减小洪流量，保证城市的防洪安全。当城市面临最大的降雨时，由于海绵城市有足够的容水空间(湿地、湖泊、洪泛区、河漫滩、农业地、公园、下沉式绿地等)及良好的就地下渗系统，城市的防洪能力会更强，洪流量、洪峰都会大大降低，暴雨的危害性也会降低。

最后，在城市规划中运用多规合一，保证海绵城市建设生态效益、经济效益、社会效益的最大化。城市规划要以海绵城市设计理念为基础，根据城市水资源情况、降雨规律、土壤性质等条件，确定城市生态安全格局、生态敏感区、生态网络体系，保证人与自然和谐共处、城市的宜居性和城市的可持续发展的同时，城市的发展应该遥视产业规划的功能落位到空间，确定城市不同空间的开发强度、土地使用性质、产业功能，并保留足够的生态用地空间，最大限度顺应自然环境。

海绵城市的建设需要渗、滞、蓄、净、用、排等工程技术设施，具体包括排水防涝设施、城镇污水管网建设、雨污分流改造、雨水收集利用设施、污水再生利用、漏损管网改造等。建设“海绵城市”不仅可以增强城市或土地的雨涝调蓄能力，同时还将最大限度地促进自然水文循环，提升用水效率，使雨水变弃为用，促进人与自然和谐发展。与此同时，为根治城市积水和内涝问题，替代传统“快排模式”的“海绵城市”建设也被寄予厚望。作为海绵城市建设主要工程技术措施的“六字箴言”，渗、滞、蓄、净、用、排各有各的门道。渗，减少硬质铺装、充分利用自然下垫面渗透作用，减少径流，涵养生态与环境，积存水资源。滞，通过雨水滞留，以空间换时间，提高雨水滞渗的作用，同时减缓雨水汇集速度、延迟峰现时间、降低排水强度和灾害风险。蓄，降低峰值流量，调节时空分布，为雨水利用创造条件。净，减少面源污染，降解化学需氧量、悬浮物、总氮、总磷等主要污染物，改善城市水环境。用，充分利用雨水资源和再生水，提高用水效率，缓解水资源短缺。排，构建灰绿结合的蓄排体系，避免内涝等灾害，确保城市运行安全。

（三）海绵理念与生态城市建设的关系

城市生态系统作为一个典型的复杂系统，系统内部个体之间存在错综复杂的非线性相互作用，要解决当前的城市内涝等生态环境问题，必须了解在生态系统的复杂性科学研究中具有重要意义的概念——“弹性”或“可塑性”。生态弹性城会更好地利用绿地、自流和净化雨水，一方面补充了地下水，另一方面也让土地和地表生命植被得到了很好的发展。

生态弹性是一个贯穿城市开发始终的问题，这就要求，城市首先要解决生态基础建设。一个城市在设计之初就该确定湿地面积与陆地总面积的比例，并以此为红线。另外，还应注重低影响开发。这就要求在设计、工程、施工和管理等整个开发过程中对环境影响的最小化，对雨洪资源影响的最小化，同时必须尊重地形、地貌、水文和植被等，比如不能把城市河流作为涝污河，不能破坏水岸边的草沟和草坡，这样就可以保持水系自净的能力。

在某种意义上，海绵城市建设与生态城市建设也可以认为是“同义词”。海绵城市，其狭义是雨洪管理的资源化和低影响化；广义则包括城市生态基础设施建设和生态城市建设的目标体系。它包括流域管理、清水入库、截污治污、水生态治理、滞流沟、沉积坑塘、曝气跌水堰、植被缓冲带、雨洪资源化、水系的空间格局、水系的三道防线、生态驳岸、水系自净化系统、水生态系统、湿地、湖泊、河流、水岸线、生态廊道、城市绿地、城市空间、雨水花闲、下沉式绿地、透水铺砖、透水公路和屋顶雨水收集系统等众多大大小小的具体技术和设计。但是，就目前国家战略的考量，海绵城市建设大多集中在一个重要的议题，那就是水质和水污染的生态治理技术和设计。

事实上，生态弹性城市与中国当前推行的海绵城市异曲同工。一个在生态学上具有弹性的城市，就像是一块巨大的海绵，遇到有降雨时能够就地或者就近吸收、存蓄、渗透及净化雨水，补充地下水和调节水循环；在干旱缺水时有条件地将蓄存的水释放出来，并加以利用，从而让水在城市中的迁移活动更加“自然”。这样就可以尽可能优化利用生态系统的特征和组件，比如雨水花园、下沉绿地、植被草沟等。

海绵城市不仅是生态的，更是经济的和社会的最优化选择。通过海绵城市设计的环境整治和一级开发成本可以节约10％～20％。这种海绵城市的设计，提高了城市的品质和宜居程度，提高了城市土地的价值，而且将进一步提高城市的生态效益、经济效益和社会效益，城市建设和发展也更可持续。这些都进一步凸显了社会对海绵城市建设的强烈渴求。

二、海绵城市基本要求与设计要点

（一）关于推进海绵城市建设的指导意见

《国务院关于加强城市基础设施建设的意见》（国发〔2013〕36号）和《国务院办公厅关于做好城市排水防涝设施建设工作的通知》（国办发〔2013〕23号）印发以来，各有关方面积极贯彻新型城镇化和水安全战略有关要求，有序推进海绵城市建设试点，在有效防治城市内涝、保障城市生态安全等方面取得了积极成效。

1. 总体要求

（1）工作目标

通过海绵城市建设，综合采取“渗、滞、蓄、净、用、排”等措施，最大限度地减少城市开发建设对生态环境的影响，将70％的降雨就地消纳和利用。到2020年，城市建成区20％以上的面积达到目标要求；到2030年，城市建成区80％以上的面积达到目标要求。

(2) 基本原则

坚持生态为本、自然循环。充分发挥山水林田湖等原始地形地貌对降雨的积存作用,充分发挥植被、土壤等自然下垫面对雨水的渗透作用,充分发挥湿地、水体等对水质的自然净化作用,努力实现城市水体的自然循环。

坚持规划引领、统筹推进。因地制宜确定海绵城市建设目标和具体指标,科学编制和严格实施相关规划,完善技术标准规范。统筹发挥自然生态功能和人工干预功能,实施源头减排、过程控制、系统治理,切实提高城市排水、防涝、防洪和防灾减灾能力。

坚持政府引导、社会参与。发挥市场配置资源的决定性作用和政府的调控引导作用,加大政策支持力度,营造良好发展环境。积极推广政府和社会资本合作(PPP)、特许经营等模式,吸引社会资本广泛参与海绵城市建设。

2. 加强规划引领

(1) 科学编制规划。编制城市总体规划、控制性详细规划以及道路、绿地、水等相关专项规划时,要将雨水年径流总量控制率作为其刚性控制指标。划定城市蓝线时,要充分考虑自然生态空间格局。建立区域雨水排放管理制度,明确区域排放总量,不得违规超排。

(2) 严格实施规划。将建筑与小区雨水收集利用、可渗透面积、蓝线划定与保护等海绵城市建设要求作为城市规划许可和项目建设的前置条件,保持雨水径流特征在城市开发建设前后大体一致。在建设工程施工图审查、施工许可等环节,要将海绵城市相关工程措施作为重点审查内容;工程竣工验收报告中,应当写明海绵城市相关工程措施的落实情况,提交备案机关。

(3) 完善标准规范。抓紧修订完善与海绵城市建设相关的标准规范,突出海绵城市建设的关键性内容和技术性要求。要结合海绵城市建设的目标和要求编制相关工程建设标准图集和技术导则,指导海绵城市建设。

3. 统筹有序建设

(1) 统筹推进新老城区海绵城市建设。从2015年起,全国各城市新区、各类园区、成片开发区要全面落实海绵城市建设要求。老城区要结合城镇棚户区和城乡危房改造、老旧小区有机更新等,以解决城市内涝、雨水收集利用、黑臭水体治理为突破口,推进区域整体治理,逐步实现小雨不积水、大雨不内涝、水体不黑臭、热岛有缓解。各地要建立海绵城市建设工程项目储备制度,编制项目滚动规划和年度建设计划,避免大拆大建。

(2) 推进海绵型建筑和相关基础设施建设。推广海绵型建筑与小区,因地制宜采取屋顶绿化、雨水调蓄与收集利用、微地形等措施,提高建筑与小区的雨水积存和蓄滞能力。推进海绵型道路与广场建设,改变雨水快排、直排的传统做法,增强道路绿化带对雨水的消纳功能,在非机动车道、人行道、停车场、广场等扩大使用透水铺装,推行道路与广场雨水的收集、净化和利用,减轻对市政排水系统的压力。大力推进城市排水防涝设施的达标建设,加快改造和消除城市易涝点;实施雨污分流,控制初期雨水污染,排入自然水体的雨水须经过岸线净化;加快建设和改造沿岸截流干管,控制渗漏和合流制污水溢流污染。结合雨水利用、排水防涝等要求,科学布局建设雨水调蓄设施。

(3) 推进公园绿地建设和自然生态修复。推广海绵型公园和绿地,通过建设雨水花园、下凹式绿地、人工湿地等措施,增强公园和绿地系统的城市海绵体功能,消纳自身雨水,并为蓄滞周边区域雨水提供空间。加强对城市坑塘、河湖、湿地等水体自然形态的保护和恢复，禁止填湖造地、截弯取直、河道硬化等破坏水生态环境的建设行为。恢复和保持河湖水系的自然连通，构建城市良性水循环系统，逐步改善水环境质量。加强河道系统整治，因势利导改造渠化河道，重塑健康自然的弯曲河岸线，恢复自然深潭浅滩和泛洪漫滩，实施生态修复，营造多样性生物生存环境。

4. 完善支持政策

（1）创新建设运营机制。区别海绵城市建设项目的经营性与非经营性属性，建立政府与社会资本风险分担、收益共享的合作机制，采取明晰经营性收益权、政府购买服务、财政补贴等多种形式，鼓励社会资本参与海绵城市投资建设和运营管理。强化合同管理，严格绩效考核并按效付费。鼓励有实力的科研设计单位、施工企业、制造企业与金融资本相结合，组建具备综合业务能力的企业集团或联合体，采用总承包等方式统筹组织实施海绵城市建设相关项目，发挥整体效益。

（2）加大政府投入。中央财政要发挥“四两拨千斤”的作用，通过现有渠道统筹安排资金予以支持，积极引导海绵城市建设。地方各级人民政府要进一步加大海绵城市建设资金投入，省级人民政府要加强海绵城市建设资金的统筹，城市人民政府要在中期财政规划和年度建设计划中优先安排海绵城市建设项目，并纳入地方政府采购范围。

（3）完善融资支持。各有关方面要将海绵城市建设作为重点支持的民生工程，充分发挥开发性、政策性金融作用，鼓励相关金融机构积极加大对海绵城市建设的信贷支持力度。鼓励银行业金融机构在风险可控、商业可持续的前提下，对海绵城市建设提供中长期信贷支持，积极开展购买服务协议预期收益等担保创新类贷款业务，加大对海绵城市建设项目的资金支持力度。将海绵城市建设中符合条件的项目列入专项建设基金支持范围。支持符合条件的企业通过发行企业债券、公司债券、资产支持证券和项目收益票据等募集资金，用于海绵城市建设项目。

5. 抓好组织落实

城市人民政府是海绵城市建设的责任主体，要把海绵城市建设提上重要日程，完善工作机制，统筹规划建设，抓紧启动实施，增强海绵城市建设的整体性和系统性，做到“规划一张图、建设一盘棋、管理一张网”。住房城乡建设部要会同有关部门督促指导各地做好海绵城市建设工作，继续抓好海绵城市建设试点，尽快形成一批可推广、可复制的示范项目，经验成熟后及时总结宣传、有效推开；发展改革委要加大专项建设基金对海绵城市建设的支持力度；财政部要积极推进 PPP 模式，并对海绵城市建设给予必要资金支持；水利部要加强对海绵城市建设中水利工作的指导和监督。各有关部门要按照职责分工，各司其职，密切配合，共同做好海绵城市建设相关工作。

（二）海绵城市建设标准体系

由住房和城乡建设部组织中国建筑标准设计研究院完成的城市综合管廊和海绵城市建设国家建筑标准设计体系正式发布，用以指导我国城市地下综合管廊建设和海绵城市建设，提高设计水平和工作效率，保证施工质量，为推动我国工程建设的持续、健康发展，发挥积极作用。

在新型城镇化建设和加强海绵城市建设的新形势、新要求下，标准立足市场迫切需求，结合我国各地发展现状和我国现有标准体系，依据《海绵城市建设技术指南》和海绵城市相关标准规范，参考国外先进发展经验，构建了“海绵城市建设标准设计体系”。该体系主要包括新建、扩建和改建的海绵型建筑与小区、海绵型道路与广场、海绵型公园绿地、城市水系中与保护生态环境相关的技术及相关基础设施的建设、施工验收及运行管理。

我国建设海绵城市起步晚，基础性的标准技术文件较为缺失，在海绵城市建设已上升为国家战略、地方急需技术指导之际，海绵城市建设国家建筑标准设计体系的构建及相关标准设计图集的不断补充和完善，必将成为我国海绵城市建设的重要技术支撑。

（三）海绵城市专项规划

2016 年 3 月 18 日，住房和城乡建设部印发《海绵城市专项规划编制暂行规定》，规定指出，海绵城市专项规划的主要任务是：研究提出需要保护的自然生态空间格局；明确雨水年径流总量控制率等目标并进行分解；确定海绵城市近期建设的重点。

（四）海绵城市建设技术指南

由住房和城乡建设部组织编制的《海绵城市建设技术指南——低影响开发雨水系统构建（试行）》（以下简称《指南》）发布实施，为各地深入开展海绵城市建设提供指导和依据。住房和城乡建设部将组织开展海绵城市建设试点示范工作，以点带面，扩大推广。《指南》明确了海绵城市的概念和建设路径，提出了低影响开发的理念、低影响开发雨水系统构建的规划控制目标分解、落实及其构建技术框架。同时明确，海绵城市建设应遵循“规划引领、生态优先、安全为重、因地制宜、统筹建设”的基本原则，统筹建设低影响开发雨水系统、城市雨水管渠系统、超标雨水径流排放系统，从对城市原有生态系统进行保护、生态恢复和修复、低影响开发等方面实施。根据《指南》，各地应树立对城市生态环境影响最低的开发建设理念，合理控制开发强度，在城市中保留足够的生态用地，控制城市不透水面积比例，最大限度地减少对城市原有水生态环境的破坏。同时，根据需求适当开挖河湖沟渠、增加水域面积，促进雨水积存、渗透和净化。

各地应在城市各层级、各相关专业规划以及后续的建设程序中，落实海绵城市建设、低影响开发雨水系统构建的内容，先规划后建设。根据本地自然地理条件、水文地质特点、降雨规律、水环境保护与内涝防治要求等，合理确定低影响开发控制目标与指标，科学规划布局和选用低影响开发设施及其组合系统。地方政府应结合城市总体规划和建设，在各类建设项目中严格落实各层级相关规划中确定的低影响开发控制目标、指标和技术要求，统筹建设。低影响开发设施应与建设项目的主体工程同时规划设计、同时施工、同时投入使用。

三、海绵城市建设方法

（一）海绵城市建设规范要点

1. 透水铺装

透水砖铺装、透水水泥混凝土铺装和透水沥青混凝土铺装，嵌草砖、园林铺装中的鹅卵石、碎石铺装等也属于渗透铺装。透水铺装对道路路基强度和稳定性的潜在风险较大时，可采用半透水。土地透水能力有限时，应在透水铺装的透水基层内设置排水管或排水板。当透水铺装设置在地下室顶板上时，顶板覆土厚度不应小于 600 mm，并应设置排水层。

2. 下凹式绿地

下凹深度指下凹式绿地低于周边铺砌地面或道路的平均深度。下沉深度小于 100 mm

的下沉式绿地面积不参与计算(受当地土壤渗透性能等条件制约,下沉深度有限的渗透设施除外),对于湿塘、雨水湿地等水面设施系指调蓄深度。

透水铺装率＝透水铺装面积/硬化地面总面积

绿色屋顶率＝绿色屋顶面积/建筑屋顶总面积

(1) 下凹式绿地的下凹深度应根据植物耐淹性能和土壤渗透性能确定,一般为100～200 mm。

(2) 下凹式绿地内一般应设置溢流口(如雨水口),保证暴雨时径流的溢流排放,溢流口顶部标高一般应高于绿地50～100 mm。

3. 生物滞留设施

(1) 对于污染严重的汇水区应选用植草沟、植被缓冲带或沉淀池等对径流雨水进行预处理,去除大颗粒的污染物并减缓流速;应采取弃流、排盐等措施防止融雪剂或石油类等高浓度污染物侵害植物。

(2) 屋面径流雨水可由雨落管接入生物滞留设施,道路径流雨水可通过路缘石豁口进入,路缘石豁口尺寸和数量应根据道路纵坡等经计算确定。

(3) 生物滞留设施应用于道路绿化带时,若道路纵坡大于1%,应设置挡水堰/台坎,以减缓流速并增加雨水渗透量;设施靠近路基部分应进行防渗处理,防止对道路路基稳定性造成影响。

(4) 生物滞留设施内应设置溢流设施,可采用溢流竖管、盖篦溢流井或雨水口等,溢流设施顶一般应低于汇水面100 mm。

(5) 生物滞留设施宜分散布置且规模不宜过大,生物滞留设施面积与汇水面面积之比一般为5%～10%。

(6) 复杂型生物滞留设施结构层外侧及底部应设置透水土工布,防止周围原土侵入。如经评估认为下渗会对周围建(构)筑物造成塌陷风险,或者拟将底部出水进行集蓄回用时,可在生物滞留设施底部和周边设置防渗膜。

(7) 生物滞留设施的蓄水层深度应根据植物耐淹性能和土壤渗透性能来确定,一般为200～300 mm,并应设100 mm的超高;换土层介质类型及深度应满足出水水质要求,还应符合植物种植及园林绿化养护管理技术要求;为防止换土层介质流失,换土层底部一般设置透水土工布隔离层,也可采用厚度不小于100 mm的砂层(细砂和粗砂)代替;砾石层起到排水作用,厚度一般为250～300 mm,可在其底部埋置管径为100～150 mm的穿孔排水管,砾石应洗净且粒径不小于穿孔管的开孔孔径;为提高生物滞留设施的调蓄作用,在穿孔管底部可增设一定厚度的砾石调蓄层。

4. 渗透塘(洼地,主要是下渗和净化,没有雨水调用)

(1) 渗透塘前应设置沉砂池、前置塘等预处理设施,去除大颗粒的污染物并减缓流速;有降雪的城市,应采取弃流、排盐等措施防止融雪剂侵害植物。

(2) 渗透塘边坡坡度(垂直∶水平)一般不大于1∶3,塘底至溢流水位一般不小于0.6 m。

(3) 渗透塘底部构造一般为200～300 mm的种植土、透水土工布及300～500 mm的过滤介质层。

(4) 渗透塘排空时间不应大于 24 h。渗透塘应设溢流设施，与城市雨水管渠系统和超标雨水径流排放系统衔接，渗透塘外围应设安全防护措施和警示牌。

5. 湿塘(雨水调蓄，有雨水再用的调节容积)

(1) 进水口和溢流出水口应设置碎石、消能坎等消能设施，防止水流冲刷和侵蚀。

(2) 前置塘为湿塘的预处理设施，起到沉淀径流中大颗粒污染物的作用；池底一般为混凝土或块石结构，便于清淤；前置塘应设置清淤通道及防护设施，驳岸形式宜为生态软驳岸，边坡坡度(垂直：水平)一般为 1：2～1：8；前置塘沉泥区容积应根据清淤周期和所汇入径流雨水的 SS 污染物负荷确定。

(3) 主塘一般包括常水位以下的永久容积和储存容积。永久容积水深一般为 0.8～2.5 m；储存容积一般根据所在区域相关规划提出的"单位面积控制容积"确定；具有峰值流量削减功能的湿塘还包括调节容积，调节容积应在 24～48 h 内排空；主塘与前置塘间宜设置水生植物种植区(雨水湿地)，主塘驳岸宜为生态软驳岸，边坡坡度(垂直：水平)不宜大于 1：6。

(4) 溢流出水口包括溢流竖管和溢洪道，排水能力应根据下游雨水管渠或超标雨水径流排放系统的排水能力确定。

(5) 湿塘应设置护栏、警示牌等安全防护与警示措施。

6. 雨水湿地

(1) 进水口和溢流出水口应设置碎石、消能坎等消能设施，防止水流冲刷和侵蚀。

(2) 雨水湿地应设置前置塘对径流雨水进行预处理。

(3) 沼泽区包括浅沼泽区和深沼泽区，是雨水湿地主要的净化区，其中浅沼泽区水深范围一般为 0～0.3 m，深沼泽区水深范围一般为 0.3～0.5 m。根据水深不同种植不同类型的水生植物。

(4) 雨水湿地的调节容积应在 24 h 内排空。

(5) 出水池主要起防止沉淀物的再悬浮和降低温度的作用，水深一般为 0.8～1.2 m，出水池容积约为总容积(不含调节容积)的 10%。

7. 植草沟

(1) 浅沟断面形式宜采用倒抛物线形、三角形或梯形。

(2) 植草沟的边坡坡度(垂直：水平)不宜大于 1：3，纵坡不应大于 4%。纵坡较大时宜设置为阶梯型植草沟或在中途设置消能台坎。

(3) 植草沟最大流速应小于 0.8 m/s，曼宁系数宜为 0.2～0.3。

(4) 转输型植草沟内植被高度宜控制在 100～200 mm。

8. 渗管/渠

(1) 渗管/渠应设置植草沟、沉淀(砂)池等预处理设施。

(2) 渗管/渠开孔率应控制在 1%～3%之间，无砂混凝土管的孔隙率应大于 20%。

(3) 渗管/渠的敷设坡度应满足排水的要求。

(4) 渗管/渠四周应填充砾石或其他多孔材料，砾石层外包透水土工布，土工布搭接宽度不应少于 200 mm。

(5) 渗管/渠设在行车路面下时覆土深度不应小于 700 mm。

9. 植被缓冲带

植被缓冲带为坡度较缓的植被区，经植被拦截及土壤下渗作用减缓地表径流流速，去除径流中部分污染物，植被缓冲带坡度一般为2%～6%，宽度不宜小于2 m。

10. 初期雨水弃流设施

常见的初期雨水弃流方法包括容积法弃流、小管弃流（水流切换法）等，弃流形式包括自控弃流、渗透弃流、弃流池、雨落管弃流等。这些方式适用于屋面雨水的雨落管、径流雨水的集中入口等低影响开发设施的前端。

（二）海绵城市建设国家建筑标准设计体系框架

为进一步推进海绵城市建设工作，住房和城乡建设部组织编制了《海绵城市建设国家建筑标准设计体系》。本体系的主要内容包括：新建、扩建和改建的海绵型建筑与小区、海绵型道路与广场、海绵型公园绿地、城市水系中与保护生态环境相关的技术及相关基础设施的建设、施工验收及运行管理。从体系框架上看可以分为规划设计、源头径流控制系统、城市雨水管渠系统、超标雨水径流排放系统等几个部分，如图10-2所示。

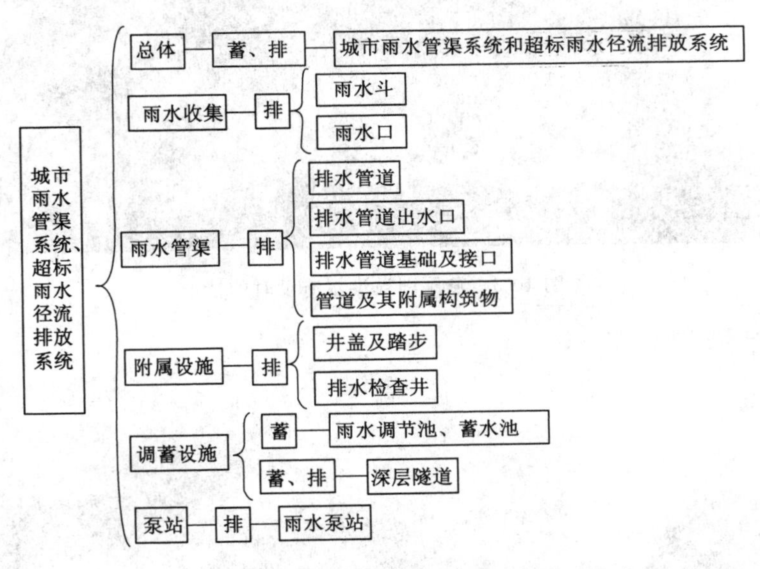

图10-2 海绵城市建设国家建筑标准设计体系框架

五、我国生态海绵城市案例

四川省成都市2015年首次提出规划建设“海绵城市”，让城市的水自然循环，更有“弹性”地适应环境变化和自然灾害。成都市已完成编制“海绵城市”建设项目库，项目库总计130个项目，总投资554亿元。河北省张家口市出台了《关于推进海绵城市建设的实施意见》，综合采取“渗、滞、蓄、净、用、排”等措施，将70%降雨就地消纳和利用。浙江省宁波市计划到2020建成区25%面积达到“海绵城市”目标要求，到2030建成区80%的面积达到“海绵城市”目标要求。江西省也下发《关于进一步加强城市规划建设管理工作的实施意见》，要求新建城区、园区和成片开发区全面实施海绵城市建设。在中国，越来越多的城市正在加入建设海绵城市的队伍。

案例:金华燕尾洲生态海绵建设

作为世界上最著名的建筑奖项之一,金华燕尾洲公园夺得2015年度最佳景观奖。燕尾洲公园位于金华市区的三江口,在设计中提出了与雨洪为友的理念,砸掉了号称"固若金汤"的水泥高堤,设计了富有弹性的生态防洪堤,保护和恢复了河漫滩的湿地。建成以来,公园深受广大市民的热爱。开放伊始,每天有近4万人使用。公园经历了百年一遇的洪水考验,目前已成为金华市的一张名片,也成为海绵城市建设的一个优秀案例,如图10-3、图10-4和图10-5所示。

图10-3 燕尾洲被洪水淹没时的情形

图10-4 洪水退去后的情形

图 10-5　弹性的生态防洪堤

六、德国生态海绵城市建设

德国河流众多，水资源丰沛，国土总面积 35.7 万 km^2，人口约 8 220 万人。工业高度发达，经济实力位居世界第三。其地形多样，从北到南分为北部低地、中部山脉隆起地带、西南部中等山脉梯形地带、南部阿尔卑斯山前沿地带和阿尔卑斯山山区。地势南高北低。

得益于发达的地下管网系统、先进的雨水综合利用技术和规划合理的城市绿地建设，德国“生态海绵城市”建设颇有成效。

德国城市地下管网的发达程度与排污能力处于世界领先地位。德国城市都拥有现代化的排水设施，不仅能够高效排水排污，还能起到平衡城市生态系统的功能。以德国首都柏林为例，其地下水道长度总计约 9 646 km，其中一些有近 140 年历史。分布在柏林市中心的管道多为混合管道系统，可以同时处理污水和雨水。其好处在于可以节省地下空间，不妨碍市内地铁及其他地下管线的运行。而在郊区，主要采用分离管道系统，即污水和雨水分别在不同管道中进行处理。这样做的好处是可以提高水处理的针对性，提高效率。

德国是一个水资源较为充沛的国家，多年平均降水量为 800 mm，且年内和年际间分配均匀，不存在缺水的问题，但却能大规模地推广雨水利用技术。究其原因，一方面是通过经济手段，征收高额雨水排放费用，使用户从经济的方面考虑采取雨水利用措施；另一方面是应用法规的形式规定了对新建或改建开发区，必须采取雨水利用措施方能进行项目立项。这既有利于环境改善，又可减轻雨水径流对污水处理厂的压力。同时德国雨水利用技术工程的设计，不仅考虑了资源利用方面的因素，还将资源利用与城市景观和环境改善融为一体。

（一）国际上雨水管理最为先进的国家之一

尽管德国水资源充沛，不存在缺水的问题，但为了维持良好的水环境，德国不仅制定了严格的法律、法规和规定，要求对污水进行治理，同时还要求对雨水进行收集利用，并投入了大量的人力与资金开展雨洪利用的研究与应用。目前，已形成了比较成熟和完整的雨水收集、处理、控制和渗透技术以及配套的法规体系，成为国际上雨水资源利用技术最为先进的国家之一。从规划、设计到应用，不但形成了完善的技术体系，而且制定了配套的法规和管理规定。

（二）“雨水费”制度

1988 年，德国汉堡最早颁布了对建筑物雨水利用系统的资助政策，在后来的 7 年时间里，先后有 1 500 多个私有住宅的雨水利用系统得到州政府的资助。柏林每年降水量会达到 580 mm，出于环保和经济目的，政府倡导合理利用雨水，实施了“雨水费”制度，这项制度规定，不管是私人房屋还是工厂企业，直接向下水道排放雨水必须按房屋的不渗水面积，交纳 1.84 欧元/m^2的费用。但是采取雨水利用设施的用户就可获得减免和优惠。

（三）不同开发区雨水利用技术

1. 大面积商业开发区雨水利用技术

大面积的城市公园对调节城市局部气候、保持水土和地下水蓄积有重要作用。德国的许多城市市中心都有面积巨大的城市公园。

鉴于柏林的城市热岛效应已经显现，专家们建议，更多的“绿色屋顶”不仅可以通过水分蒸发控制温度升高，而且“绿色屋顶”能吸收更多雨水，在强降雨情况下减轻城市管道的压力。目前，柏林市的部分议员正在考虑通过补贴措施鼓励柏林市民参与建设“绿色屋顶”。专家评估认为，这项屋顶绿化工作如果能达到一定密度，未来至少可以留住 60%的降雨。德国屋顶生态草坪，运用了大量景天科和禾本科混种，达到色彩鲜艳的视觉效果。

为了加强城市“绿色基础”建设，德国联邦环境部出版了一份关于城市绿地建设的绿皮书，旨在讨论德国未来城市绿地建设的远景规划。德国政府还准备出台一部白皮书，详细介绍城市绿地建设的具体措施。“绿色基础”建设将极大地改善未来城市居民的生活质量，并带来经济、生态、社会和文化综合效益。

德国联邦和各州有关法律不但规定了受到污染的降水径流必须经处理达标排放，还规定新建或改建开发区必须考虑雨水利用系统，且规定考虑了雨水利用，可减免雨水排放费。因此，开发商在进行开发区规划、建设或改造时，均将雨水利用作为重要内容考虑，尤其在大面积商业开发区建设时，更是结合开发区水资源实际，因地制宜，将雨水利用作为提升开发区品位的组成部分。

如图 10-6 所示，慕尼黑新机场占地面积约 20 km^2，于 1992 年由现国际展览中心处搬迁

图 10-6　慕尼黑新机场

至此。由于机场建设前为农田，地下水位埋藏较浅。因此，要求机场建设不能破坏原水量及水质平衡系统。为此，机场范围内屋顶的雨水收集后通过管道排入下游排水系统，跑道、停车场及机动车道上的雨水收集后进入雨水处理系统处理后排入排水系统。为不截断上游来水的通道，在各机场建筑物基础之下修建了排水管道系统，保证了上游地下水流可顺利穿越机场建筑物。同时跑道与滑行道间修建地下渗水系统，以保证降水的快速入渗。

2. 居民小区雨水利用技术

生态小区雨水利用系统是 19 世纪 90 年代开始在德国兴起的一种综合性雨水利用技术。该技术利用生态学、工程学、经济学原理，通过人工设计，依赖水生植物系统或土壤的自然净化作用，将雨水利用与景观设计相结合，从而实现人类社会与生态、环境的和谐与统一。其具体做法和规模依据小区特点而不同，一般包括屋顶花园、水景、渗透、中水回用等。

如图 10-7、图 10-8、图 10-9 和图 10-10 所示，Kronsberg 居住小区是为 2000 年汉诺世界威博览会而开发的居民小区，总面积 150 公顷。博览会期间用于接待参会人员，会后销售给当地居民。该小区是采用全新概念建设的绿色环保小区：能源方面，全部采用太阳能和风能，无外来电力供应；供水方面，首先利用雨水满足灌溉和环境用水需求，不足时采用自来水补充；建筑材料全部采用新型保温隔热环保材料。同时采用节能、节水技术，最大限度节约能源和用水。雨水的利用除采用绿地、入渗沟、洼地等方式外，透水型人行道也被广泛应用，同时，还经过特殊设计，利用贮蓄径流的地下蓄水池与径流进入蓄水池的撞击声模拟海浪的声音，增添了小区的气息。小区建成后径流系数几乎没有增加。

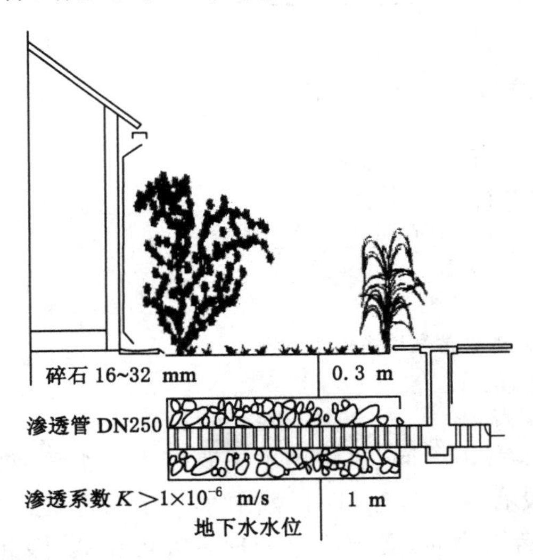

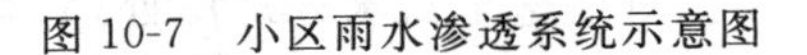
图 10-7　小区雨水渗透系统示意图

图 10-8　大型滞水区域

3. 单户家庭雨水利用技术

很多柏林家庭都安装了雨水利用设施，他们在自家庭院地下安装一个与屋顶面积相当的蓄水器或储水罐。从屋顶流下的雨水，一些树枝和树叶杂物被拦截下来，雨水则流入蓄水罐。经过自然沉淀，上面干净清洁的水则通过压力输送到需要的地方，可以用来洗衣服、冲厕所、浇花园、洗汽车等等，如图 10-11 所示。

图 10-9 雨水渗滤沟

图 10-10 坡地雨水绿道

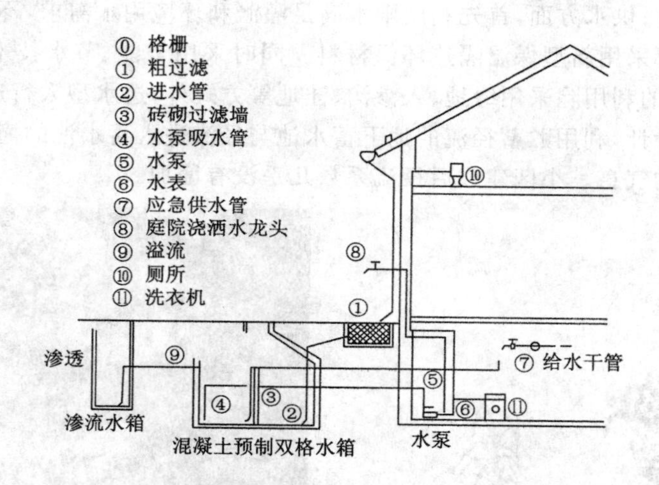

图 10-11 德国城市家庭典型雨水集蓄利用系统示意图

4. 道路雨水利用技术

德国的道路雨水利用也很普遍。与屋顶雨水利用不同，道路雨水主要排入下水道或渗透补充地下水。在德国，城市街道雨水入口多设有截污挂篮，以拦截雨水径流携带的污染物。由于机动车道的降雨径流含有较高浓度的污染物质，必须经过处理后方可排放，因此，德国沿机动车道均建有径流收集系统，将所收集到的径流直接送至污水处理厂处理，高速公路所收集径流则要进入沿路修建的处理系统处理后才能排放。

5. "洼地-渗渠系统"

"洼地-渗渠系统"这种新的雨水处理系统在德国开始流行。该系统包括各个就地设置的洼地、渗渠等组成部分，这些部分与带有孔洞的排水管道连接，形成一个分散的雨水处理系统。通过雨水在低洼草地中短期储存和在渗渠中的长期储存，保证尽可能多的雨水得以下渗。该系统代表了一种新的排水系统设计理念，即"径流零增长"。这个理念的目标是使城市范围内的水量平衡尽量接近城市化之前的降雨径流状况。系统的优点在于不仅大大减少了因城市化而增加的雨洪暴雨径流，延缓了雨洪汇流时间，对防灾减灾起到了重要的作用，同时由于及时补充了地下水，可以防止地面沉降，使城市水文生态系统形成良性循环。

近年来，德国开始广泛推广"洼地-渗渠系统"，使各个就地设置的洼地、渗渠等设施与带有孔洞的排水管道相连，形成了分散的雨水处理系统。低洼的草地能短期储存下渗的雨水，渗渠则能长期储存雨水，从而减轻城市排水管道的负担，如图 10-12 和图 10-13 所示。

图 10-12　"洼地-渗渠系统"外观

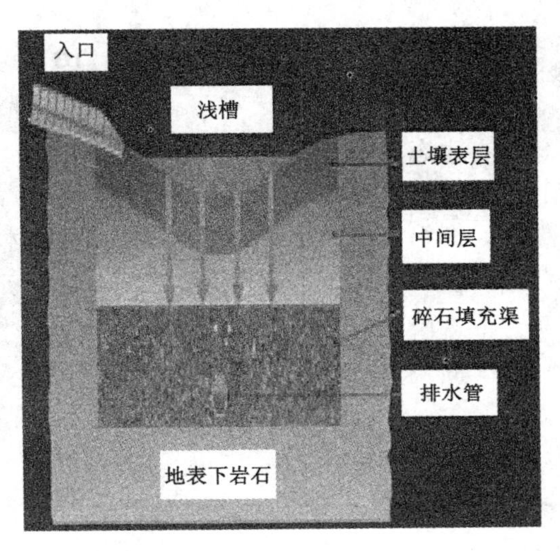

图 10-13　"洼地-渗渠系统"示意图

（四）中水及污水处理技术

1. 中水利用技术

由于供水价格昂贵，并考虑水源的可靠性，德国也将中水作为重要的水源之一。目前德国主要对来自浴室和洗手池的中水进行处理利用。处理方法主要有两种，一是生物膜法，另一种是利用植物及土地处理法。

2. 污水处理技术

为了维持良好的环境，德国法律规定任何受到污染的水体，必须经过处理后方可排放。因此，德国的污水处理技术也具有国际先进水平。德国污水排放的费用要高于供水费用，以柏林为例，每立方米的供水费用为 3.45 马克，而每立方米的排水费用为 4.85 马克。处理后的污水排入河道也应向河道管理部门交纳排水费，每排放 1 m^3 水须交费 0.076 马克。

本章小结

城市生态建设是在城市生态规划的基础上进行的具体实施城市生态规划的建设性行为，城市生态规划的一系列目标、设想通过城市生态建设得到逐步实现。以中国生态城市建设发展背景，从我国城市建设发展来看主要经历了"城市环境综合整治考核""环境保护模范城市"两个阶段，而目前正在朝着"生态城市"发展。

生态城市在国际上有着广泛的影响，目前全球有许多城市正在进行生态城市的建设。另外，为进步加快生态城市建设，我国目前在大力开展生态海绵城市建设，渗、滞、蓄、净、用、排是海绵城市建设主要工程技术措施的“六字箴言”，具体包括排水防涝设施、城镇污水管网建设、雨污分流改造、雨水收集利用设施、污水再生利用、漏损管网改造等。建设“海绵城市”不仅可以增强城市或土地的雨涝调蓄能力，同时还将最大限度地促进自然水文循环，提升用水效率，使雨水变弃为用，促进人与自然的和谐发展。

思 考 题

1. 生态城市有哪些建设指标体系？
2. 简述海绵城市与生态城市的关系。
3. 海绵城市的建设主要有哪些工程技术措施？

第十一章　城市生态评价

城市生态评价是城市生态规划与设计、城市生态建设与调控管理的基础和依据。城市生态评价的目的是为了建设适合人类生活的现代化的生态城市。城市生态学的首要任务不仅在于解释生态系统各成分间的关系，而且也在于探索一条生态城市建设的道路。城市生态学研究的最终目的就是为了建设符合生态学规则的、适合人类生活的生态城市。为此，需要对城市现状进行生态评价，对城市进行生态规划，开展生态城市的建设和管理。在此基础上提出城市生态规划、生态建设和生态管理，使城市生态系统持续地朝着经济高效、社会和谐、环境优美的方向协调发展。

第一节　城市生态评价的概念和意义

城市生态评价与城市环境质量评价的关系非常密切，但它们的侧重点又有所区别。在《环境保护法》的“城市环境质量”中要求：“在老城市改造和新城市建设中，应该根据气象、地理、水文、生态等条件，对工业区、居民区、公用设施、绿化地带作出环境影响评价”。一般做法是：第一步是在待评价的城市中筛选出主要污染源和污染物；第二步是进行单项评价与综合评价；第三步是根据环境质量指数与流行病调查资料，进行环境污染与健康的相关性研究，并在监测的基础上建立数学模型以指导区域环境规划和疾病预测。在评价中通常采用物理化学方法分别对大气污染、水污染、固体废弃物污染、噪声污染及土壤污染进行分析。有时也对生物进行分析（但多把它们作为环境质量的指标之一，很少对生命系统本身进行评价），最终确定主要的污染源，弄清各项指标的权重及其在该地区的污染程度，从而制定相关的应对方案和有效的管理机制。

城市生态评价要应用城市环境质量评价的方法和结果，但侧重于对城市生态系统中的各个组成成分的结构、功能以及相互关系的协调性进行综合评价，也就是说，城市生态评价是根据生态系统的观点，运用生态学、环境科学的理论和方法，对城市生态系统的结构、功能和协调度进行综合分析评价，以确定该系统的发展水平、发展潜力和制约因素。城市生态评价是城市生态设计、城市生态建设、城市生态管理的基础和依据。

国家环境保护总局于1998年6月1日正式批准实施了《环境影响评价技术导则　非污染生态影响》（HJ/T 19—1997）。该技术导则的出台给人们带来了新的评价思路、新的评价方法和比较准确的评价成果，反映生态评价理论与技术的进步。首先，它将生态影响评价界定为生态完整性评价和敏感生态问题评价两大方面；其次，它根据建设项目的不同将项目界定在不同等级自然体系中进行评价（国家环境保护总局自然生态保护法，1999）。该导则的实施是适应我国生态保护形势的重要举措之一，对于开展城市生态评价也具有十分重要的指导作用。

概括地说城市生态评价是对城市作为一个生态学系统整体的及其各主要子系统的组成结构的合理性、功能效益的完备性、景观环境的宜人性、生态学过程的连续性以及稳定性和动态变化的发展性等方面进行的评价。城市生态评价是城市规划、建设和管理这一系统工程的基础性工作和重要组成部分，城市生态评价的目的是为城市建设和管理决策、城市规划中各项规划原则、方针、目标、指标和措施的决策提供依据，为城市景观的保护和合理利用做出合理的、可行的决策，使城市成为适于人类居住的宜人的景观，保持城市景观的异质性和多种功能的可持续性。从园林生态学的角度和城市园林绿化建设实践的要求来看，城市生态评价的主要内容应包括城市环境及污染评价、城市绿地系统评价、城市及其周边生态评价和城市景观生态评价等方面。具体来说，城市环境及污染评价又包括城市大气污染、城市水污染、城市粉尘和固体污染、城市总体环境评价；城市绿地系统评价包括城市园林建设评价、城市公共绿地评价、城市道路绿化评价、城市居住区绿化评价和城市单位绿化评价；城市及其周边生态评价包括城市大环境绿化与城乡一体化评价、城市植被管理状况评价、城市河流水体整治和管理状况评价等；城市景观生态评价包括城市功能和景观分区、城市景观格局分析、城市景观特色分析和评价。因此，城市生态评价是多尺度、多功能和综合整体的评价，通过评价解决如下主要问题：

① 土地目前是怎样管理的，如果现在措施不变情况下，那么会发生什么情况？

② 在目前的情况下，有哪些经营管理措施需要加以改进？

③ 有什么其他土地利用的类型从自然条件看是可能的，从经济和社会方面看是恰当的？

④ 这些新的用途中有哪些能提供持续生产或别的利益？

⑤ 每种用途会不会产生自然的、经济的或社会的不良后果？

⑥ 为了得到所需要的产量并将不良后果减少到最低限度，需要增加多少投入？采取哪些措施？

⑦ 每种土地利用类型的效益评价过程并不是要对土地利用的改变做出决定，而只是为做这些决定提供依据。为了很好地起到这些作用，评价的结果要提供详细资料，说明每块土地两种以上可能的利用类型，包括每种类型的有利和不利后果。

第二节 城市生态评价的内容

城市建设的目标是在一定的社会经济条件下，为人们提供安全、清洁的工作场所和健康舒适的生活环境，在国家相关法规条例和标准的指导下，对研究城市的生态环境本底状况进行评价和对未来趋势进行预测，把城市建设成为一个结构合理、功能高效和关系协调的生态城市。因此，城市生态评价一般从城市生态系统的结构、功能和协调度三个方面着手进行。

一、城市生态系统的结构评价

城市生态系统结构指系统内各组分的数量、质量及其空间格局，包括人群、生物环境与非生物环境。一个生态城市要有适度的人口密度、合理的土地利用、良好的环境质量、完善的绿地系统、完备的基础设施和有效的生物多样性保护。

人口的集中是城市的主要特征，适度的人口密度可以增加人群之间的协作，增强人类利用自然的能力，节约时间和空间并使生活丰富多彩等；但城市的人口生态承载力是有限的，过高的人口密度将导致交通拥挤，住房紧张、环境恶化，情绪压抑、犯罪率增加等一系列问题。因此，合适的城市人口密度和规模是城市生态研究和规划中的主要问题，城乡建设部门曾提出特大城市的人口密度建议不超过每平方公里1.2万人（国外也有提出不超过0.8万人的建议），省会、加工工业城市和地区中心城市不宜超过1万人，县镇不宜超过0.9万人。

合理的土地利用包括城市各类用地的分配比例以及符合生态要求的用地布局。一般认为，道路用地和公共建筑用地均应大于10%，城市绿地面积和居住用地面积均应大于30%，工业用地以不超过27%为宜。

环境质量是指环境总体或各要素对人类生存繁衍及社会经济发展影响的优劣程度或适宜程度，是反映人群的具体要求而形成对特定环境评定的一种概念。环境质量优劣的标志就是指环境对人类所产生的影响大小；从定性的角度看，环境质量好说明环境适应于人类的生存与发展，环境质量差说明环境不适应于人类的生存与发展。良好的环境质量是具有良好的居住空间环境、人文社会环境、生态自然环境和清洁高效的生产环境等。

城市绿地系统建设的目的是使各类型绿地合理分布、紧密联系，组成城市内外有机结合的绿地系统，满足改善城市生态环境的要求，满足全市居民日常生活及休闲游憩的要求，满足城市生活和生产活动安全，工业生产防护等方面的综合要求。各城市自然环境、城市风貌各不相同，决定了城市绿地系统布局的不同；不同的布局形式同时也反映了不同城市的自然与人文特色。完善的绿地系统，应当做到布局合理、指标先进、质量良好、环境改善，有利于城市生态系统的平衡运作。

至于完备的基础设施在评价城市生态时的重要性是不言而喻的。合理的格局分配在生物多样性保护上至关重要，这里的生物多样性保护既包括通常意义上的生物基因多样性、物种多样性及城市群落多样性的保护，也包括城市景观类型多样性的保护。

二、城市生态系统的功能评价

从生态学角度看，城市有三大主要功能，即生活功能、生产功能和还原功能（也有学者归纳为“三生功能”，即生活功能、生产功能和生态功能）。城市作为人类的一个重要的栖息环境，首先要为它的居民提供基本的生活条件和人性发展的外部环境，它决定着城市吸引力的大小并体现着城市的发展水平；其次，城市作为一种生态系统，必然和其他生态系统一样，具有生产、消费和还原功能。

至于城市的还原功能需从两个方面来理解：一方面是指城市中复杂的有机物在自然和人为作用下的分解过程，如垃圾的腐烂和焚烧；另一方面也是指城市环境在一定范围内自动调节恢复原状的功能，如环境的自净能力等。正因为如此才保证了城市活动的正常运转。在这三种功能之间贯穿着能量、物质和信息的流动，由此维持并推动着城市生态系统的存在和发展。城市生态系统的功能高效表现在城市的物流通畅、物质的分层多级利用、能源高效、信息有序且传递迅速及时、人流合理、人们能够充分发挥其聪明才智等。良性循环的城市正是因为具备这样的功能才保证了城市活动的正常运转和生生不息；反之，如果城市的还原功能不健全，则该城市就会逐渐走向衰亡。

城市的物质流包括自然物质、工农业产品及废弃物的输入、转移、变化和输出。物流的畅通是城市保持活力的关键。城市的生产和生活不断产生废弃物，但从自然界的循环观点来看，并无绝对的废弃物，因为上一环节的废物可能是下一环节的资源。根据这一原理，城市生产和生活过程中产生的废弃物最好的处理方法是模拟自然生态系统，实行物质分层多级利用，变上一生产过程的废物为下一生产过程的原料，大力发展水循环利用与固体废弃物的无害化处理和回收利用，促进城市生态系统的良性循环。

城市物质生产过程中同时进行着能量流动。城市能量流动也是信息最集中的地点，正是由于信息的产生、传递和加工才组织起城市中一切生产和生活活动，并保证城市各种功能的正常运转。城市中信息处理的有序和高效也是生态城市的重要标志。

三、城市生态系统的协调度评价

城市中的关系协调包括人类活动和周围环境间的相互协调，资源利用和资源承载力的相互匹配，环境胁迫和环境容量的相互匹配，城乡关系协调以及正反馈和负反馈相协调等。城市生态系统的协调度评价包括人类活动与周围环境的相互关系协调、资源利用与资源承载力的相互匹配、环境胁迫与环境容量的相互匹配、城市与城郊及农村的相互关系协调、系统的人工控制与自然调控相互协调等。

人和自然的统一是生态学的核心和追求的目的，它既承认万物之灵和人的无限创造力，但同时又认为人并不能凌驾于万物之上，不遵守自然规律而为所欲为。城市生态系统的关系协调首先要树立天、地、人统一的思想，人们既要注意发挥主观能动性改造自然，同时又要尊重客观的自然规律而不破坏自然，建立人与自然的和谐发展关系。对于可更新资源的利用要与它的再生能力相适应，对于不可更新资源的消耗要与它的供应相匹配。三废的产生不能超过三废处理、处置能力及系统的自净能力，而且要与环境容量相适应。同时还要注意城市与其周围的乡村和腹地的协调同步发展。

城市作为一个生态系统，其中任何一个组分都不能不顾一切地无限增长，也不能随意地削减或消除，而要建立起相互配合的协调机制。在采取人工措施之前，必须经过反复论证，充分考虑系统内各组分之间的相互关系，以及措施实施后可能带来的连锁效应。由于系统间的关系是多种多样的、极其复杂的，城市管理者的任务就是要处理好这许多关系，同时也要预测一定时间内城市发展的需要，使系统内的组分之间相互协调，实现城市生态系统的持续发展。

第三节 城市生态评价的程序及方法

一般地，城市生态系统综合评价主要通过建立评价指标体系，然后选择科学合理的评估方法进行评价。其评价程序一般可归纳为以下步骤(见图 11-1)：

为了适应当前城市生态评价的要求，确定评价标准时应根据以下原则：① 凡已有国家标准或国际标准的尽量采用规定的标准值；② 参考国外生态环境良好的城市的现状值作标准值；③ 参考国内城市的现状值作趋势外推确定标准值；④ 根据现有的环境与社会、经济协调发展的理论，力求将标准值定量化；⑤ 对目前统计数据不完整但指标体系中很重要的指标，在缺乏有关指标统计前，暂用类似指标替代。

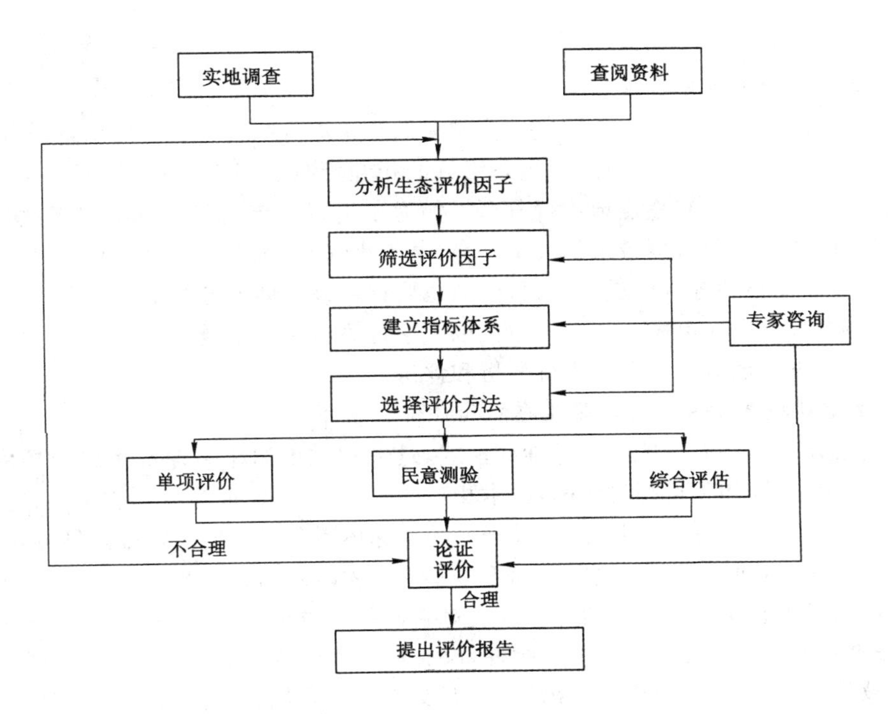

图 11-1 城市生态评价的程序

一、评价指标建立的原则

城市生态研究已经为城市生态评价提供了依据和可供借鉴的规律，总结和提高城市生态评价应当遵循以下原则。

（一）整体性和层次性相结合

城市是一个生态系统，从不同的研究角度可以将城市分为区域（如从社会、经济地理和文化地域分异性的角度）、景观（如从城市景观规划、城市空间格局、城市景观生态过程等角度）和生态系统（如城市物质循环和能量流动及其生产效率、城市人口发展等）。从这些角度对城市进行研究，都会发现城市是一个异质性等级结构系统，内部有多层结构，在地域空间上可以组成巢式结构，如城市-分区（城区、城乡过渡区、城郊区）-功能区-小区（住宅区、街区、大的单位）-斑块。因此，城市生态评价要兼顾整体性和层次性，不能仅仅孤立地从传统生态系统组成角度分析各组成部分的生态环境状况，而要从整体出发，在多个层次上进行评价，一般城市要在城市整体和功能区两个层次上进行，特大型和超大型城市要在城市整体和功能区之间增加分区层次。

（二）目的性和针对性相结合

城市生态评价要有目的性和针对性地结合城市生态学、应用生态学、城市景观学的原则。城市生态评价虽涉及多方面的问题，但评价总是为解决特定的问题而进行的，也就是针对特定的目的，进行城市总体规划、城市各专项规划、城市生态管理或者仅为城市某一项大型工程的可行性论证或方案论证等。虽然都要从整体和局部分层次进行全面评价，但要针对不同的评价目的制定不同的评价方案和要求，为特定的目的服务，要提供充分的和有针对性的依据。

（三）综合性和突出重点相结合

城市生态评价是综合评价，需要应用多学科的知识进行综合分析和信息整合，从整体的联系的角度，分析城市各空间实体、各生态组分的相互影响和联系，确定某项活动的综合生态学效应或后果，同时要有重点地进行分析。如为了进行城市河流及其河岸带整治的论证或方案规划，既要对工程可能带来的城市环境、城市小气候、城市景观美化和格局、流域生态过程的连续性和完整性等方面进行全面评价，也要针对该具体河道当前的状态和位置、它在城市景观中的作用、它在市民心目中的地位以及它能发挥哪些社会的、经济的、生态的和文化的功能等，有重点地对一些方面进行分析和评价。

（四）注重环境质量评价与加强生态功能评价相结合

城市生态评价尚没有一般性的标准或模式，过去对城市的相关评价多注重环境质量评价，其评价指标、标准和项目相对明确，技术相对成熟，而生态方面尚处于边实践、边研究、边完善的过程中，客观上要制定相关的比较全面的指标体系和标准比较困难，需要通过更多的研究、解决许多基本问题并在实践中得到更多验证后才能做到。因此，在城市生态评价实践中要着重加强对生态功能和过程的评价以及对它们的影响的评价，不仅要评价其功能的状况，更要评价其可能的变化特点或可持续性，没有持续性的高效益实践就是短期行为、急功近利，应特别予以否定。但也应当指出，并不能要求生态环境系统始终保持完全不变，而是要对其变化的方向和可能的前景有基本的估计和认可。

（五）提出问题和提供对策相结合

城市生态评价是为了应用评价结果，发现问题是为了避免问题的出现和解决问题或者降低问题的严重程度。因此，城市生态评价要在提出问题的同时提供相应的解决方案，甚至是多个供选择的方案，并做出投入和产出的比较。

城市生态系统是一个复合人工生态系统，因此其评价指标体系的建立在科学上属于复杂的多属性评判问题。它不是一维简单的物理量，而是一个包括物理因素、社会因素及心理因素在内，由众多属性组成的多维多层向量。其难点在于各分量之间的综合评判方法。但无论如何，这种指标体系应具备一定程度的完备性（能覆盖和反映系统的主要性状）、层次性（根据不同的评价需要和详尽程度分层分级）、独立性（同级指标之间应具有一定程度的独立性）、合理性（可测度、可操作、可比较、可推广）、稳定性（在较长的时期和较大的范围内都能使用）（王如松，1996）。具体可以归纳为以下几点：

(1) 综合性：以城市复合生态系统的观点为指导，在单项指标的基础上，构建能直接而全面地反映城市功能、结构及协调度的综合指标。

(2) 代表性：城市生态系统结构复杂、庞大，具有多种综合功能，要求选用的指标最能反映系统的主要性状。

(3) 可比性：既充分考虑城市发展的阶段性和环境问题的不断变化，使确定的指标具有社会经济发展的阶段性，同时又具有相对稳定性和兼有横向、纵向的可比性。

(4) 层次性：根据不同评价需要和详尽程度对指标分层分级。

(5) 可操作性：有关数据有案可查，在较长时期和较大范围内都能适用，能为城市的发展和城市的生态规划提供依据。

二、指标体系的构建方式

采用层次分析方法构建指标体系，先确定城市生态评价的主要方面，然后将其分解为能体现该项指标的亚指标，按此原则再次进行分解，直至最底层的单项评价指标。这里构建了一个 3 层次的生态城市评价指标结构的框架，如图 11-2 所示，它们的最高级(0 级)综合指标为生态综合指数(ECI)，用以评价城市的生态化程度；一级指标由结构、功能和协调度 3 个方面组成；二级指标是根据前述评价指标选择原则，选择若干因子所组成；三级指标又是在二级指标下选择若干因子组成整个评价指标体系。

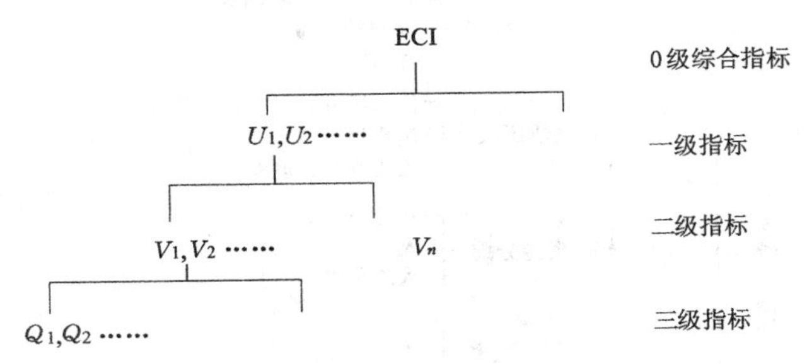

图 11-2　生态城市评价指标分级

由于城市生态系统的结构、功能和协调度都是由许多因子组成的，其中有些因子可以定量并且容易定量，而有些因子是难以定量或者说是难以取得定量数据的。因此，对二级指标，特别是三级指标的选择只能根据评价指标建立的原则加以选择，不可避免地存在着不完备的缺陷。随着对城市生态系统研究的发展和日益深入以及统计资料的不断完备，对二级指标，特别是三级指标还可以进行不断修改和补充。目前，生态城市评价指标体系主要包括以下内容(图 11-3)：

(1) 人口密度：人口密度是反映人类生活条件、资源利用和环境压力的重要变量，因此必须控制其增长速度，维持适度的人口密度使城市发展规模和环境容量相一致。

(2) 人均期望寿命：人均期望寿命不仅能反映一个地区医疗保健、社会福利和人们的健康水平，同时也可反映该地生态环境的质量。

(3) 万人中高等学历人数：是指常住人口中具有大专以上学历(包括在校大专、大学生)的人数，它反映了人口的素质，其比例越高，则社会智能化程度越高，城市文明程度越高，有利于科学技术的进一步发展。

(4) 人均道路面积：人均道路面积是市政基础建设的一个重要指标，反映了城市人流、物流、能流的畅通程度。人均道路面积越高，则系统内的流通效率越高。

(5) 人均住房面积：住房条件是城市生活设施中最重要的要素，人的各种需求，绝大部分通过住宅得到自我实现和自我发展。由于人均住房面积与城市经济的发展、居民生活状况紧密相关，可以映射出城市基础设施水平。

(6) 万人病床数：该指标反映了城市医疗保健设施的完备程度。城市应为人们提供一个安全、可靠的医疗保障系统，而病床数是最基本的硬件设施。

(7) 污染控制综合得分：污染控制采用 1995 年 37 个城市环境综合整治定量考核污染控制指标，包括水污染排放总量削减率、大气污染排放总量削减率、烟尘(控制区)覆盖率、环

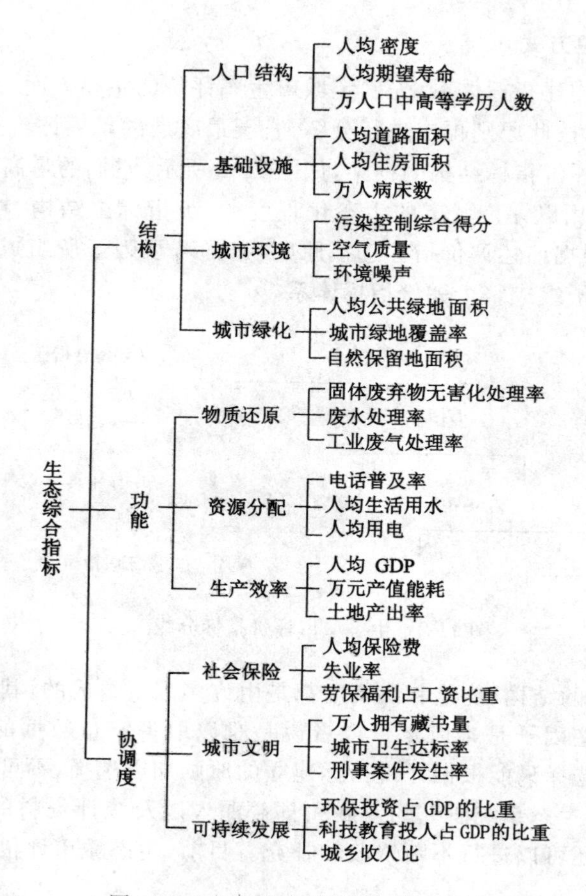

图 11-3 生态城市评价指标体系树状图

境噪声(达标区)覆盖率、工业废气达标率、民用型煤普及率、工业固体废弃物综合利用率、危险废物处置率。

(8) 空气质量:好的空气质量不仅为城市居民创造一个令人心情舒畅的环境,而且是发展技术密集型产业的重要条件之一。大气环境质量的评价也涉及许多不同的因子,鉴于我国城市大气污染主要为煤烟型污染,因此目前选用最富代表性的 SO_2 浓度作为评价指标。

(9) 环境噪声:随着城市的发展,噪声污染已侵入到城市的各个角落,严重影响城市居民的工作、学习和休息。良好的城市生态环境应该是一个比较安静的环境。

(10) 城市绿地覆盖率:城市绿地覆盖率是衡量城市绿化程度最基本的指标,是指市区各类绿地面积与市区总面积的比值。将其作为城市生态评价的一个指标,是因为它能反映环境的质量和人们的生活质量。

(11) 人均公共绿地面积:人均公共绿地面积是城市环境质量方面的一个重要指标,人均公共绿地拥有量越多,良好的生态环境越有保证。

(12) 自然保留地面积:城市中自然保留地是指国家级或地方级的自然保护区以及国家森林公园等,其面积比例越高,表明人与自然的协调程度越高。它不仅会提高城市景观的多样性,而且有利于提高人居环境质量和增强人们的生态意识。

(13) 固体废弃物无害化处理率：固体废弃物无害化处理率高，则城市排放的废弃物量就少，这不仅能够减少对环境的污染，而且有利于废弃物资源化，促进生态系统的良性循环。

(14) 废水处理率：废水处理率是指经过各种水处理装置处理的废水量与城市产生废水总量的比值，它是反映废水治理程度的重要指标。

(15) 工业废气处理率：工业废气是目前城市大气污染的主要来源。工业废气的处理对改善大气环境的贡献最大，其处理率越高，大气质量越有保障。

(16) 电话普及率：现代社会的高效率及通讯便捷，可由电话普及率来反映。电话普及率为人口拥有电话的数量，是社会进步程度的重要指标。

(17) 人均生活用水：人均生活用水反映了城市居民使用自来水的便利程度，从一个侧面反映其生活质量的高低，同时也反映城市水资源状况。

(18) 人均用电：人均用电为城市每天人均消耗的电量(包括工业用电和生活用电的总和)，它反映了城市生活质量和生产水平的高低。

(19) 人均 GDP：虽然生态城市侧重于生态环境的优美和生活的舒适，但所有这些都是建立在一定的经济基础上的，而且随着经济的发展，将会有更多的资金用于环境保护，减少污染，改善基础设施，提高人们的生活质量。

(20) 万元产值能耗：万元产值能耗是指每万元国内生产总值所消耗的能源数量，是能源利用效率的直接反映。其数值越小，能源利用效率越高。能源利用效率高不仅可以减少环境污染，而且可以促进生产工艺的改进，提高工业生产率。降低能源消耗、节约能源，有利于城市的可持续发展。

(21) 土地产出率：土地产出率以单位面积上的产值计算，它体现了土地面积和产品的经济价值之间的关系，反映了一个城市的技术结构，是衡量城市总体功效的一个指标。

(22) 人均保险费：人均保险费是指一年内保险费的收入与城市总人口的比值。该项指标反映了城市保险市场的健康发展，社会总体生活水平的高低。

(23) 失业率：失业人口是指在劳动年龄内具有劳动能力和就业要求而无业的人员。失业率是指失业人口与社会总劳动人口之比，该指标反映了一定时期内城市就业状况和经济发展形势，也是反映劳动力资源的一个辅助指标。

(24) 劳保福利占工资比重：劳保福利是社会保障制度的重要内容，可以用来衡量城市的协调性。

(25) 万人拥有藏书量：万人拥有藏书量是衡量一个城市的物质文明和精神文明协调程度及人们总体素质的指标。

(26) 城市卫生达标率：城市卫生达标率包括环境卫生、市容卫生、单位及居民区卫生等达到一定程度的指标。可按国家爱卫会对卫生达标评比的等级分类，确定卫生达标率。

(27) 刑事案件发生率：刑事案件发生率是指每百人口中的刑事案件发生数量，是衡量一个城市社会安定程度的重要指标。

(28) 环保投资占 GDP 的比重：环境改善、污染整治、环境设备的引进、清洁技术的开发、清洁能源的开发及利用等都必须要投入一定的资金，其比重的多少，反映了政府对环境保护的重视程度，以及环保意识的普及程度，是衡量城市走生态化道路的指标之一。

(29) 科技教育投入占 GDP 的比重：科学技术是第一生产力，科技教育直接关系到城市发展及城市居民的素质，科技教育投入关系到城市发展的速度与水平。

（30）城乡收入比：城乡收入比是指农民人均收入与城市居民人均收入的比值。城市的发展趋势是城市乡村化、乡村城市化，两者日渐融合，两者的差距将逐渐减小，这是城市生态协调发展的方向。

三、评价的一般程序

城市生态评价的一般程序如图 11-4 所示。

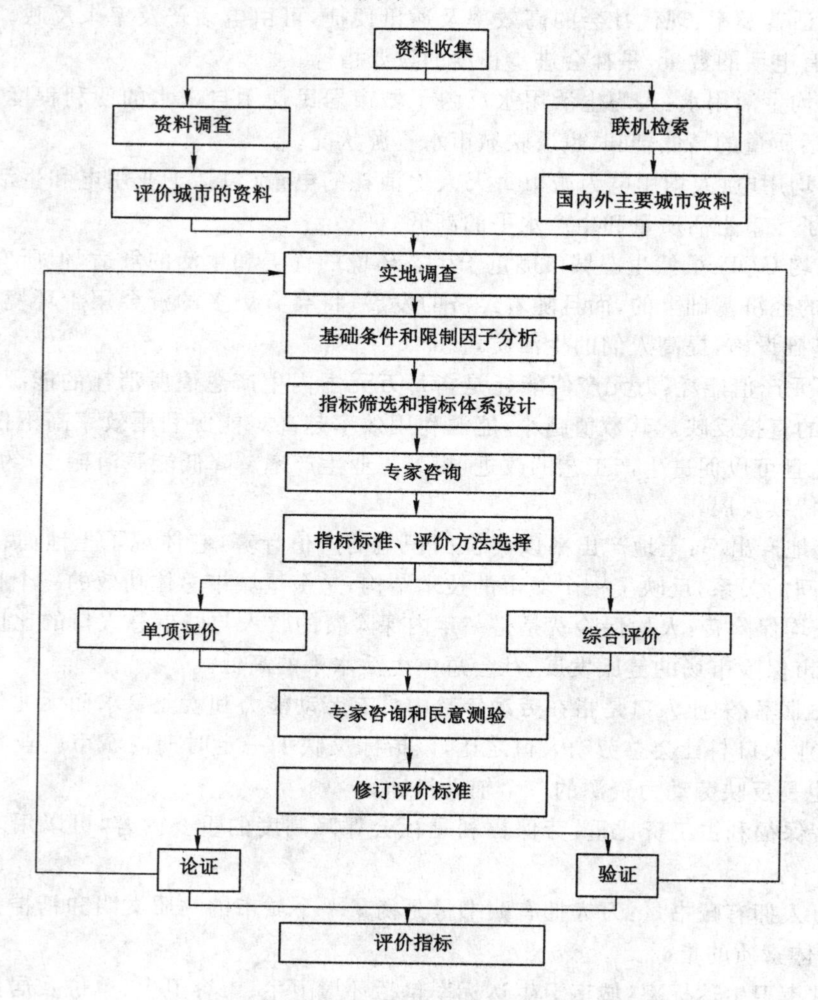

图 11-4 生态评价的一般程序

四、评价标准的制定

城市生态评价离不开对各项评价指标标准值的确定。有些指标（如大气环境、水环境、土壤环境等）已经有了国家或国际标准或经过研究被公众认可的标准。对于这些指标，可以直接使用规定的标准进行评价。但是有些指标（如人均期望寿命、万人口中具高等学历人数、土地产出率、人均保险费、环保投资占 GDP 比重等）并没有一定的标准，需要根据具体情况来确定。

为了适应当前城市生态评价的要求，确定评价标准时应根据以下原则：

(1) 凡已有国家标准或国际标准的尽量采用规定的标准值；

(2) 参考国外生态环境良好的城市的现状值作标准值；参考国内城市的现状值作趋势外推确定标准值；

(3) 根据现有的环境与社会、经济协调发展的理论，力求将标准值定量化；

(4) 对目前统计数据不完整但在指标体系中很重要的指标，在缺乏有关指标统计前，可暂用类似指标替代。

根据以上原则，表 11-1 提供了当前发展阶段城市生态评价标准值，供参考。

表 11-1　　建议当前发展阶段的生态城市指标的标准值

项目(地域)			单位	标准值	依据
结构	人口机构	人口密度(市区)	人/km²	3 500.00	参照柏林、华沙、维也纳之平均
		人均期望寿命(市城)	岁	78.00	东京现状值
		万人口中高等学历人数(市域)	人	1 180.00	首尔现状值
	基础设施	人均道路面积(市区)	m²	28.00	伦敦现状值
		人均住房面积(市区)	m²	16.00	东京、首尔现状值
		万人病床数(市区)	床	90.00	参考国内领先城市
	城市环境	污染控制综合得分(市区)	分	50.00	国家环境保护部制订标准，50 分为满分
		空气质量(二氧化碳)(市区)	mg/L	15.00	深圳现状值
		环境噪声(市区)	dB(A)	<50.000	国家一级标准
	城市绿化	人均公共绿地面积(市区)	m²	16.00	国内城市最大值
		城市绿地覆盖率(市区)	%	45.00	深圳现状值
		自然保留地面积率(市区)	%	12.00	国家生态环境建设中期目标
功能	物质还原	固体废弃物无害化处理率(市城)	%	100.00	国际标准
		废水处理率(市城)	%	100.00	国际标准
		工业废气处理率(市城)	%	100.00	国际标准
	资源配置	百人电话数(市区)	部/百人	76.00	东京现状值
		人均生活用水(市区)	L/d	455.00	参考东京、纽约、巴黎、香港、圣保罗、首尔城市的平均值
		人均生活用电(市区)	kW · h/d	8.00	巴黎、东京、大阪、首尔、新加坡城市平均值
	生产效率	人均 GDP(市城)	元	400 000.00	东京现状值
		万元产值能耗(市城)	t 标煤	0.50	香港现状值
		每平方千米土地产出率(市城)	万元	70 000.00	香港现状值

续表 11-1

项目(地域)			单位	标准值	依据
协调度	社会保障	人均保险费(市区)	元	2 100.00	根据香港、广州等城市外推
		失业率(市区)	%	1.20	国际大城市就业最好的年份
		劳保福利占工资比重(市区)	%	50.00	可达到的最大值
	城市文明	万人藏书量(市区)	册	34 000.00	东京、首尔、莫斯科的现状值平均
		城市卫生达标率(市区)	%	100.00	国家标准
		刑事案件发生率(市区)	件/万人	0.05	外推值
	可持续性	环保投资占 GDP 的比重(市城)	%	2.5	发达国家现状值外推
		科教投入占 GDP 的比重(市城)	%	2.5	发达国家现状值外推
		城乡收入比	0～1	1.00	根据缩小城乡差别的要求

本章小结

城市的生态评价是要对城市生态系统中的各个组成成分的结构、功能以及相互关系的协调性进行综合评价，以确定该系统的发展水平、发展潜力和制约因素。一般运用层次分析法对城市进行生态评价。

思 考 题

1. 什么是城市生态评价？城市生态评价的目的和意义是什么？
2. 城市生态评价的内容是什么？
3. 建立城市生态评价指标的原则是什么？
4. 根据城市生态评价的一般程序，请选择一个你熟悉的城市进行生态评价？

第十二章　城市生态管理

管理是人类为了提高系统的功能和效率所从事的各种各样有目的的活动。大量的事实证明，如果仅仅有建设而没有管理，建设项目既不能充分发挥它本来的自身效率，也不能长期维持它自身特有的功能，有时候甚至还可能会产生一定的负面效应。对于城市生态系统来说则更为严格，因为城市生态系统各个要素之间存在着相互联系、相互制约的关系，每一个环节出错都会产生严重的后果，所以应该进行合理的生态管理。其目的是通过有效的管理，规范人类的生态行为，改善城市生态的结构，以此使得城市生态环境系统功能达到最佳，效率达到最高，建设成人与自然高度和谐的现代化人类栖息地。

第一节　城市生态管理的概述

一、生态管理的概念

生态管理(ecosystem management，eco-management)的前身是20世纪60年代～70年代以来以治理为特征的对环境污染和生态破坏的"应急环境管理"。70年代末到80年代兴起的清洁生产，促进了环境污染管理向工艺流程管理的过渡，通过对污染物最小排放量的环境管理，来减轻环境的源头压力。90年代发展起来的产品生产周期分析和产业生态管理将不同部门和地区之间的资源开发、加工、疏通、消费和废弃物再生过程进行了系统的组合，优化了系统结构和资源利用效率。目前生态管理无论是作为理论还是实践仍处于发展之中。

不同的机构和学者从不同的角度对"生态管理"进行了不同的定义。

(1) 美国土地管理局把生态管理定义为：根据生态学、经济学和社会学原理，以一种能保护长期的生态持续性、自然多样性和提高生产率的方式对生态和物理系统进行的管理。

(2) 环境保护机构将生态管理定义为：生态管理就是在修复和维护生态系统的健康、可持续性和生态多样性的同时支持可持续的经济和社会发展。

(3) Ovelbay把生态管理定义为：仔细和熟练地将生态学、经济学、社会学和管理学原理运用到生态系统的管理中去，目的是在长期内生产、修复或维持生态系统的完整性、用途、产品、价值和服务等。

(4) 王如松认为：生态管理就是要运用系统工程的手段和生态学原理协调人与自然、经济与环境、局部与整体间在时间、空间、数量、结构、序理上复杂的系统混合关系，促进物质、能量、信息的高效利用，技术和自然的充分融合，人类的创造力和生产力得到最大限度地发挥，生态系统功能和居民的身心健康得到最大限度地保护，经济、自然和社会得以持续、稳定、健康地和谐发展。

综上所述，可以把生态管理的定义归纳为：运用生态学、经济学、管理学、系统学和社会学等多个学科的原理方法和现代科学技术来全方位地管理人类的行动对生态环境和资源的影响，力图平衡社会经济发展和生态环境保护之间的冲突，最终实现经济、社会和生态环境的协调可持续发展。

二、城市生态管理的基本内涵

城市生态系统是一个自然-经济-社会的复合生态系统。城市生态管理是依据生态学原理，运用国家政策、法律法规、经济、技术、行政、教育等各种手段对城市生态环境各种生态关系进行调节和控制，对城市生态环境系统的结构、功能及协调度进行管理和调控，限制或禁止各种损害环境质量的行为，将此称为城市生态环境管理或城市环境管理（杨士弘等，2003）。换句话说，就是研究城市生态系统中的自然环境和人工环境的管理，以及规范人类的生态行为等，把这些组分科学地组织起来，把城市的物流、能流、信息流等有效地综合起来，充分发挥它们之间的协调作用，以达到城市生态系统的最佳效能。其核心是研究怎样充分发挥人们在城市生态系统管理中的主导作用。

在过去的几十年里，对城市的管理主要是经济管理、生产管理，然而却将自然生态系统排除在管理系统对象之外。从 20 世纪 70 年代开始，城市生态管理得到了世界各国的普遍重视。1973 年，国际管理协会美国环保局（EPA）作了地方环境质量调查，并将城市环境问题进行了一定的归纳。到了 70 年代中期，美国贝利等人汇编了城市生态环境管理的研究成果《城市环境管理》。美国在不同的高等院校也相继设立了“城市规划或城市环境规划系”。

我国城市生态管理从 20 世纪 70 年代初的城市污染源调查和城市环境质量评价开始，到 1979 年成都环境保护会议提出“以管促治、管治结合”的方针，标志着我国城市生态环境管理从此走上了综合防治的轨道。因为城市生态环境中的各个要素之间存在着相互联系、互相制约的关系。自 20 世纪 80 年代以来，城市环境管理逐渐由单纯的环境污染控制，转向了城市生态环境管理。国内的许多城市先后编制了城市生态经济建设规划或者城市生态建设规划，把经济发展建立在城市生态平衡的基础上，以实现城市生态系统的良性循环，使得整体功能达到最优的效果。

第二节 城市生态管理的原则

城市生态管理以可持续发展的观点为指导，其原则主要依据以下几个方面。

一、人与自然协调原则

虽然城市生态系统是一种高度人为控制的人工复合生态系统，但是它的生活和生产活动仍然与自然界有着紧密的联系，并且人与自然之间的协调是城市发展所要追求的目标，人类的活动应该遵循自然规律。如果违背自然规律，将人的意志凌驾于自然规律之上，最终将会带来一系列意想不到难以解决的问题，甚至是灾难，从而妨碍城市的进一步发展。

二、资源利用与更新协调原则

城市生态系统是资源消耗的中心，在进行资源利用时，要使其与资源补充和更新相协调。资源消耗、资源更新和补充的速度，将会决定其结构和功能的状况，从而对城市生态系统的社会和经济发展带来重要影响。

三、环境胁迫和环境承载力协调原则

城市生态系统被认为是改变了原来生态系统面貌的陆地生态系统，对原系统内部和外部环境都造成了巨大的威胁，如果超过环境承载力，将会导致生态失调，甚至生态灾难等。对此，城市生态系统应加强，以保证环境威胁和环境承载力相协调，使系统能够长期平稳运行下去。

四、三个效益统一的原则

城市发展应该坚持社会效益、经济效益和环境效益三者统一，不应只是片面追求经济效益而以损害环境效益为代价，否则，经济发展水平上去了，人们的生活环境质量相反却下降了，最终反过来又制约了经济的发展。

五、城乡协调的原则

由于特殊的位置和区域关系，城市与其周围乡村有着十分广泛的经济、社会和生态联系。从经济、社会联系来看，城市是个强者，乡村经济、社会的发展依附于城市；从生态联系来看，城市又是弱者，乡村的生物生产力和环境容量是城市存在的基础。城乡协调发展包括城乡产业协调、市场协调、规划和建设协调、生态环境协调以及体制与政策协调等。

第三节 城市生态管理的内容

城市生态管理的内容是对城市生态系统中各个组成要素的作用及其相互关系进行管理和调控。城市生态管理既不同于城市管理，也与环境管理有着一定的区别，它既不可能涵盖城市的各个要素，也不能只局限于城市的环境要素，它应该抓住生态作用显著的要素进行合理管理。城市生态管理基本可分为自然资源管理、城市环境管理、城市人口管理、城市景观管理和综合管理5个方面。

一、自然资源管理

城市自然资源种类多种多样，以下着重讨论对城市土地资源的管理。

城市土地资源除包括城市市区内的土地资源外，还应该包括人类建(构)造的建筑物等，它不仅仅是城市的载体，为城市发展提供地域空间，而且也是城市经济的重要组成部分。城市土地是城市人口以及其聚集环境分布的空间基地，是城市生产力布局以及其发展的环境空间基地，是城市存在的天然基础。

城市土地资源的特性有：

(1) 区位条件的重要性：城市土地对城市来说最重要的是区位。工业化城市最重要的位置是处于市中心、商业繁华的闹市区，信息灵通、交通方便的地段。对现代化生态城市来说，除了应该考虑以上条件之外，还应该考虑生态环境可持续，实现区域的山水相伴，环境宜人。

(2) 开发利用的集约性：城市是人口、建筑、产业密集的地域，反映在土地利用上也必然是密集的、集中的、高效的。

(3) 需求扩大的稀缺性：因为人口不断增加和社会经济的发展，对土地的需求不断扩大，而且可供人类利用的土地资源并非是无限的，所以产生了土地资源的稀缺性。在市场经

济条件下，如何加强城市土地资源管理，使其发挥最大的效益，进而扩大城市的经济总量，提高城市的承载能力，增强城市对劳动力的吸纳能力，提升城市综合竞争力，已经成为地方各级政府思考的重要内容之一。正如：每个城市都需要拥有一个与城市总体规划相匹配的土地利用规划，这个规划必须具有一定的法律效力。城市的各种建设项目都应该按照整个城市土地利用规划以及详细的分区土地利用规划合理有效地使用土地。

我国城市土地资源管理的现状主要表现在两个方面：一方面，社会经济发展与土地资源合理配置关系日益密切；另一方面，出现了土地资源配置市场机制失灵和政府宏观机制失控同时发生的现象。

综合以上因素，我国城市土地资源的矛盾主要体现在以下方面：

(1) 土地利用规划与城市发展规划不够协调

城市建设以总体规划为依据，由城市建设管理部门负责制定，而城市土地利用规划是土地管理部门负责制定的。双方在制定规划时如果没有充分交流，两个规划必有不相协调的部分，这将会给今后的建设管理造成不利影响。例如，土地利用规划中划定的基本农田保护区有些在城市发展用地控制区内，有些甚至在近期建设用地范围内，这样使科学合理的建设行为实施起来比较困难，特别是事关经济发展大局的重点项目往往因此影响了速度和效益。

(2) 土地管理与建设规划管理步调不够一致

法律法规对土地管理和建设规划管理程序都有比较明确的规定，但是实际执行过程中由于部门之间互相配合不力，导致两个方面的管理时常脱节，给城市建设和土地管理造成影响，不能保证城市建设有序进行，或者造成办事效率低下，影响建设速度。这主要还是一个管理体制和领导体制问题，必须要求城市建设管理部门与城市土地管理部门要协调一致。

(3) 城市用地紧张与土地浪费并存

在我国城市化发展快速推进的过程中，有的城市政府加强了对土地开发利用的强度，城市土地资源被过度的利用，城市土地生态系统的自我更新能力遭到破坏。尽管我国城市用地面积增长的速度比较快，但城市人均占地面积仍低于世界平均水平，人地矛盾十分突出。目前，城市地皮紧张、住宅拥挤、道路堵塞、交通不便、教育文化体育等基础设施无法满足市民实际需求。同时，城市土地使用过程中的浪费现象十分突出，由于长期以来在计划经济体制下土地资源无偿划拨或无偿使用，很多城市土地出现了多征少用，早征迟用，甚至征而不用的奇怪现象，一些城市不顾中央和上级政府的要求和国家有关政策法规的规定，擅自乱征乱用土地。例如，很多城市盲目发展开发区，出现“开而不发，围而不用”现象，导致了大量土地资源被浪费。

(4) 城市土地市场化运作尚待规范

有的地方为了多渠道筹集城市建设资金，热衷于拍卖黄金地段的土地，这种市场化运作方式本来无可非议，但往往偏离方向，未能充分考虑城市功能分区的需要，未能严格按照城市规划进行控制，结果把绿地的土块作为建房，把住宅区的建成工业区或者商业区，又因为客观存在行政干预，以致法定的建设规划人为地变成了一纸空文。这需要城市建设与土地管理部门在开发利用城市土地时要充分考虑城市近期目标与远期发展的关系，协调好局部利益与整体利益的关系，合理开发利用城市土地。政府部门要从长远利益着想，舍去一部分眼前利益，按照城市总体规划，并可适当增加城市绿地建设等公共设施建设，以改善城市的景观、生态环境，完善城市功能，提高城市的吸引力，从而最终使城市土地升值，达到开发与利用的目的。

针对目前我国城市土地资源存在的状况，要使有限的城市空间发挥最大的效用，必须高度重视对城市土地资源的管理，努力提高土地资本的利用效率和地域空间的生态环境效益及经济效益。这就必须要做到：政府应起到先行指导城市开发管理土地的作用，使用土地的人应该事先知道各地块在城市规划中可以做什么，怎样做，以及不可以做什么。

二、城市环境管理

这里所说的环境主要是城市物理环境。城市环境管理的内容众多，主要由城市环境因子管理、城市环境质量管理和城市环境卫生管理组成。

1. 城市环境因子管理

城市环境因子管理是指城市大气、土壤、水体和气候因子等的单项要素管理。城市环境因子直接影响到市民的身心健康，同时，人类活动也会使环境因子发生一定程度相应的改变。所以，一方面，深入研究人类活动与环境因子之间的相互关系，掌握两者之间的作用规律，为城市环境管理提供理论依据；另一方面，在城市环境管理实践中，人类行为和城市管理决策应该为这种相互关系服务，并且协调城市居民与环境因子的相互关系。

2. 城市环境质量管理

城市环境质量是指城市大气、水体、土壤等的质量状况及其动态变化。根据国家、地方、行业指定的污染物排放标准，控制污染物的排放。譬如，根据《工业废水最高允许排放浓度》《地表水环境质量标准》《大气环境质量标准》等要求按照标准控制环境质量，使之符合既定目标。污染物控制指标一般分为综合指标、类型指标和单项指标。

城市环境质量管理，首先，应根据城市环境保护的目标，制定环境管理的质量标准以及其指标体系。环境质量标准主要是指规定的各种污染物在环境中的允许含量和允许范围内，它是城市环境质量管理的依据。其次，要对城市环境质量进行监控。城市环境质量监控是城市环境质量管理的重要环节，包括对大气、水体、土壤等环境质量的监控，也包括对污染源和污染事件的监测分析等。此外，城市环境质量管理还应包括对城市环境的整体考虑和评价。

3. 城市环境卫生管理

城市每天都在消耗着大量物质资源，同时也会产生大量的废弃物，尤其是生活垃圾和生活污水，量大面广，这是城市环境质量管理所面临的一大难题。

城市生活垃圾管理是一项复杂的系统工程，包括收集、运输、处理和处置等多个环节，同时也涉及商品生产、疏通和消费等各种各样的活动。从生态管理的角度来看，依据生活垃圾的日产量和成分及动态变化规律，要求有足够数量的城市垃圾收集点并进行合理布局，同时要实行垃圾分类收集，为垃圾的无害化和资源化创造前期条件；运输系统的合理配置不仅仅在数量上，而且在空间上和时间上都应该进行优化管理，制定出相应的数量和质量指标。

城市垃圾管理的核心是后期的垃圾处理和处置。目前主要的处置方法有：堆肥法、焚烧法、填埋法、热解法以及蚯蚓床法等。其中，填埋法是当前一些城市处置生活垃圾最主要的方法，但是它的缺点是埋掉了许多有用成分，而且也会对地下水造成或多或少的污染。总而言之，目前这些常用的处置技术都有其各自的优点，但是共同的缺点是没有充分利用城市生活垃圾中的有用资源，这正是当前所面对的有待于进一步研究解决的问题。

保护环境是我国的一项基本国策，我国环境保护部门已经制定了一系列行之有效的方针政策来依法治理城市环境，主要有以下几方面：

(1) 中国环境管理的32字方针：全面规划、合理布局、综合利用、化害为利、依靠群众、大家动手、保护环境、造福人民。

(2) 中国环境保护的三大政策：预防为主、谁污染谁治理、强化环境管理。而随着污染治理社会化、产业化的发展，谁污染谁治理将发展为谁污染谁付费。

(3) 中国环境保护的八项制度：环境影响评价制度；“三同时”制度（指防止污染和环境破坏的设施建设必须与主体工程同时设计、同时施工、同时投产）；排污收费制度；保护目标责任制制度；城市环境综合整治定量考核制度；排污许可制度；污染集中控制制度；污染限期治理制度。

三、城市人口管理

城市人口是城市生态系统的核心。城市人口管理的基础是人口普查，其中内容包括人口出生、死亡、迁入、迁出、婚姻状况、生育状况、在业人口的职业状况、文化程度、年龄、性别、民族、居住状况等。它是一种多目标的调查，是对某一城市的全部人口进行的一次性的、直接的、普遍的调查。通过人口普查，可以获得某一总体在某一时间点上人口状况的静态资料。人口普查的各种记录、等级资料以及经常登记制度，是城市人口管理的客观依据，是制定人口和经济、社会发展规划最直接、最可靠和最有说服力的原始材料，对人口的自然变动管理、人口机械变动管理和人口质量管理都具有直接的指导作用。

人口自然变动管理是指在城市不同时期和不同情况下，以动态人口作为研究对象，根据人口的动态发展变化规律，有组织、有计划地调节和控制人口在农村和城市之间的迁移，也包括人口在不同城市之间以及不同国家之间的迁移，其管理方法主要是加强户籍管理和人口迁移登记制度；人口质量管理既要把握当前城市人口的素质现状，同时也要注意提高城市人口素质，其中提高人口素质主要是指优生优育和加强后天教育训练。人口的质量与人口的数量是对立统一的关系，两者之间相互联系、相互制约，控制城市人口数量将会有助于提高人口质量，而人口质量的提高又能够促进人口数量的控制。

四、城市景观管理

城市景观可以是自然条件下形成的各种自然景观，也可以是经过人工改造或者人工建造的人文景观。通常城市景观是指一定地面上的无机的自然环境和有机的生物群落相互作用的综合体，一定地面的景观由相互作用的板块所构成，在空间上形成一定的分布格局，在时间上演绎成一定的时间配置。但要使这些相互独立的板块、格局在建设中达到和谐化、整体化、系统化，就必须对城市景观进行合理的、有效的管理，一般从以下几个方面入手。

（一）城市绿地系统管理

城市绿地系统管理包括对绿地的数量和质量的管理，为此需要建立城市绿地系统档案资料库，将绿地面积和类型落实到大、中比例尺的地形图上，对于果树苗木典型公园绿地和专用绿地也要有相应的专门档案，经常检查日常养护管理是否按技术规范进行。与此同时，建立严格的相关制度并执行定期的绿地系统动态报告制度。

（二）城市自然景观管理

自然保护区和自然风景区的管理都是城市生物多样性比较集中的地方，是大自然为人类提供的物质、精神财富，具有极高的保护价值。所以，需要建立统一的管理机构，有目的、有计划地进行城市生物多样性调查，做好多样性编目工作，在此基础上建立生物多样性信息系统。除此之外，必须有专业的职能部门对各类城市自然景观进行常年维护和养护，使各种各类的自然景观能够得到较好的保护和管理。

（三）城市人文景观管理

城市人文景观的种类很多，包括形式多样的古建筑、近代建筑和现代建筑。不同时期的建筑本身就体现了不同时期的文化特点和技术水平，具有很高的研究价值。城市土地资源的深度开发，使城区的自然地貌发生了很大的改变或者破坏，给城市的古文物和历史遗痕的保护带来了巨大的难度。为此，城市用地和城区建设项目应通过文物管理部门审核，在城市建设中则应有文物部门的及时监控，并加强对地下文物和地面文物的保护。

第四节　城市生态管理的方法

城市生态管理是一项复杂的工作，从目前的情况来看并无成熟的经验可循，可以考虑采取多种措施，协同配合，达到管理的目的。

一、行政方法

城市生态管理的行政方法，是指市政部门依靠行政组织，运用行政手段来组织、指挥、监督城市和城市内各部门的活动。这些行政组织是按照行政管理的需要组织起来的管理单位，它的主要职能是接受上级领导的授权和指令，并向下级授权和发布指令，实行严格的等级制度。每一级行政组织和每一个行政岗位都有严格的职责和权利范围，实行层层负责，统一管理。从目前我国城市生态管理的现状来看，部门之间条块分割严重，以城市水资源管理为例，地下水和地表水管理分离，水资源利用和水资源保护分离，各自为政，常常使工作在时间和空间上存在局限性。

在污染源数量较少的场合，行政手段往往最为可行。例如，在只有少数发电站产生某种大气污染物（如二氧化硫）作为主要污染源的情况下，对于管理者来说，规定削减标准可能比排污许可证交易（这种情况下市场可能较小）或污染权更为便宜和简单。

行政手段所面临的主要问题在于它们的可靠性和制裁能力。如果政府的环境管理政策不可靠，那么政策目标就无法实现；如果行政手段不能达到强制执行，那么对于个人和集体来说，就几乎没有必要遵守这些规章制度。

二、法律方法

城市生态管理的法律方法是指为了广大城市居民的根本利益，通过各种环境保护和城市管理的法律、法令、条例等，以规范城市中各集团、单位和个人的行为，保证人们的生产和生活在合适的环境下顺利进行。我国城市生态环境管理的法律、法规目前主要有《中华人民共和国环境保护法》《中华人民共和国森林法》《中华人民共和国海洋环境保护法》《征收排污费暂行办法》《基本建设项目环境管理办法》《工业企业噪声卫生标准》《大气污染质量标准》

《生活饮用水卫生标准》《城市区域环境噪声标准》等，新颁布的《中华人民共和国刑法》中也规定了对违反环境保护法规的犯罪行为加以惩处，使得其他人能够引以为戒。除此以外，各地政府也制定了一些相应的环境保护和城市建设方面的条例。在城市生态管理中，除了加强立法以外，还应该严格执法，以保证法律的尊严和法律的效力。

三、经济方法

经济方法与行政方法、法律方法一样，也属于强制性的管理方法，不同之处在于它运用经济手段，以经济杠杆来实现城市生态管理。对城市生态系统持续发展的产业和活动在经济上给予支持，对于可能危害城市生态环境的产业和活动在经济上给予限制，对危害城市生态环境的行为进行惩罚。

目前，在城市环境保护方面主要采取的经济手段有以下几种：

(1) 征收排污费，实行排污许可证制度；

(2) 征收资源使用费，实现公共资源有偿使用；

(3) 征收环境补偿费，损害者负担恢复原环境的费用；

(4) 奖励惩罚综合利用，鼓励提高资源利用率等。

除此之外，对于无废生产实行奖励政策，补贴没有直接经济效益的环境保护设施，对环境保护措施进行低息或无息贷款，这些都是城市生态环境管理中行之有效的方法。

四、网格化方法

近几十年来，随着管理实践中新理念的不断出现，网格化管理也随之应运而生。网格化管理既是一种管理技术，也是一种管理思路。所谓网格化管理，就是处理当前复杂管理事务的一种新兴管理模式，其基本含义为：它是基于网格思路在所选范围内实现信息整合、运作协同、条块综合的现代网格系统式的一种管理。网格化管理采用的万米单元网格管理法，监督员适时监督网格单元里的最新动向，发现问题及时通报。城市管理问题得到了准确的定位，大大避免了管理的盲目性，从被动地管理方式转变为主动地管理方式。

五、参与性的手段

城市资源环境与居民的生活质量有着密不可分的关系，所以社会公众是加强城市环境管理的原动力。信息公开和公众或民间团体的参与已经成为市场手段、行政手段之外的重要管理手段。

1. 信息公开

信息公开使城市中的消费者能够有更加充分的信息进行选择，从而能够抵制对城市环境有害的产品和服务，使用对城市环境友好的产品和服务。如能源效率标志使得消费者可以在那些起初花费多但是运行成本低的用品之间做出选择。企业污染排放情况公开是另一信息公开方法，使得公众能够监督厂商对城市环境保护的遵守程度。

2. 公众参与

鼓励广大公民直接参与城市可持续发展的管理非常重要，其中一个重要的途径就是在城市重大项目的环境评估中进行公众听政。这种方法提高了公众对环境问题的意识，并且在判定开发过程如何对其周围环境产生重大影响的时候向这个社区提供有效的声音。公众参与是对城市环境基础设施进行成功管理的关键。

本章小结

城市生态管理对实现经济、社会和生态环境的协调可持续发展具有重要的作用。城市生态管理的原则体现在人与自然的协调原则、资源利用与更新协调原则、环境胁迫和环境承载力协调原则、三个效益统一的原则和城乡协调的原则。城市生态管理主要分为自然资源管理、城市环境管理、城市人口管理、城市景观管理和综合管理 5 个方面。城市生态管理的方法可分为行政的、法律的、经济的、网格化的和社会的五大类管理。

思考题

1. 城市生态管理的基本内涵是什么?
2. 城市生态管理的主要原则是什么?
3. 城市生态管理的主要内容有哪些?
4. 城市生态管理有哪些主要的方法手段?

第三篇　环境(应用)生态学

第十三章　环境污染生态效应

第一节　环境污染

一、环境污染的概念

环境污染是指人类活动或自然因素使环境要素或其状态发生变化，环境质量恶化，扰乱和破坏了生态系统的稳定及人类正常生活条件的现象。在实际工作中常以环境质量标准为依据，来判断环境是否被污染和被污染的程度。

凡是对环境产生污染的物质称为污染物或污染因子，污染环境的物质发生源称为污染源。污染源包括自然污染源和人为污染源。自然污染源分为生物污染源和非生物污染源：生物污染源包括细菌、病原体、蚊、蝇、鼠等，非生物污染源包括火山爆发、地震、泥石流、森林火灾、沙尘暴、洪水等。人为污染源分为生产性污染源和生活性污染源：生产性污染源包括工业、农业、交通、科研等，生活性污染源包括居住、饮食、医院、商业等。

二、环境污染的类型

造成环境污染的污染物种类繁多，其形态各异，因此可根据不同的目的、不同的标准形成多种不同的分类方法和类型。

按环境污染物的类型和特点可以将污染物分为天然污染物和人为污染物。按环境污染要素可分为大气污染物、水体污染物、土壤污染物和生物污染物。按污染物的性质可分为物理性污染物、化学性污染物和生物性污染物。

三、环境污染问题发展

环境污染产生的原因是由于资源的浪费和不合理使用，使有用的资源变为废物进入环境而造成的。而环境问题主要是由于人类活动所引起的环境质量下降，对人类及其他生物的正常生长和发育产生危害的现象。人类面临的环境问题主要包括 3 类。

（1）即全球性的大气环境变化。全球性的大气环境污染问题越来越突出，重灾区在亚洲、非洲和欧洲等国家，包括中国中东部、印度北部等，目前无缓和的迹象。图 13-1 所示为全球 $PM_{2.5}$分布图。

（2）大面积的生态破坏。污染物排放和资源的不合理利用、水土流失、植被破坏（图 13-2）、生物多样性锐减等，造成大面积的生态破坏。

（3）突发性的严重污染事件。由于人为或自然灾害，一些突发性的严重污染事件越来越多，给社会、经济和环境均造成严重的影响，如：污水偷排引起的受纳水体生态破坏、工业原料填埋不当引起居民中毒、原油侧漏引起海洋污染、森林火灾引起的生态破坏等。图13-3

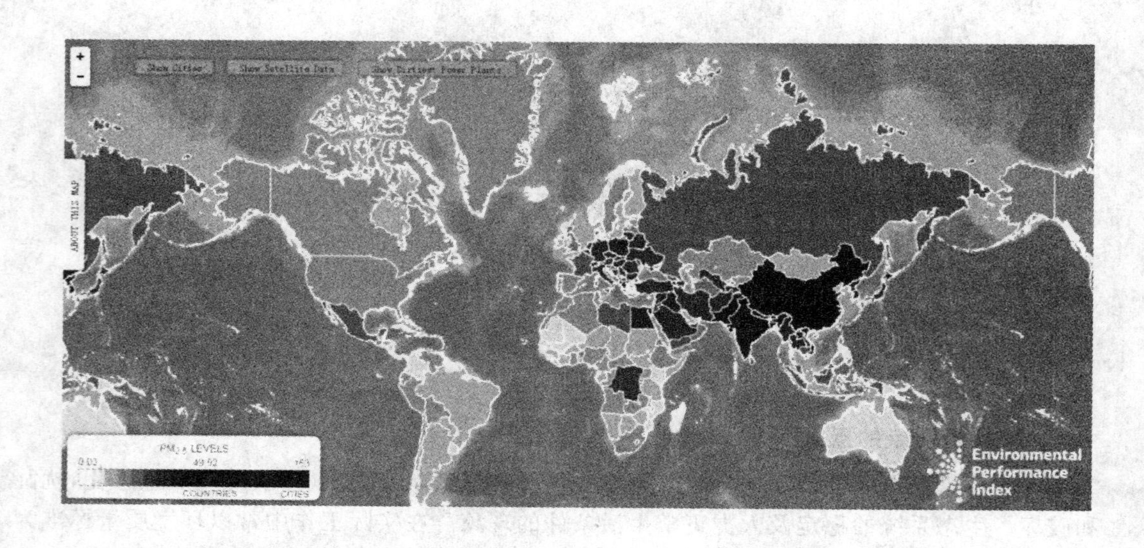

图 13-1

图 13-2

所示为有毒有害气体泄漏引发的空气污染问题。

另外，环境污染的特征是影响范围广、作用时间长、污染情况复杂、污染清除难。例如，江苏太湖蓝藻污染问题(图 13-4)，影响到环太湖流域的饮水安全和生态环境问题，每年春季到秋季都较为规律地爆发，国家和江苏省都投入了大量的人力、物力和财力进行治理，采用了排污截留、生态修复、底泥疏浚、人工打捞等方式，均未取得显著改善。

图 13-3　突发性有毒有害气体泄漏

图 13-4　江苏太湖蓝藻污染

第二节　污染物在环境中的迁移

污染物进入环境的方式主要有 3 种：第一，人类生产生活过程中无意排放的，比如：森林火灾、交通事故、工厂爆炸等；第二，被迫排放的，人类在生产和生活中形成的废水、废气和废渣等；第三是人类故意排放的，人类为了农业增产施用的化肥、除草剂等或人类为了交通便捷而形成的汽车尾气等。

进入环境的污染物一般经过迁移、转化、降解（矿化）等 3 类具体途径进行去除，由于污染物迁移转化的方向、速度和强度不同决定了不同的污染物所经过的途径不一样。

一、污染物在环境中的迁移

污染物的迁移（transport of pollutants）是指污染物在环境中发生的空间位置的移动。影响污染物迁移的因素包括污染物性质、环境介质温度、吸附剂种类等。迁移的结果导致局部环境中污染物的种类、数量和综合毒性强度发生变化。污染物在环境中的迁移主要有三种形式。

（一）机械迁移

机械迁移是指污染物在环境介质（水、气等）或重力场中扩散、机械搬运作用下发生空间位置的变化。机械迁移因为作用力不同又可分为以下几种。

（1）气的机械迁移作用：包括污染物在大气中的自由扩散作用和被气流搬运作用。这种迁移往往会受到气象条件、地形地貌特征、排放浓度和排放高度等因素影响。

（2）水的机械迁移作用：包括污染物在水体中的扩散作用和被水流搬运作用。这种迁移受到水文条件、排放浓度和距离排放远近等因素影响。

（3）重力的机械迁移作用：污染物和它的搬运载体在重力作用下的迁移运行。粒径比较大的颗粒状污染物经常发生重力迁移。

（二）物理-化学迁移

物理-化学迁移是污染物在环境中迁移的最重要的形式。这类迁移的结果决定了污染物在环境中的存在形式、富集状况和潜在危害程度。这个过程包括风化淋溶、挥发、溶解-沉淀、氧化-还原、吸附-解吸、络合、水解等。

例如：大气中的碳氢化合物和氮氧化物等，在阳光（紫外线）作用下发生光化学氧化反应产生臭氧（O_3）、过氧乙酰硝酸酯（PAN）和醛类等物质。一次污染物和二次污染物的混合物所形成的烟雾称为光化学烟雾，如图 13-5 所示。

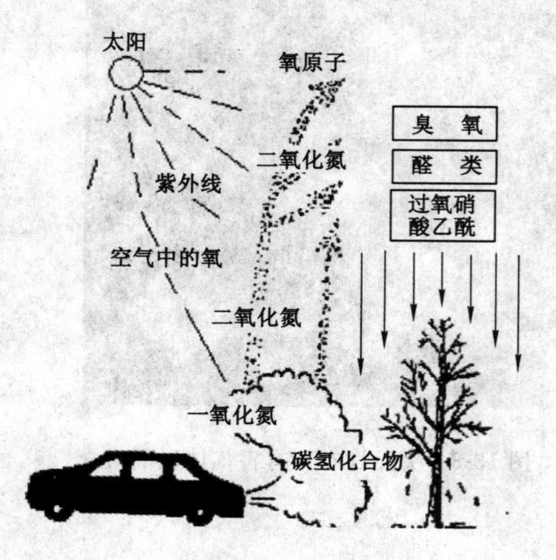

图 13-5 光化学烟雾形成原理图

例如：当含有 Hg^{2+} 的河水流入海洋时，水中氯离子浓度逐渐增高，河口水体中的 Hg^{2+} 逐次形成 $Hg(OH)_2 \rightarrow Hg(OH)Cl \rightarrow HgCl_2 \rightarrow HgCl_3^- \rightarrow HgCl_4^{2-}$。其中的 $Hg(OH)Cl$ 与水中的悬浮态黏土矿物和氧化物吸附力最强，而 $HgCl_2$ 的吸附力最差。因此，$Hg(OH)Cl$ 部分的汞大量转移到悬浮态固相或沉积物中，而部分的汞仍然留在水体中。

（三）生物迁移

生物迁移是污染物通过生物的吸收、代谢、生长、死亡等过程所实现的迁移，包括生物浓缩、生物积累和生物放大。

1. 生物浓缩

进入生物体内的污染物经过生物体内的分布、循环和代谢，部分生物必需的物质构成了生物体的成分，其余的生命必需和非生命必需物质中，容易分解的经过代谢作用排出体外，不容易分解、脂溶性较强、与蛋白质或酶有较高亲和力的，就会长期残留在生物体内。如：DDT 和狄氏剂等农药、多氯联苯、多环芳烃和一些重金属，性质稳定，脂溶性很高，被摄入动植物体内后即溶于脂肪，很难分解排泄。随着摄入量的增加，这些物质在体内的浓度会逐渐增加。

生物浓缩，又称为生物学富集，是指生物机体或处于同一营养级上的生物种群，从周围环境中蓄积某种元素或难分解的化合物，使生物体内该物质的浓度超过环境中浓度的现象。生物浓缩的程度可用生物浓缩系数（BCF）来表示。

$$\mathrm{BCF}=\frac{\text{生物体内污染物的浓度}}{\text{环境中该污染物的浓度}}$$

2. 生物积累

生物积累是指生物个体随其生长发育的不同阶段从环境中蓄积某种污染物，从而浓缩系数不断增大的现象。生物积累程度用生物积累系数（BAF）表示。

$$\mathrm{BAF}=\frac{\text{生物个体发育较后阶段体内蓄积污染物的浓度}}{\text{生物个体发育较前阶段体内蓄积污染物的浓度}}$$

3. 生物放大

生物放大是指生态系统同一食物链上，某种污染物在生物体内的浓度随着营养级的提高而逐步增大的现象。生物放大的程度用生物放大系数(BMF)表示。污染物生物迁移和放大积累过程如图 13-6 所示。

BMF＝较高营养级生物体内污染物浓度/较低营养级生物体内该污染物的浓度

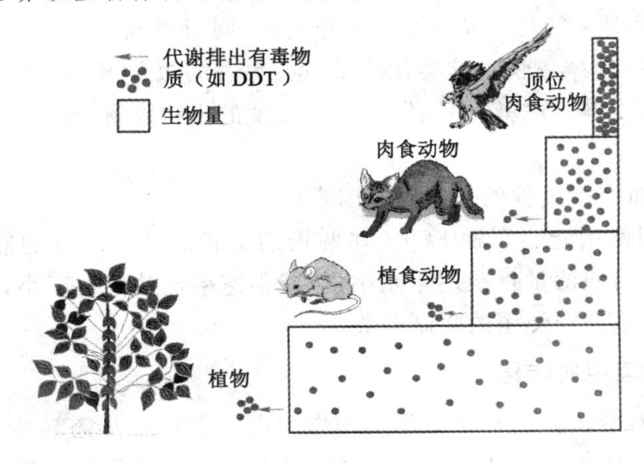

图 13-6　污染物生物迁移和放大积累过程

污染物的迁移作用使污染物可以输送到很远的距离，局部性污染引起区域性污染，甚至全球性污染，这也是造成环境污染成为当代主要环境问题的原因之一。如：在人迹罕至的地球两极已经发现有机氯农药、多氯联苯、氟利昂等持久性有机污染物(Persistent Organic Pollutants，POPs)存在，它们主要通过物理、化学的和生物的方式发生迁移，从污染物产生地传输到很远的地方。POPs 的全球迁移如图 13-7 所示。

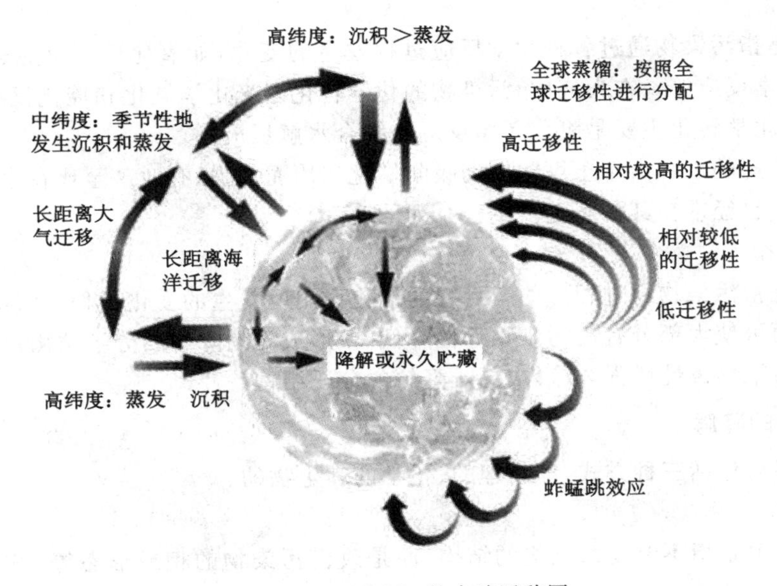

图 13-7　POPs 的全球迁移图

POPs 的全球迁移过程受到多方面原因影响，是一个复合介质作用结果。

(1)“大气稀释”:能将 POPs 从释放源带到从未使用过 POPs 的清洁地区。

(2) 物理去除过程:通过物理作用将 POPs 从一相转移到另一相,如部分 POPs 通过吸附从水相转移到土壤和底泥中,这部分 POPs 通常不参与全球迁移。

(3) 化学反应:POPs 在大气中会发生部分光解,同时可与大气中通过光化学反应产生的强氧化剂反应,去除速率更快。这类化学反应会大大缩短 POPs 的半衰期。

(4) POPs 在水、土壤、食物链中能发生一定程度的生物降解、光解等反应,这部分 POPs 不能参与全球循环。

(5) 对空气/界面交换过程的一些限制因素。

以上因素的共同作用能够缓解 POPs 在两极的沉积趋势。现有的监测数据也表明,许多 POPs 在极地地区的残留量正在逐年减小,但减小速率比其他地区小,这可能也与近年来全球范围内对 POPs 生产和使用的限制有关。

二、污染物在环境中的转化

污染物在环境中通过物理、化学或生物的作用由一种存在形态转变为另一种存在形态的过程称为污染物的转化(transformation of pollutants)。污染物的转化和迁移虽然是两个不同的概念,但是污染物的迁移过程往往伴随着污染物本身的形态转变。

各种污染物在环境中的转化过程取决于它们的物理化学性质和所处的环境条件。从污染物转化的形式看,其可分为物理转化、化学转化、生物转化三种类型。

1. 物理转化

物理转化是指污染物通过蒸发、渗透、凝聚、吸附以及放射性元素的蜕变等一种或几种过程实现的转化。

2. 化学转化

化学转化是指污染物通过各种化学反应过程发生的变化,如氧化还原反应、水解反应、络合反应、光化学反应等。在大气中,污染物的化学转化以光化学氧化和催化反应为主。在水体中,污染物化学转化主要是氧化还原反应和络合水解反应。

在土壤中农药的水解由于土壤颗粒的吸附催化作用而加强,有时甚至比在水中还快;金属离子在土壤中也经常在其价态上发生一系列的改变。

3. 生物转化

生物转化是指污染物通过相应的酶系统的催化作用所发生的变化过程。污染物生物转化的结果一方面可使大部分有机污染物毒性降低,或形成更易降解的分子结构;另一方面可使一部分有机污染物毒性增强,或形成更难降解的分子结构。

三、污染物的降解

污染物的降解包括三种方式,即物理的、化学的和生物的。

1. 物理降解

所谓物理降解是指不改变污染物的结构,而是改变污染物的相或形态等。以挥发性物理降解为例说明。

挥发作用是有机物质从溶解态转入气相的一种重要的迁移过程。挥发作用速率依赖于有机物质的性质和水体的特性。如果有毒物质具有“高挥发”性质,那么在影响有毒物质的迁移转化和归趋方面，挥发作用是一个重要的过程。然而，即使毒物的挥发作用较小时，其挥发作用也不能忽视，这是由于有机物的归趋是多种过程的贡献结果。

2. 化学降解

有机物在水环境中遇到的氧化剂主要有：$RO_2\cdot$、$RO\cdot$ 和 $\cdot OH$。

$$RO_2\cdot + ArOH \longrightarrow RO_2H + ArO\cdot$$

$$RO_2\cdot + ArNH_2 \longrightarrow RO_2H + ArNH\cdot$$

3. 生物降解

生物降解的条件控制包括微生物驯化、pH 值、温度、底物浓度、营养、化合物结构等。

生物降解是污染物降解的主要途径，因其成本低廉、低耗高效和二次污染物少而被全世界广泛应用。如何提高生物降解的效率、降低生物降解的能耗和如何在生物降解中实现污染物的资源化利用等问题成为世界范围内研究的热点。

第三节　生物在污染生态过程中的作用

一、植物对污染物的吸收与迁移

（一）植物对污染物的吸收

对气态污染物的粘附和吸收，主要决定于植物表面积的大小和粗糙程度。对水溶态污染物的吸收，主要通过扩散和质体流途径（即污染物随蒸腾拉力，在植物吸收水分时一起到达植物根部）到达根表面。图 13-8 所示叶子表面吸附的灰尘。

（二）污染物在植物体内的迁移

从根吸收的污染物能进入导管，随蒸腾拉力向地上部移动。通过叶片吸收的污染物，可从地上部向根部运输。环境中重金属元素浓度低时，以有机络合物的形态迁移；浓度高时，以游离的离子态形式存在。

二、动物对污染物的吸收与迁移

（一）动物对污染物的吸收

1. 呼吸吸收

部分污染物能穿过肺泡；部分污染物能在肺部长期停留，使肺部致敏纤维化或致癌；部分污染物运至支气管，刺激气管壁产生反应性咳嗽而排出。

图 13-8　叶子表面吸附的灰尘

颗粒物根据其直径大小，分总悬浮颗粒物（TSP）、PM_{10}（直径小于 10 μm）、$PM_{2.5}$（直径小于 2.5 μm）和 PM_1（直径小于 1 μm），后三者称为可吸入颗粒物。因为它们可以被吸入人体呼吸系统，尤其是 $PM_{2.5}$ 和 PM_1 能进入肺脏最深部，进入人体血液，在人体内积聚，引起或加重哮喘病，急性呼吸系统症状如咳嗽、呼吸困难或疼痛及慢性支气管炎，对老年人和儿童危害尤为明显。大气中的颗粒物对人体危害如图 13-9 所示。

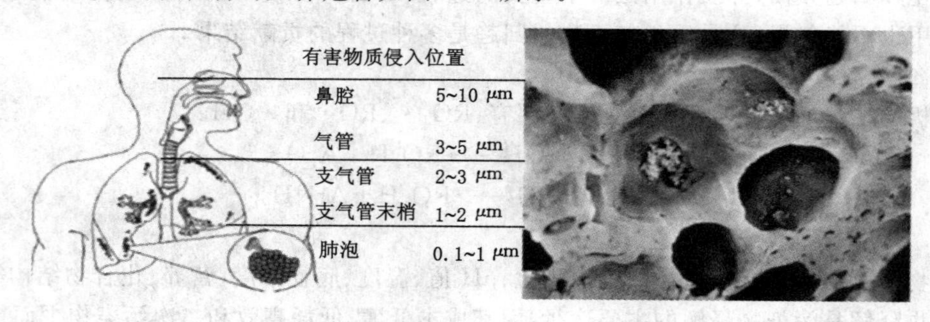

图 13-9 大气中的颗粒物对人体危害

2. 消化道吸收

消化道是动物吸收污染物的主要途径,肠道黏膜是吸收污染物的主要部位之一。

(二)污染物在动物体内的迁移和排出

动物主要以粪便和尿的形式直接将污染物排出,或通过胆汁、乳汁、呼气、毛发等将污染物排出。

三、微生物对污染物的吸收与迁移

微生物对污染物有着很强的吸收和分解能力。大多数微生物的细胞壁都具有能结合和固定污染物的能力。

细胞的能量转移系统在物质转运过程中,不能区分电荷相同的物质是否为代谢所需物质,所以,一些污染物可能随代谢必需物进入微生物细胞。

第四节 污染生态效应

人们往往把一些不利于和利于生态系统进化的现象统称为“生态效应”。不利于生态系统中生物体的生产和发展的变化,即不良生态效应,包括致畸、致突变、生物产量下降、生理上的不适甚至死亡等。

当污染物进入生态系统,参与生态系统的物质循环,势必对生态系统的组分、结构和功能产生某些影响,在生态系统中由污染物引起的响应即为污染生态效应,包括生物个体污染效应、生物群落污染效应和生态系统污染效应。

生物个体污染效应是指环境污染对生物的影响表现在生物个体层次上的反应。例如,日本水俣病引起患者肌肉萎缩等症状。

生物群落污染效应是指环境污染在生物种群以上层次上的反应。例如,全球气候变暖,引起物种迁移路线和时间的改变。

生态系统污染效应是指环境污染对生态系统结构与功能的影响。例如,由于水体污染引起的水体的富营养化和水体黑臭,鱼类灭绝、微生物种群多样性降低等生态系统结构和功能受损。

一、环境污染的生态响应

种群内对污染适应程度不同的个体，在种群中的比率发生调整，伴随抗性个体比例的升高，种群的遗传结构发生变化，这种遗传变化在世代间的不断积累，将提高种群对污染的适应水平。

在进化过程中，长期处于单一环境的生物，很难适应这种环境的变迁，有的分布区退缩到偏僻的地带，有的则会消失。

污染的选择力大于“自然”环境的选择力，大多数生物因此改变了进化方向，以前主要是对“自然”环境的适应，现在转而对人类改变的污染环境的适应。

二、污染生态效应的发生机制

污染物进入生态系统后，污染物与污染物、污染物与环境之间相互作用，并使之成为生物的有效状态，决定其能否为生物体吸收，并随食物链流动，产生各种复杂的生态效应。

1. 物理机制

污染物可以在生态系统中发生渗滤、蒸发、凝聚、吸附、解吸、扩散、放射性衰变等物理过程。伴随着这些物理过程，生态系统的某些因子的物理性质发生改变，从而影响生态系统的稳定性，导致各种生态效应的发生。如：热电厂向水体中排放冷却水造成的“热污染”所形成的生态效应，包括鱼类死亡、浮游动植物死亡等。

2. 化学机制

化学机制主要是指化学污染物质与生态系统中的无机环境各要素之间发生化学作用，导致污染物存在形式发生变化，其对生物的毒性及产生的生态效应也随之不断改变。

3. 生物学机制

生物学机制是指污染物进入生物体后，对生物体的生长、新陈代谢、生理生化过程所产生的各种影响。如对植物的细胞发育、组织分化以及植物体的吸收机制、光合作用、呼吸作用、蒸腾作用、反应酶活性、次生物质代谢等过程的影响。

4. 复合机制

污染物进入生态系统产生污染生态效应，往往综合了多种物理、化学和生物学的过程，而且往往是多种污染物复合作用，形成复合污染效应。它主要分为协同效应、加和效应、拮抗效应、竞争效应、保护效应、抑制效应和独立作用效应。

协同效应是指一种污染物的毒性效应因另一种污染物的存在而增加的现象。例如：混合功能氧化酶被胡椒基丁醚抑制，增加了拟除虫菊酯和氨基甲酸酯的毒性，其毒性增加为60倍和200倍，这是因为胡椒基丁醚抑制了拟除虫菊酯和氨基甲酸酯的解毒系统，从而增加了其毒性。

加和效应是指两种或多种污染物共同作用时，产生的毒性或危害为其单独作用时毒性的叠加。例如：一定剂量的化学物质A和B同时作用于机体，若A引起10%的动物死亡，B引起40%动物死亡，那么，根据相加作用，在100只动物中将引起死亡50只，只存活50只。

拮抗效应是指生态系统中的污染物因另一种污染物的存在而使其对生态系统的毒性效应减小。例如：在酸性条件下，铝离子(Al^{3+})对植物苗根具有很高的毒性，并能诱导过氧化物歧化酶(SOD)，当进入一定量的钙离子(Ca^{2+})后，大大降低了铝离子的毒性，SOD活性显著降低。因此,常常在酸性地区的土壤中加入钙,防治酸雨的危害。

竞争效应是指两种或多种污染物同时从外界进入生态系统,一种污染物与另一种污染物发生竞争,而使另一种污染物进入生态系统的数量和几率减少;或者是外界来的污染物和环境中原有的污染物竞争。

保护效应是指生态系统中存在的一种污染物对另一种污染物的掩盖作用,进而改变这些化学污染物的生物学毒性和对生态系统一般组分相接触的现象。

抑制效应是指生态系统中的一种污染物对另一种污染物的作用,能使之生物活性下降,不容易进入生态系统生命组分产生危害的现象。

独立作用效应是指生态系统中的各种污染物之间不存在相互作用的现象。由于各种化学物质对机体的侵入途径、方式、作用的部位各不相同,因而所产生的生物学效应也彼此无关联,各种化学物质自然不能按比例相互取代,故独立作用产生的总和往往低于相加作用,但不低于其中活性最强者。

三、污染生态效应的生态类型

1. 组成变化类型

组成变化类型是指污染物进入生态系统,导致生态系统某些因子、生态系统组成发生变化,包括非生物环境组成、生物组成和生物体内成分的变化。例如:农药滥用造成天敌减少,引起害虫大爆发;湖泊中氮、磷元素增加,引起藻类暴长,发生"水华"。

2. 结构变化类型

群落是指一定时间内、居住在一定区域或生境内的各种生物种群相互关联、相互影响的有规律的一种结构单元。结构变化是指污染物可导致群落组成和结构的改变,包括优势种、生物量、丰度和种的多样性变化等。例如:在严重污染的第二松花江的哈达湾江段,喜污性的普通等片藻代替了喜清水性的颗粒直链藻,并出现了耐污种颤藻,耐污性的绿眼虫代替了清水性的浮游动物。再例如:武汉东湖由于受富营养化的影响,湖中的植物由草型转变为藻型,湖底退化为次生裸地。图 13-10 所示水体污染前后水体中植物变化特征。

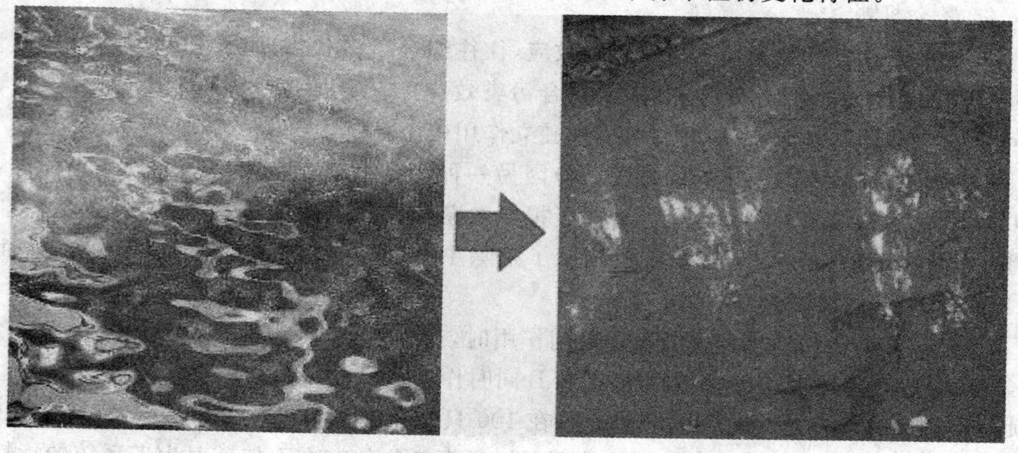

图 13-10 水体污染前后水体中植物变化特征

3. 功能变化类型

功能变化是指能流、物流、信息流等随结构的变化而变化。水环境污染可影响的水生生物行为主要有:对污染物的回避行为、捕食行为、学习行为、警惕行为。

4. 基因突变类型

基因突变是指 DNA 分子中碱基对的增加或缺失,或错误碱基对的置换。例如:内分泌干扰物会引起动植物生殖系统伤害和疾病,导致野生动物繁殖能力下降。内分泌干扰物主要有杀虫剂、多氯联苯、多环芳烃、塑料添加剂、食品添加剂、油漆和化妆品等。图 13-11 所示为畸形的青蛙。

5. 个体毒害类型

污染物进入生态系统后,与生物个体某些作用器官的特定部位(即受体)之间发生相互作用,产生一系列反应,生物体细胞发生变形、繁殖下降、发育受阻、失绿黄化、早衰,甚至坏死,生物个体遭受毒害。氯气对植物叶子的影响如图 13-12 所示。

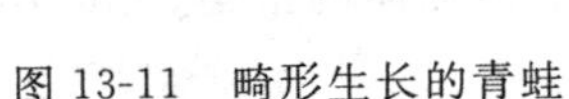

图 13-11　畸形生长的青蛙

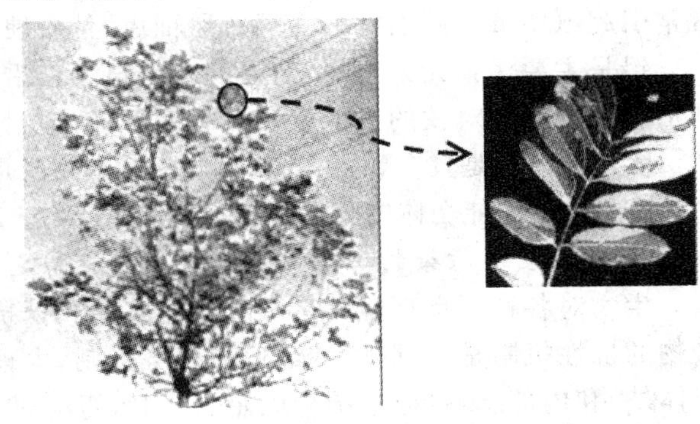

图 13-12　氯气对植物叶子的影响

6. 生理变化类型

生理变化是指污染物对动植物的危害,往往在未出现可见症状之前就引起了生理、生化过程的变化。比如:氟是环境中的主要污染物之一,在氟污染地区常引起氟中毒,氟引起的疾病有斑釉齿、骨质硬化症、骨质软化症和甲状腺肿瘤等。

7. 综合变化类型

污染生态效应的发生往往是一个综合的过程。复合污染生态效应的研究已经成为生态学研究的前沿领域与研究热点。

四、环境污染的短期效应

环境污染的短期效应是指污染物对生物个体毒害作用的评价,包括生物生理、生化过程受阻,生长发育停滞,最后可能导致死亡。

(一) 污染物对生物的毒害作用

1. 污染物对植物的影响

首先,污染物通过改变土壤微生物活性和酶活性以及抑制植物根系的呼吸作用,而影响植物根系对营养元素的吸收;其次,能抑制植物根系的呼吸作用,对植物细胞的超微结构、种子生活力以及植物生长、发育、生理生化诸方面的影响;最后,对植物生长、植物发育、植物生理生化等具有显著影响。

2. 对动物和人体的影响

污染物对动物有以下影响：

(1) 重金属元素能严重影响和破坏鱼类的呼吸器官，导致呼吸功能减弱。这些重金属能黏附在鱼鳃的表面，造成鳃上皮和黏液细胞的营养失调，影响对氧的吸收，降低血液输送氧的能力。

(2) 重金属还能降低血液中呼吸色素的浓度，使红细胞减少。

(3) 污染物对动物内脏的破坏作用极其明显。例如：农药对鱼类肝脏有明显破坏作用；氯丹可使湖鳟肝脏退化。

(4) 某些污染物还能使动物骨骼变形。

(5) 有机氯农药对鱼类、水鸟、哺乳动物的繁殖有严重的影响。

污染物对人类也有较为显著的影响。例如：氟是环境中主要的污染物之一，在氟污染地区常引起氟中毒。氟引起的疾病有斑釉齿、骨质硬化症、骨质软化症及甲状腺肿瘤。

铅是主要污染元素之一，对人的威胁很大。铅中毒引起贫血是因为亚铁螯合酶被干扰，使细胞核线粒体对铁的摄取量和利用率下降，抑制血红素的合成。

多环芳烃都是具有致癌、致突变作用。苯并芘是芳烃中致癌性最强的物质。有机污染物中的有机磷农药能在体内产生抑制酶的代谢产物。这种代谢产物常引起急性神经障碍症状。

(二) 生物对污染物的抗性

生物对各种不良环境具有一定的适应性和抵抗力，称为生物的耐性或抗性。生物对污染物的抗性机制是外部排斥(通过形态学机制、生理生化机制、生态学机制等将污染物阻挡于体外)和内部忍耐(通过结合固定、代谢解毒等过程，将污染物在体内富集、解毒)的综合结果。解毒是抗性的基础，但不是抗性的全部。

生物抗性可概括为：拒绝吸收、结合钝化、代谢转化、排出体外、改变代谢途径等。对于生物本身来说，抗性是它们在逆境中得以生存和延续的保证，是污染环境中生物多样性得以保持的基础。

五、环境污染的长期效应

环境污染的长期效应是指生物多样性的丧失和遗传多样性的丧失以及生态系统结构的简单化等。环境污染引起的物种丧失程度，并不亚于生态破坏。

(1) 遗传多样性的丧失，包括已有的遗传基因库的减少和新的遗传变异来源的降低。

(2) 物种多样性的丧失，在过去的400多年间，地球上约有2%的哺乳动物、1.2%的鸟类已经灭绝；

(3) 生态系统结构简单化、食物网简化、食物链不完整、物质循环路径减少或不畅通、能量供给渠道减少、供给程度降低、信息传递受阻等。

第五节 污染生态效应评价的基本方法

污染生态效应评价包括生物学评价法和综合评价法；生物学评价法是指用生物学方法，按一定标准对一定范围内的环境质量进行评定和预测；具体包括指示生物法、生物指数法和种类多样性指数法等。而综合评价法则包括重叠法、列表清单法与相关矩阵法和网络法等。

一、指示生物法

指示生物是指对某些物质(进入环境中的污染物)能够产生各种反应而被用来监测和评价环境质量的生物。

(1) 大气污染指示植物:作物、花卉、野生植物等均可用作指示植物。

(2) 水污染指示生物:浮游生物、水生微型动物、大型底栖无脊椎动物均可作为水污染的指示生物。

指示水体严重污染的生物,如颤蚓类、毛蠓、小颤藻等。

指示水体中等程度污染的生物,主要有居栉水虱、蜂巢席藻等。

指示清水水体的生物,如纹石蚕、扁蜉、簇生枝竹藻等。

二、生物指数法

1. 污染量指数法(IPC)

污染量指数法是以分析叶片中污染物含量为基础,监测大气污染的一种方法。

污染量指数法:

$$K_{IPC}=C_m/C_C$$

式中　C_m——监测点指示植物叶片中污染物的含量;

C_C——对照点同种植物叶片中污染物的含量。

根据 IPC 值,对各监测点污染程度进行分级:

Ⅰ级:清洁大气($K_{IPC}<1.20$);

Ⅱ级:轻度污染($1.21<K_{IPC}<2.0$);

Ⅲ级:中度污染($2.01<K_{IPC}<3.0$);

Ⅳ级:严重污染($K_{IPC}>3.0$)。

2. 生物指数法

评价水质用的生物指数,主要是依据不利环境因素(如各种污染物)对生物群落结构的影响,用数学形式来表现群落结构指示环境质量的状况。

(1) Beck 生物指数法(Beck,1955),用 I_B 表示。

$$I_B=2n_A+n_B$$

式中:I_B 是生物指数;n_A 为不耐有机污染的种数; n_B为耐中度有机污染的种数。

当 I_B值$=0$ 时,表示水体受有机物严重污染;

I_B值为 1～10 时,表示水体受有机物中度污染;

当 I_B值>10 时,表示水体为清洁水体。

(2) 生物指数法(Goodnight,1961)

$$生物指数(\%)=(颤蚓类个体数/底栖类动物个体数)\times 100\%$$

若生物指数<60%,水质良好;60%～80%,中度有机污染;>80%,严重有机污染。

(3) 水生昆虫与寡毛类湿重的比值

应用这种方法无需将生物鉴定到种,将底栖动物中昆虫和寡毛类检出,分别称重并按下式计算:

$$I=(\text{昆虫湿重}/\text{寡毛类湿重})\times 100\%$$

此数值越小，表示污染越严重；反之，数值越大，表示水质越清洁。

(4) 污染生物指数(BIP)

污染生物指数是指无叶绿素微生物占全部微生物的百分比，其指数按下式计算：

$$I_{BIP}=[B/(A+B)]\times 100\%$$

式中：A 为有叶绿素微生物数；B 为无叶绿素微生物数。

污染生物指数为 0～8，清洁水；8～20，轻度污染水；20～60，中度污染水；60～100，严重污染水。

本章小结

首先，本章重点讲述了污染物在环境各种介质（水体、大气和土壤等）中进行迁移、转化的特性。迁移和转化是污染物与环境介质相互作用的结果，是环境污染生态效应发生的基础。在此基础上，讲述了微生物在污染物转化过程中的作用。

其次，阐述了污染物对环境、生态产生的各种效应，生态效应产生的主要原因，污染生态效应的类型，并引发的环境对污染物的响应。

最后，总结了污染生态效应评价方法（定性和定量方式）和途径，为污染生态效应的研究提供依据。

思 考 题

1. 污染物的迁移和转化分为哪几种？各有什么特点？
2. 生物在污染物迁移转化过程中有哪些作用？
3. 污染生态效应发生的机制有哪些？污染生态效应类型有哪些？
4. 污染生态效应评价方式有哪些？

第十四章　环境污染防治的生态对策

第一节　生物治理技术

生物治理技术是指生物技术思想在环境污染治理和恢复中的体现，其目的是用生物技术手段解决人类所面临的种种环境问题。生物治理技术所依据的原理是：种类繁多的生物新陈代谢作用使各类污染物得到转化、转移，使其危害程度消除或降低。主要包括以下三个过程。

可生物降解的污染物通过生物降解作用转化为低分子物质。如：葡萄糖可以在好氧条件下被好氧微生物转化为二氧化碳和水；不可生物降解的污染物则通过生物蓄积的方法从环境中消除。如：利用废旧酵母可以从废水中富集重金属离子，并通过沉淀排除酵母菌的方法而去除废水中的重金属。随着世界能源危机的产生，环境污染治理的思路已经从环境污染消除到环境污染资源化利用。如：秸秆做沼气、污水处理厂发电、生态浮床中回收蔬菜等，均是利用微生物的作用将污染物进行降解同时，充分回收资源。

一、污(废)水生物处理法

(一) 活性污泥法

活性污泥法是利用人工培养和驯化的微生物群体降解污水中的污染物(有机物、氮、磷、SS、病毒等)，从而达到净化污水的目的。它包括好氧活性污泥法和厌氧活性污泥法两种。

好氧活性污泥是由好氧微生物和兼性微生物以及少量的厌氧微生物组成的一种絮体，具有良好的生物降解和生物絮凝作用。通过风机充氧和搅拌的方式，使好氧活性污泥和污染物进行充分接触和反应，可达到污水净化的目的；水体中的污染物在好氧活性污泥中微生物的作用下转化为二氧化碳等低分子物质，共分为两个过程：吸附和降解。图 14-1 为好氧活性污泥法工艺流程图。好氧活性污泥法主要应用于 COD 浓度低于 2 000 mg/L 的生活污水等处理。

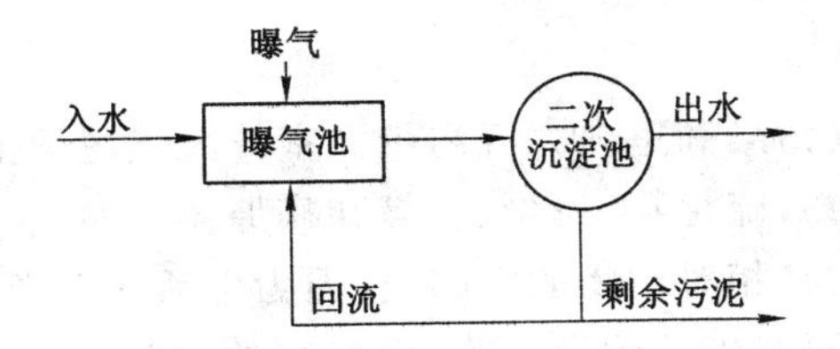

图 14-1　好氧活性污泥法工艺流程图

相反，厌氧活性污泥法是针对高浓度剩余污泥、高浓度工业污水处理而开发的一种无需充氧的厌氧处理法。厌氧生物处理法是在厌氧条件下，利用厌氧微生物分解污水中的有机物并产生沼气（甲烷和二氧化碳）的方法。厌氧活性污泥法主要包括水解酸化、产氢产乙酸和产甲烷等三个阶段。

活性污泥法主要依靠细菌的吸附和降解作用，其他藻类、真菌、原生动物和微型后生动物等与细菌及其生境组成一个复杂的生态系统和生物链，通过这个复杂的微环境生态系统的自我调节、自我恢复和自我完善，从而达到良好的生物净化效果。

（二）生物膜法

生物膜法是一类使生物群体附着于其他物体表面而呈膜状，当污水在流经其表面时，生物膜内的微生物与污水中的污染物发生接触氧化，使污水得到净化的生物化学方法。生物膜法根据填料（亦称生物载体）移动与否，可以分为固定床生物膜法和移动床生物膜法；根据生物膜法系统中溶解氧的高低，也可以分为好氧生物膜法和厌氧生物膜法。生物膜主要包括 4 种常见工艺：生物滤池、生物接触氧化、生物流化床和生物转盘。生物膜法的净化原理如图 14-2 所示。

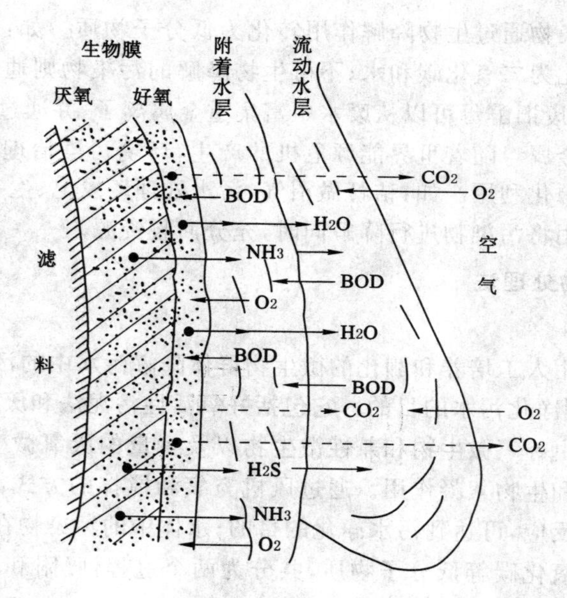

图 14-2　生物膜法水质净化原理图

二、大气污染的生物治理

大气污染包括室外大气污染和室内大气污染。室外大气污染主要是指生产过程中排放到空气中的污染物（氮氧化物、硫化物、粉尘、臭氧和病原微生物等）而引起的大气质量恶化的现象。室内大气污染是指在相对封闭的空间内，因为生活活动产生的污染物（装修产生的污染物、地铁内长时间逗留而产生的污染物等）而引起的污染。目前，常见的生物处理方法包括植物治理和微生物治理。

（一）植物治理

绿色植物是整个生态系统中的初级生产者，在物质循环和能量流动过程中具有十分重要的作用。绿色植物被称为“天然的过滤器”，绿色植物不仅能美化环境和造就景观、吸收粉尘和二氧化碳等，并能产生一定的氧气和湿度，同时还具有吸收噪声污染、阻隔辐射和大气污染监测等作用。

1. 吸收作用

绿色植物是吸收二氧化碳、释放氧气的天然氧吧，对调节大气中二氧化碳和氧气的平衡，稳定局部区域气候具有十分重要的作用。绿色植物具有非常巨大的吸附面积，具备强大的吸附能力。比如：$10^4\ m^2$的草坪，其叶面积为$2.2\times10^5\sim2.8\times10^5\ m^2$，而1 hm^2的柳杉林每年可以吸收720 kg的二氧化硫。另外，绿色植物还吸收各种离子，1 hm^2 的银桦能吸收11.8 kg氟。

2. 滞尘作用

首先，植物将根扎入土壤中，将地表土紧紧连在一起，形成地被层，抑制了扬尘的产生，具有涵养水样和固土防沙等作用；其次，有些植物叶片具有吸附灰尘的作用，因为植物叶面巨大，叶面粗糙多绒毛，能分泌黏性油脂和浆液等原因，大量的粉尘被固定在叶子表面。当然不同的树种、种植条件和气象条件等均会影响到植物滞尘效果。

（二）微生物治理

微生物作用是指利用微生物的新陈代谢过程，将大气中的污染物分解或转化为无害或低毒的物质。目前主要利用微生物法治理大气中的有机物，特别是挥发性有机污染物（VOCs）。

(1) 微生物吸收法：利用微生物和培养液组成的微生物吸收液作为吸附剂处理废气，然后再进行好氧生物处理，去除液体中吸收的污染物。这种方法适合于处理可溶性的气态污染物。

(2) 微生物洗涤法：利用污水处理厂剩余的活性污泥配制混合物，作为吸收剂处理废气。此法对脱除复合型臭气效果很好，脱臭率可达99％。

(3) 微生物过滤法：用含有微生物的固体颗粒吸收废气中的污染物，然后微生物再将其转化为无害化物质。常用的固体颗粒有土壤和堆肥，有的是专门设计的生物过滤床。

三、固体废弃物的生物处理

所谓固体废弃物是指放错地方的资源，只要充分利用和处理，固体废弃物即可成为有用的资源。固体废弃物的生物处理包括填埋、堆肥，即在人为控制条件下，利用微生物分解废弃物中的有机物的生物处理法。相对于固体废弃物的焚烧处理，生物处理对固体废弃物的减量化、无害化进行的不彻底。

1. 填埋法

填埋法又称为“卫生填埋”，是指对城市垃圾和废物在卫生填埋场进行的填埋处置。为防止对环境造成污染，根据排放的环境条件，采取适当而必要的防护措施，以达到被处置废物与环境生态系统最大限度的隔绝，又称为固体废物“最终处置”或“无害化处置”。而填埋处置是最终处置城市垃圾最经济有效的方法。其基本原理是：将垃圾填入已预备好的坑中盖上压实，使其发生生物、物理、化学变化，分解有机物，达到减量化和无害化的目的。卫生填埋如图 14-3 所示。

卫生填埋相对焚烧处理，投资和运行费用较低，但填埋场占地面积大，大量有机物和混入的一些有害物质的填埋，使卫生填埋场渗滤液防渗透、收集处理系统负荷和技术难度大，投资高，填埋操作复杂，管理困难，处理后污水也难以达标排放。此外，填埋场的甲烷、硫化氢等废气必须处理好，确保达到防爆和环保要求。

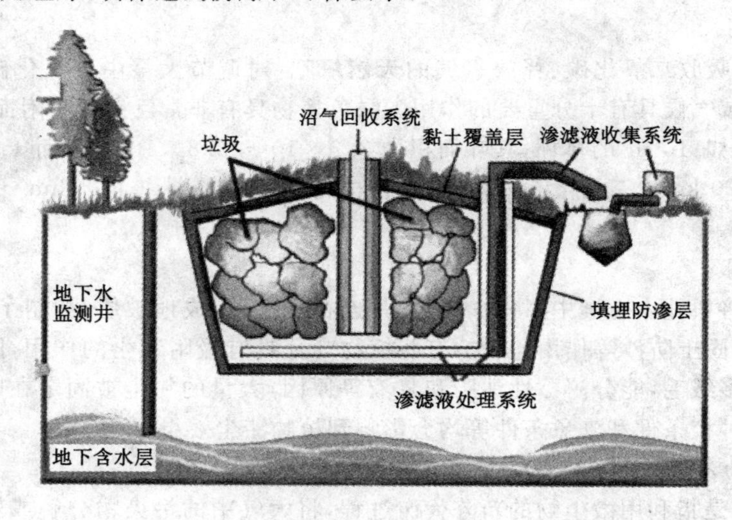

图 14-3　卫生填埋示意图

2. 堆肥法

堆肥法是利用自然界广泛存在的细菌、放线菌、真菌等微生物，在人工调控的作用下，促使废弃物中可被生物降解的有机物向稳定的腐殖质转化的生物过程。根据堆肥过程中对氧气要求的不同，堆肥法可分为好氧堆肥法和厌氧堆肥法。

(1) 好氧堆肥法

好氧堆肥是指在氧气充分、好氧微生物参与的条件下将有机废弃物达到稳定化的过程。固体废弃物的好氧堆肥主要包括三个阶段：发热阶段、高温阶段、降温和腐熟阶段，大约需 7～120 天左右。

发热阶段发生在堆肥初期，温度范围为 5～45 ℃，嗜温性微生物活跃，利用固体废弃物中容易分解的有机物而迅速增殖，释放出大量的热能，使堆肥的温度快速上升。

高温阶段在发热阶段以后，当堆肥系统的温度上升到 50 ℃以上，此阶段因为温度较高，且容易分解的有机物很少，嗜热性的纤维素分解菌代替了嗜温性微生物，一些难降解的纤维素、半纤维素等也逐渐被分解，大部分病原微生物和寄生虫被高温杀死。

降温和腐熟阶段是经过高温阶段后，大部分的有机物(容易降解的和难降解的)被分解，仅剩下木质素等非常难降解的有机物和有机物分解形成的腐殖质。此阶段嗜热微生物活性降低，产热量较少，温度逐渐下降，残留下来的有机物仍然缓慢转化为腐殖质，固体废弃物进入了腐熟阶段。图 14-4 所示为垃圾堆肥原理图，图 14-5 所示为垃圾堆肥化后用途。

(2) 厌氧堆肥法

厌氧堆肥法是指堆肥过程中不设通气系统，腐熟过程中温度较低，有机物厌氧分解，腐

图 14-4 垃圾堆肥化原理图

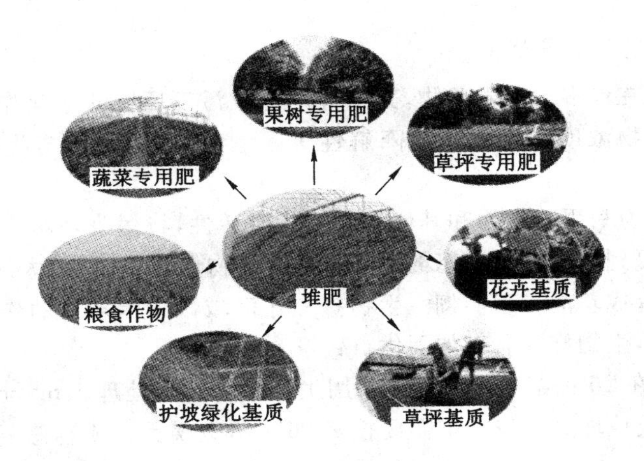

图 14-5 堆肥的使用用途

熟过程较好氧堆肥法要长得多。厌氧堆肥法包括酸性发酵和产气发酵过程。

四、土壤污染的生物治理

农药、杀虫剂、除草剂等难生物降解的有机物在土壤中的降解作用包括氧化、光解、水解和微生物分解。其中微生物分解起重要作用,也是土壤自净和土壤修复的主要动力源。农药等难生物降解有机物在土壤中被微生物分解需要经过较长的时间和复杂的代谢途径。一些微生物能从难降解有机物的分解中获得新陈代谢所需要的能量。由于难降解有机物结构复杂,有些具有较强的生物抗性和毒性,对于这些有机物微生物分解过程相对缓慢。而有些微生物可以通过共代谢的方法对难生物降解有机物进行降解,或者从其他容易利用的化学物质分解中获得足够的能量和物质;或由其他化合物诱导某些必需的代谢酶。Hanne 等人利用厌氧反应器中存在共代谢的原理,通过添加初级基质来处理含氯酚的废水,使氯酚这种有毒的难降解物质得到生物净化。

土壤重金属污染问题是我国严重的环境问题。重金属一旦进入土壤,就很难处理和消除。某些重金属可以通过土壤-植物系统,经食物链进入动物体和人体内,直接危害动物安全和人类健康。处理重金属的途径有两种,一种是改变重金属在土壤中的存在形态,另一种是从土壤中去除重金属。

利用细菌降低土壤中重金属的毒性，其实质是改变重金属在土壤中的存在形式。如 *Citrobacter* sp. 产生的酶能使 Pb 和 Cd 形成难溶性磷酸盐。*Pseudomonas mesophilica* 和 *P. maltrophilia* 能将硒酸盐和亚硒酸盐还原为胶态的 Se，能将二价的 Pb 转化为胶态的 Pb，使其毒性降低。但是利用微生物净化土壤的重金属没有被普遍关注，因为微生物对重金属不能进行彻底的净化，而且重金属对微生物的毒性较大，会引起微生物的失活。

植物修复重金属是一项绿色技术，也是一种很有潜力的技术。其基本原理是以植物忍耐和超量积累某种或某些化学元素的理论为基础，利用植物及其共存微生物体系消除环境中的污染物。其中超富集植物是目前研究的热点，该类型植物可以使体内的重金属含量比普通的植物重金属含量高出数十倍甚至上百倍。定期收割超富集植物的方法即可消除土壤重金属污染。

五、生物修复的利弊分析

自然环境中存在许多土著微生物，其本身进行着污染环境的净化作用。但是受营养物质、电子受体、污染物浓度以及可生物降解性等限制，其生物降解与生物转化的速率通常很低。

生物修复是人为利用微生物和其他生物的代谢活性，将污染环境中的污染物转化为无害物质，使环境恢复到被污染前状态的过程。对于生物修复的研究，大约起始于 20 世纪 80 年代初期，目前已有成功的工程实例。生物修复在区域污染治理上的作用日益凸现。与物理和化学修复相比，生物修复具有如下优点：

(1) 费用低。在 20 世纪 80 年代末，采用生物修复技术处理 1 m^3 土壤需投资 75～200 美元，而采用焚烧或填埋处理技术则需要投资 200～800 美元。生物修复技术是所有处理技术中最为经济的。

(2) 副作用少。生物修复只是环境自净过程的强化，最终产物是二氧化碳和水，不会引起二次污染或污染物转移，可达到永久去除污染物的目的；同时能使土地破坏和污染物暴露降到最低限度。

(3) 残留浓度低。经过生物修复，残留污染物浓度可降到仪器不能检出的水平。

第二节 环境生态工程

一、生态工程和环境生态工程

我国生态学家马世骏提出的较为完整的生态工程概念，就是应用生态系统中物种共生与物质循环再生原理，根据结构与功能协调原则，结合系统工程最优化方法而设计的促进分层多级利用物质的生产工艺系统。生态工程的目标是在促进自然界良性循环的前提下，充分发挥资源生产潜力，防治环境污染，达到经济效益与生态效应同步发展的目的。生态工程的思路是利用自然生态系统无废弃物和物质循环再生等特点来解决环境污染问题。它利用太阳能作为基本能源，并保持或增加生态系统内部的物种多样性，是一类低能耗、多效益、可持续的工程体系。

环境生态学是研究在人为干扰下生态系统内在的变化机制、规律等，寻求受损生态系统恢复、重建和保护对策的科学。即运用生态学理论，阐明人与环境间的相互作用及解决环境问题的生态途径。环境生态工程是在生态学研究的指导下，为使受损生态系统恢复，进行重建和保护的生态工程。运用生态控制原理去促进资源综合利用、环境综合整治及人类社会综合发展是环境生态工程的核心。

二、环境生态工程技术

（一）氧化塘

氧化塘，也称为稳定塘，是经过人工适当修整的设围堤和防渗层的污水池塘，也是主要依靠自然生物净化功能使污水得到净化的一种污水生物处理技术。

传统的稳定塘处理系统大都为菌藻共生系统塘。其中的细菌将进入池塘的污染物氧化为二氧化碳、氮气和水等，二氧化碳供藻类作为碳源和能源；而藻类摄取二氧化碳、有机物、氮、磷等物质进行光合作用，使藻类增殖，并释放出氧气供细菌呼吸。藻类和细菌共存共生，协同净化污水。

1. 稳定塘污水净化原理

如图 14-6 所示，在太阳能作为初始能源的推动下，通过稳定塘中多条食物链的物质迁移、转化和能量的逐级传递、转化，将进入池塘的污水中的污染物进行降解和转化，最后不仅去除了污染物，而且以水生植物和水产、水禽的形式作为资源回收，净化的污水也可作为再生水资源予以回收再用，使污水处理与利用结合起来，实现污水处理资源化。

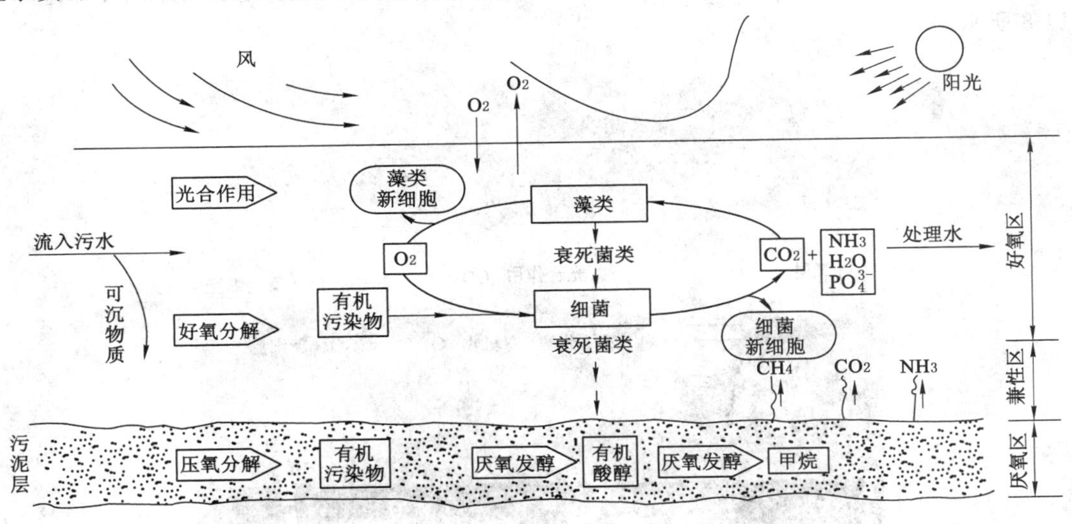

图 14-6　稳定塘运行原理图

稳定塘中生物作用包括好氧微生物的代谢作用、厌氧微生物的代谢作用、浮游生物的作用、大型动物的觅食作用和水生植物的作用；稳定塘还包括物理稀释作用、物理化学的沉淀和絮凝作用等。

2. 稳定塘的类型

(1) 厌氧塘

厌氧塘的深度一般在 2.0 m 以上，有机负荷率高，稳定塘单元处于厌氧状态。其功能旨在充分用厌氧反应高效低耗的特点去除污染物，改善原污水的可生化降解性，保障后续塘的有效运行。厌氧稳定塘工作原理如图 14-7 所示。

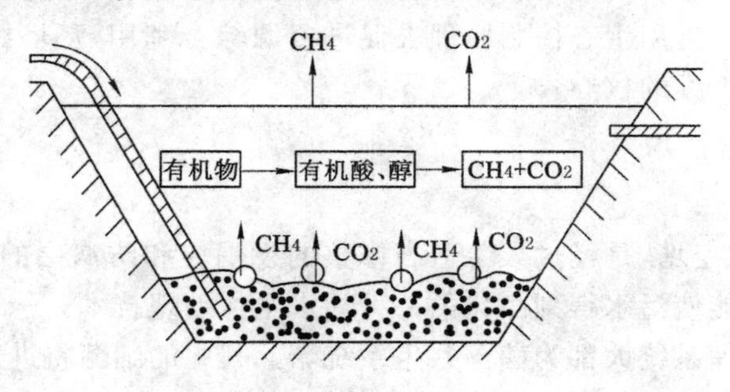

图 14-7　厌氧稳定塘工作原理示意图

(2) 兼性稳定塘

兼性稳定塘简称兼性塘，池塘中水位较深，一般在 1.0～1.5 m 之间，溶解氧浓度从水面到池底呈递减分布；从池塘水面到一定深度(0.5 m 左右)，属于好氧区域，阳光充足，藻类光合作用旺盛，溶解氧比较充分；中间呈缺氧(兼性)状态，介于好氧和厌氧之间，属于兼性区域，存活大量的碱性微生物；池底为沉淀区，属于厌氧区域，进行厌氧发酵。因此，兼性稳定塘的污水净化主要是由好氧、兼性、厌氧微生物系统完成的。兼性稳定塘污水净化原理如图 14-8 所示。

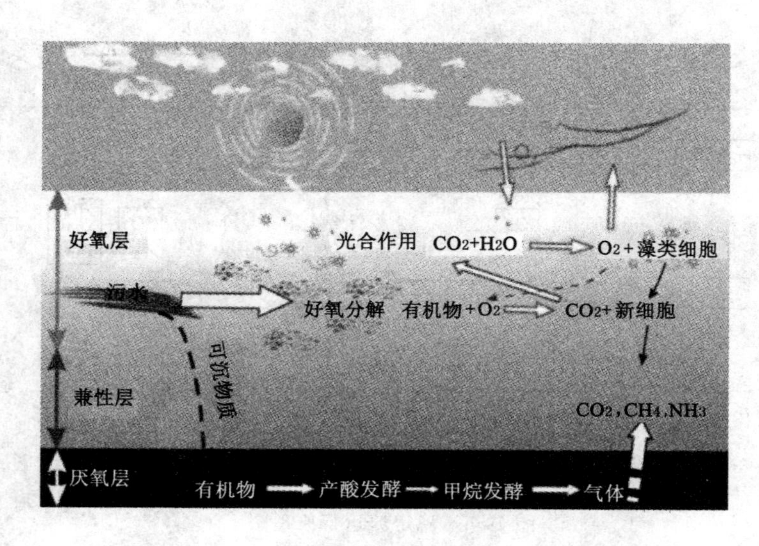

图 14-8　兼性稳定塘污水净化原理示意图

(3) 好氧稳定塘

好氧稳定塘简称好氧塘，深度较浅，一般不超过 0.5 m，阳光能够透入池底，主要由藻类供氧，全部塘水都呈好氧状态，由好氧微生物起降解污染物与净化污水的作用。好氧稳定塘污水净化原理如图 14-9 所示。

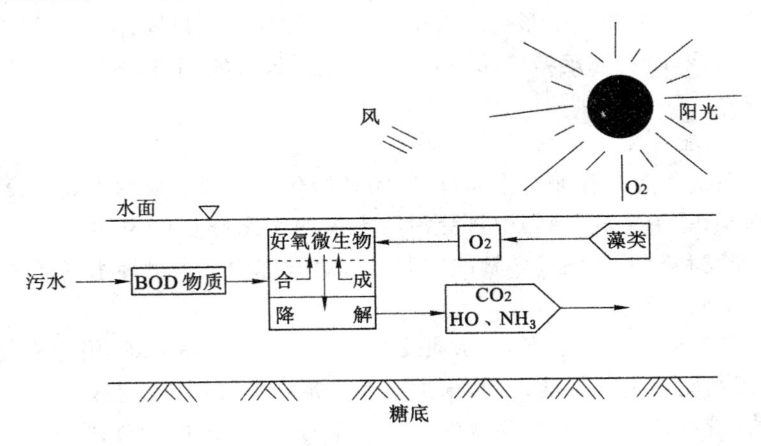

图 14-9　好氧稳定塘污水净化原理示意图

(4) 曝气稳定塘

曝气稳定塘简称曝气塘，池深在 2.0 m 以上，曝气塘内设有曝气充氧设备的好氧塘和兼性塘，其污染物的容积负荷比普通兼性塘或好氧塘大得多。适用于土地面积有限，不足以建设成靠风力自然复氧为特征的塘系统。曝气稳定塘污水净化原理如图 14-10 所示。

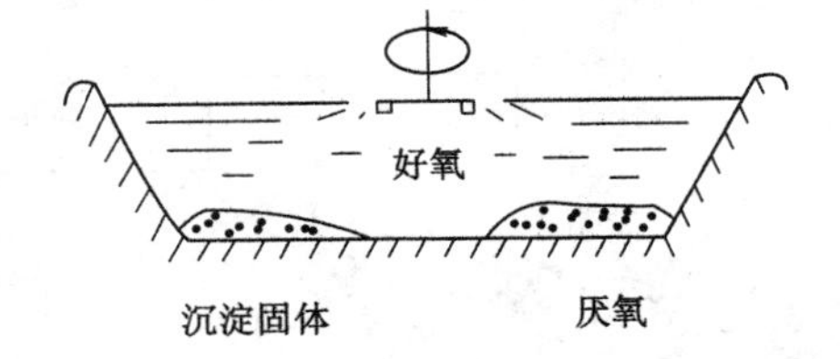

图 14-10　曝气稳定塘污水净化原理示意图

(5) 生物塘

生物塘是具有菌藻共生系统、人工种植水生植物或养殖水生动物的塘，在生物塘中菌类、藻类、水生植物、水生动物形成许多条食物链，并由此构建食物网，使污水中的污染物被生物塘中的生物摄取，在食物链中逐级传递、迁移和转化，最终得到去除，同时实现资源化。

(6) 水生植物塘

种植水生维管束植物和高等水生植物的塘称为水生植物塘。塘中的水生植物的作用包括通过光合作用吸收氮磷营养物质用于自身的合成和增殖，富集重金属离子以及吸附、拦截悬浮物。

(7) 养鱼塘

养鱼塘是利用养殖鱼类来摄食水中藻类和各种水生植物达到水体净化，实现资源回收，获得经济效益的池塘。在用于污水处理和利用的稳定塘系统中，适宜放养的鱼类有杂食类鱼类(它们捕食水中的食物残屑和浮游动物)；以及草食类鱼类如草鱼和鳊鱼等。它们能够控制藻类和水草的过度繁殖。

当然，污水进入稳定塘之前必需设置预处理系统，其主要作用是通过物理的方法分离、去除对后续稳定塘单元有害和产生影响的大块污染物、砂粒等无机固体颗粒，减少这些无机物质在稳定塘内的淤积，减轻稳定塘单元的处理负荷，延长其使用寿命，保证稳定塘单元的正常运行和处理效果。

（二）人工湿地处理系统

人工湿地处理系统作为一种兼有水体修复、园林绿化和景观效果的水处理设施，具有较高的应用价值。国家在“十一五”规划中将受污染水体的生态修复作为环境研究的重点，为人工湿地的研究、开发和利用提供了广阔的空间。湿地被称为整个世界水循环中的“肾”，因为它们能将流经的水质量改善。

人工湿地处理系统适合于水量不大、水质变化不大、管理水平不高、用地充足的城镇的污水处理，它的特点是基本上不耗能，且几乎不需要日常维护费用。这些是其他任何一种处理方法无法比拟的，既节省了能耗，也能减少二次污染；所以人工湿地处理系统可作为传统的污水处理技术的一种有效替代方案，这对于节省资金、保护水环境以及进行有效的生态恢复具有十分重要的现实意义，也越来越受到世界各国的重视和关注，也是符合我国国情的一种污水处理工艺。

1. 人工湿地的结构组成和类型

水体、基质（煤渣、砂子等）、水生湿地植物（如芦苇，菖蒲等）和微生物是构成人工湿地污水处理系统的 4 个基本要素，如图 14-11 所示。

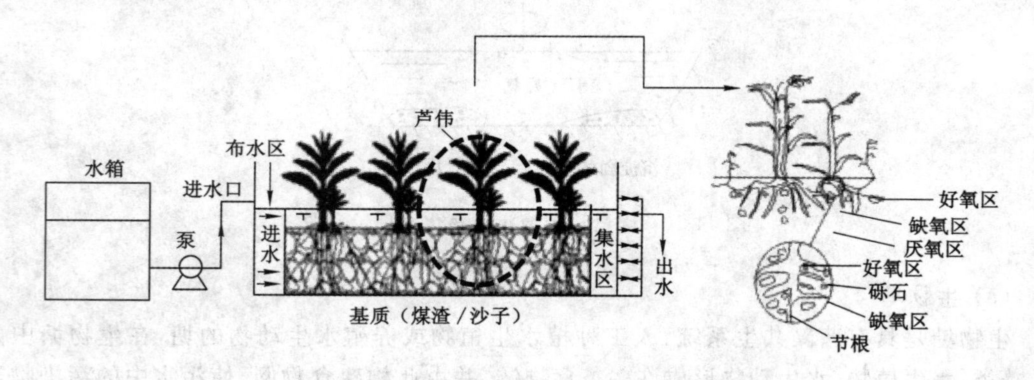

图 14-11　人工湿地工艺流程图和根系微环境

（1）水体

水体是人工湿地的处理对象，它在人工湿地处理系统中具有很重要的意义，目前人工湿地的处理污水对象水体十分广泛，以后其所处理的对象水体将进一步拓宽。

（2）基质

我国主要用于人工湿地的基质有：石块、砾石、砂粒、细砂、砂土和土壤。这些基质既可为微生物的生长提供稳定的依附表面，也可为水生植物提供支持载体和生长所需的营养物质。当这些营养物质通过污水流经人工湿地时，基质通过一些物理、化学途径（如吸附、吸收、过滤、络合反应和离子交换等）来净化污水中的各种有机污染物。

（3）水生湿地植物

水生湿地植物是人工湿地的重要组成部分，对污染物的降解和去除有重要作用，如图14-12 所示。

夏季，植物吸收一些水分以满足自身需要，通过根系把从叶子上得到的氧气传送给微生物种群。冬季，虽然植物茎叶停止了生长，但根系仍继续生长；潜流水平人工湿地时发现有植物的人工湿地的硝化能力明显高于无植物的人工湿地，有植物的人工湿地的氨氮氧化效果及其反应速率也很大。这主要是因为人工湿地系统有两种供氧方式：水生植物根系的泌氧作用和空气中的氧气直接向水体中的扩散作用。研究表明：空气中的氧气向水中的扩散速率远小于各种水生植物的根系的泌氧作用；某地区水温 15 ℃时，水面的溶解氧量为0.362 g/(m² · d)，在同样情况下，美人蕉的输氧速率[5.07 g/(m² · d)]是它的 14 倍多，芦苇的输氧速率[11.59 g/(m² · d)]是它的 32 倍多。

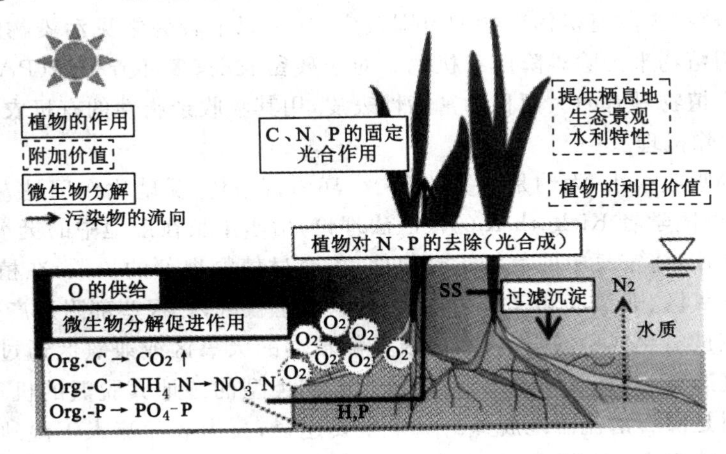

图 14-12　水生植物的作用

植物对污染物的去除作用主要包括以下几个过程(见表 14-1)。

表 14-1　**植物对污染物去除的类型和去除原理**

植物对污染物的去除类型	去除原理
植物萃取	利用超积累植物吸收重金属或有机污染物并富集于植物可收获的部分
植物降解	利用植物或植物与微生物共同作用降解有机污染物
植物挥发	利用植物使某些重金属(如 Hg^{2+})氧化成气态(Hg^{0})而挥发出来
根际过滤	利用植物根系吸收水中或废水中的污染物
植物固定	利用植物将污染物转化成无毒或毒性较低的形态(生物无效态)

(4) 微生物

微生物是对污染物进行吸附和降解的主要生物群体和承担者，其中最主要的是细菌和真菌；微生物在湿地基质中与其他动物和植物共生体的相互关系往往起着核心作用。人工湿地中的细菌数量最多，为 10^6～10^8 个/克，放线菌为 10^4～10^5 个/g，真菌为 10^3～10^4 个/g，氨氧化细菌为 10^6～10^7 个/g，亚硝化菌为 10^2～10^4 个/g。有无植物的人工湿地的微生物总数没有大的变化，而且微生物是沿着水流方向数量依次减少。

2. 人工湿地污水处理的机理

人工湿地法具有非常大的植物生物膜，大的吸附比表面积，好氧、厌氧界面，以及丰富的微生物群落，可以有效地去除水中的污染物质；人工湿地污染物去除范围很广，主要包括有机污染物、氮、磷、重金属离子、藻类、pH、SS和病原体等；人工构造湿地主要利用湿地中植物、微生物和基质之间的物理、化学和生物作用共同达到污水净化的目的。

(1) 有机污染物的去除机理

人工湿地对有机污染物有较强的降解能力，污水中的不溶性有机物通过湿地的沉淀、过滤作用，可以很快地被截留下来或被微生物利用；污水中的可溶性有机物则可被植物根系直接吸收或通过植物根系生物膜的吸附、吸收及生物代谢过程而被分解去除。

总之，利用植物去除有机污染物的范围较广，除了以上较为常见污染物的去除，国内外还有许多学者用植物来去除难降解有机物。对于残留农药、多环芳香烃(PAHs)等的去除，主要是利用水生植物具有的大面积的富脂性表皮，用其吸收亲脂性的有机农药是可行的。

(2) 氮的去除机理

植物对氮的吸收很小，大约是总氮的8%～16%。硝化/反硝化作用是人工湿地脱氮的主要途径，根据德国学者 Kickuth R 的根区法理论，由于生长在湿地中的挺水植物对氧的输送、释放、扩散作用，将空气中的氧转运到根部，再经过植物根部的扩散，在植物根须周围环境中依次出现好氧区、兼氧区和厌氧区；植物输送氧至根区，在根茎部附近产生好氧环境，氨氮通过硝化反应被氧化成硝酸盐，再在离根茎部较远的厌氧区或兼氧区通过反硝化反应将硝酸盐还原成气态氮，并从水中逸出；他还认为不同类型的湿地其脱氮的机理有所侧重，沸石对氨氮的吸附是沸石潜流湿地脱氮的一个重要途径；自由表面流人工湿地在夏季会因藻类的生长使得湿地内的 pH 值升高，会有一部分氨氮通过挥发从湿地中去除；植物本身对氮的吸收也是湿地中氮去除的一条重要途径；北京莫愁湖种植莲藕，生产莲藕是每年 25×10^4 千克，其中就从水中带出了 60 t 的 N 和 1 t 的 P。

(3) 磷的去除机理

人工湿地中人工土基质对城市污水中总磷的去除率为30%～50%。对化粪池出水中的总磷去除率分别为22.8%、50%～65%和1%～3%。人工湿地对磷的去除作用主要有：物理作用、化学吸附与沉淀作用、微生物同化作用以及植物摄取作用。其中，人工湿地磷的去除效果主要由基质的化学吸附和沉淀作用所决定。填料对磷的吸附是湿地除磷的最有效机制。

(4) 重金属离子和病菌的去除机理

湿地系统对重金属有较好的去除效果，这也是人工湿地的一个重要特征。植物的吸收和生物富集作用，土壤胶体颗粒的吸附(离子交换)，硫离子形成硫化物沉淀是金属离子去除的主要方式。湿地植物对一些金属有很强的富集能力，相应的富集量也很大，是去除污水中重金属的主要途径之一。

宽叶香蒲、芦苇、茳芏和狗牙根等4种植物都具有较强的吸收和富集重金属的能力，且主要富集在植物的地下部分。茳芏富集重金属能力最强，宽叶香蒲相对较弱。重金属在植物体内不同器官中分布且各重金属元素在被测的4种植物体内的分布呈现一致性的规律性，即根>凋落物>地下茎>地上茎>叶，重金属主要富集在植物根部和地下茎部。人工湿地的沉积物和植物中，金属浓度比天然湿地中的高，且对于大多数金属来说，Mn、Zn、Cu、Ni、B 和 Cr 等元素可以被湿地植物所积累。因而通过人工湿地系统植物吸收、收割去除的途径去除污水中的重金属污染物。

出水中细菌及寄生虫卵的含量是一项很重要的卫生学指标，人工湿地对细菌具有相当有效的去除效果。当污水通过基质层时，寄生虫卵通过沉降和被截留而被去除；细菌和病原体在湿地中因对环境的不适应而死亡被去除，其中主要是紫外线照射和温度等原因造成的；植物根系和某些细菌的某些分泌物对病毒也有灭活作用。但是也有研究表明：病菌在水体中常和悬浮固体颗粒结合在一起，由液相转向固相，其在水中的存活期更长些，因而病毒和细菌的灭活率不高。因此，在人工湿地污水处理过程中不能忽视这个问题。

(5) 藻类去除机理

因藻类过多繁殖引起水体的富营养化问题在我国日益突出，众多水厂也因为水源中藻类过多而引起管道堵塞及饮用水质量下降，而且藻毒素对人类健康和安全构成严重的威胁。人工湿地生态系统对去除水体中的藻类具有显著效果，即使是在冬季温度低，水草长势欠佳，冲击负荷加大或进水中藻类细胞密度增大等情况下，其除藻率仍能维持在 80%左右的水平。利用水葱对高盐再生水的净化效果研究发现，水葱吸收水体中的氮、磷营养盐并在生长过程中因叶子产生遮掩作用，有利于抑制浮游植物（主要是藻类）的异常增殖和控制水体富营养化的发展。因为藻类是一种严格的光能自养型生物，没有阳光其生长会受到抑制。

(6) SS 去除机理

人工湿地成熟以后，当污水进入湿地，经过基质层及密集的植物茎叶和根系，可以过滤、截留污水中的悬浮物；氧化塘-人工湿地塘床系统进水 SS 平均质量浓度为 1 100～1 400 mg/L，出水 SS 平均质量浓度为 78～97 mg/L，总去除率达到了 93%。

(三) 生态浮床

水体中的氮、磷含量超标是引起水体富营养化的主要原因，目前控制和修复水体富营养化的植物生态技术主要有人工湿地、植物塘、生态浮床等工艺。生态浮床工艺因具有可操作性强、运行成本低、易维护、生态风险小、景观效果好等优点，作为一种新型富营养化水体修复技术，已得到广泛研究和应用。

1. 生态浮床工艺净化机理

生态浮床工艺净化原理基于无土栽培技术，就是把植物种植于可以漂浮于水面的床体（如聚苯乙烯泡沫板，竹子等）之上，通过基质（如海绵、椰子纤维等）固定于床体上，让植物的根系伸入污染水体之中，通过植物根系的吸收、吸附及根系上微生物的净化作用来去除水体中的氮、磷以及大的颗粒物。具体机理如下：

(1) 植物的生长需要氮、磷等元素。植物生长时需要从水体中获得必需的氮、磷元素，这在一定程度上就净化了水体。此外，植物的根系上还生长着大量的细菌，有硝化菌、反硝化细菌等，这些细菌的活动也能去除氮、磷元素。

(2) 植物的光合作用会释放氧气。植物光合作用释放的氧气能很好地提高水体中的氧含量，改善水体。同时还能在植物根系附近形成好氧-厌氧-缺氧的环境，有助于硝化细菌的硝化、反硝化进程。

（3）有些植物在生长过程中还能释放一些抑制剂，抑制其周围其他藻类的生长繁殖，这有助于防止水华现象的发生。

2. 生态浮床的种类

生态浮床按种类可以分为干式浮床和湿式浮床两种，植物和水体接触的为湿式浮床，不接触的为干式浮床。而湿式浮床又可以分为有框和无框两类。有框架的湿式浮床，其框架一般可以用纤维强化塑料不锈钢加发泡聚苯乙烯、特殊发泡聚苯乙烯加特殊合成树脂、盐化乙烯合成树脂、混凝土等材料制作。据统计，目前在净化水体方面运用的大都是有框式浮床。

干式浮床的植物因为与水有距离，可以栽种大型的木本、园林植物，通过不同的木本组合，可以构成鸟类的栖息地，同时也形成了一道靓丽的水上风景。但是因为生态浮床的净化主体植物与水不接触，因此这种浮床对水体没有净化作用，一般作为景观布置或是防风屏障使用。

湿式浮床植物与水接触，通过植物根系吸收水体中各种营养成分，降低水体富营养化程度；还可以利用植物的选择吸收性去除水体中的重金属物质。

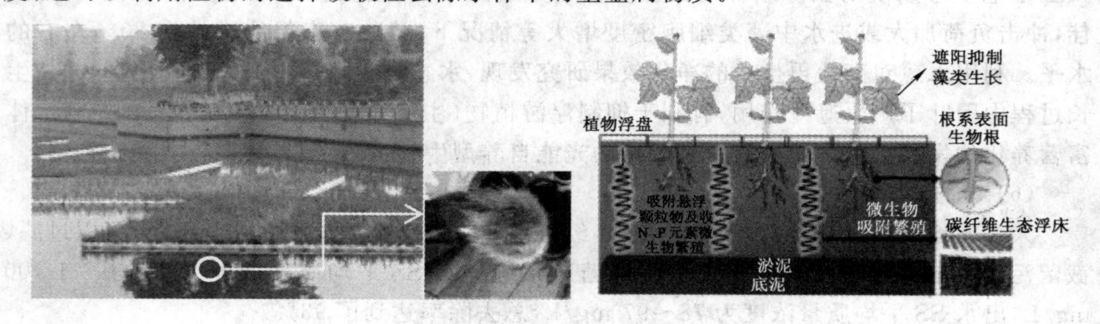

图 14-13　传统的生态浮床（左图）和新型组合式生态浮床（右图）

而组合式生态浮床是在传统生态浮床的基础上，将人工填料加入生态浮床中，提高了生态浮床表面微生物的量而强化水质净化的效果，如图 14-13 所示。

（四）污水土地处理系统

利用土壤植物系统的自我调控机制和对污染物综合净化功能处理城市污水及某些类型的工业废水，使水质得到根本的改善。完善的土地处理系统由预处理、水量调节与贮存、配水与补水、土地处理田间工程、植物、排水及监测等 7 部分组成。

土地处理田间工程是土地处理技术系统的核心部分，处理污水的过程主要发生在其中，可分为慢速渗滤、快速渗滤、地表漫流、湿地系统与地下渗滤等不同类型。

1. 土地处理系统对污水的净化机制

（1）物理过滤

土壤颗粒间的孔隙具有截留、滤除水中悬浮颗粒的功能。污水流经土壤时，悬浮物被截留，污水得到一定的净化。

（2）物理-化学吸附

物理-化学吸附主要表现在：金属离子与土壤中的无机胶体和有机胶体颗粒由于螯合作

用而形成螯合化合物，有机物和无机物的复合化而生成复合物，重金属离子与土壤颗粒之间进行阳离子交换而被置换吸附，某些有机物与土壤中重金属生成螯合物而被固定在土壤矿物的晶格中。

(3) 化学反应与化学沉淀

重金属离子与土壤的某些组分进行化学反应生成难溶性化合物而沉淀。如果调整、改变土壤的氧化还原电位，能够生成难溶性硫化物；改变 pH 值，能够生成金属氢氧化物。通过某些化学反应还能够生成金属硫酸盐等物质而沉积于土壤中。

(4) 微生物代谢作用下的污染物分解和转化

在土壤中生存着种类繁多、数量巨大的土壤微生物，它们对土壤颗粒中的污染颗粒和溶解性污染物具有强大的降解和转化能力。这也是土壤具有强大的自净能力的原因。

(5) 植物吸收及植物的根圈微生物降解

植物生长过程需要吸收一定量的营养物质，植物长大，通过定期收割的方式去除少量的污染物。另外，植物根系周围的根际微生物和植物茎叶表面吸附的微生物都具有强大的生物降解作用。

2. 土地处理类型

(1) 慢速渗滤处理系统

慢速渗滤处理系统是将污水投配到种有植物的土地表面，污水缓慢地在土地表面流动并向土壤中渗滤，一部分污水直接被植物吸收，一部分则渗入土壤中，从而使污水得到净化的一种土地处理工艺。本工艺适用于渗水性能良好的砂质土壤和蒸发量小、气候湿润的地区。慢速渗滤处理系统示意图如图 14-4 所示。

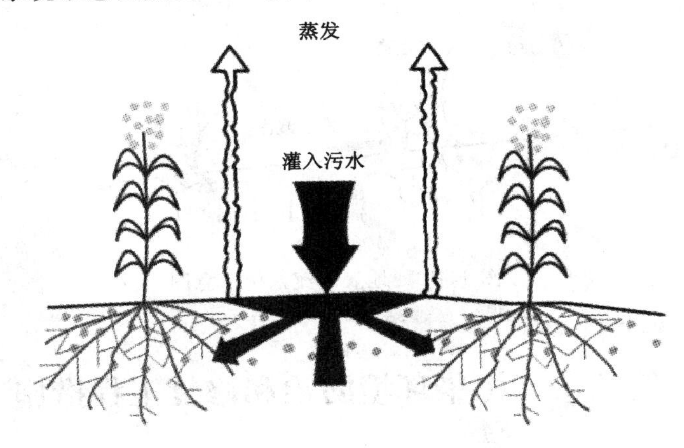

图 14-14　慢速渗滤处理系统示意图

(2) 快速渗滤处理系统

快速渗滤处理系统是将污水有控制地投配到具有良好渗滤性能的土地表面，在污水向下渗滤的过程中，经过过滤、沉淀、吸附、氧化-还原、生物氧化、硝化、反硝化等一系列物理、化学及生物的作用，使污水得到净化的处理工艺。快速渗滤处理系统示意图如图 14-15 所示。

(3) 地表漫流系统

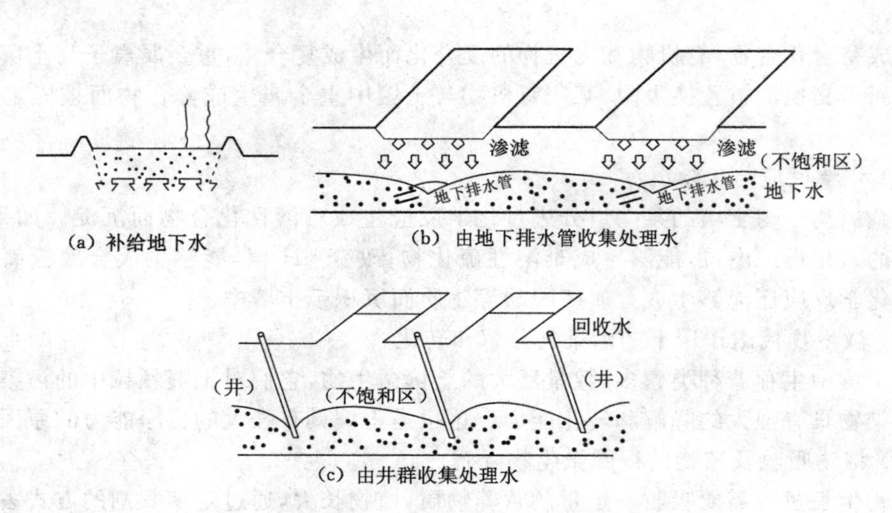

图 14-15 快速渗滤处理系统示意图

地表漫流系统是将污水有控制地投配到种植多年生牧草、坡度和缓、土壤渗透性差的土地上，污水以薄层方式沿土地缓慢流动，在流动的过程中得到净化的处理系统，如图 14-16 所示。净化出水大部分以地面径流汇聚、排放或利用。

这种工艺对地下水污染较轻。污水在地表漫流的过程中，只有少部分水量蒸发和渗入地下，大部分汇入建于低处的集水沟。本系统适用于渗透性较低的黏土、亚黏土，最佳坡度为 2%～8%。

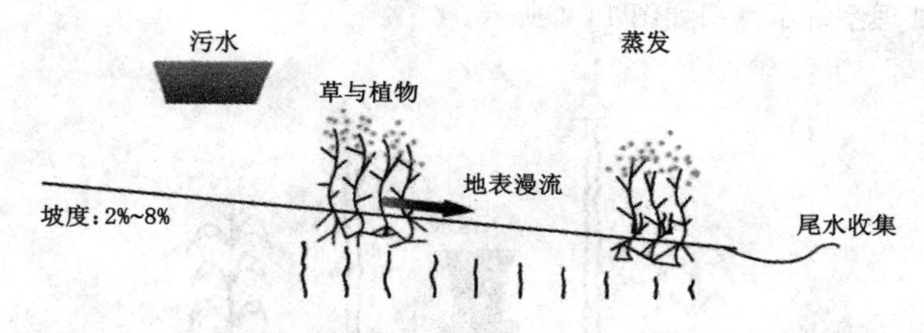

图 14-16 地表漫流系统示意图

第三节 污染环境防治和修复工程措施

水体生态修复技术原理就是利用培养的生物或培育、接种的微生物的生命活动，对水中的营养盐进行转移、转化及降解，从而使水体得到恢复。这种技术是对自然界自我恢复能力、自净能力的一种强化，工程造价低，运行成本低，治污效果好，应用前景广阔。

一、改变水动力要素，改善水体交换

污染源的控制是保护环境的先决条件，从源头控制污水排入河网是解决水质污染问题的最根本措施。

目前，我国大型的湖泊治理工程都基本上采用这一措施。从一些湖泊的引水经验来看，

从外流域引入对降低湖泊的富营养化水平有较好的效果，如引江济太工程、引水入滇工程等。

对于经过城市的河流，都或多或少地被城市污水污染。对进入河流的污染源头进行截留控污，已经成为共识。

二、底泥生态疏浚

水体底泥中积累了大量的营养物质（氮、磷、腐殖质等），在外动力作用条件下，这些污染物又会重新进入水体中，成为富营养化水体的主要污染源。底泥疏浚工程就是用装有搅吸式离心泵的船只从湖底抽出底泥，经过管道输送到岸上专门的堆积场所。

底泥疏浚对扩大库容作用、消减氮磷等营养物质有一定的作用，但如果不切断外来污染源，依旧解决不了污染的问题。另外，水里面溶解的污染物、水体中的浮游藻类及微生物所吸收的营养物质等都需要治理。换句话说，底泥疏浚在一定程度上能够改善水环境，但水污染治理同样不可忽视。底泥疏浚现场如图 14-17 所示。

图 14-17　底泥疏浚现场

三、沉水植被恢复

如果没有水生植物将大量的营养束缚在体内，湖泊的富营养化速度将是迅速的。从整体上看，以水生植物为主要初级生产者的湖泊水质较好，水生生物的多样性程度较高，因为大量的营养物质被积存在水草中，从营养上抑制了浮游藻类的生长，使水质清澈，这常常被称为水草的“净化功能”。

四、漂浮植物恢复

漂浮植物都有较强的过滤和吸收、吸附污染物的作用，同时还是水中生物栖息、繁殖的场所，能够提供各种水生动物的食物。水中植物的多样性，不仅发挥了很强的水质净化作用，而且还为水中生物的生长繁殖创造了必要条件，更为水边环境增添了自然风光。

五、生态护坡技术

生态护坡综合工程力学、土壤学、生态学和植物学等学科的基本知识对斜坡或边坡进行支护，形成由植物或工程组成的综合护坡系统，是一种有效的护坡、固坡手段。开挖边坡以后，通过种植植物，利用植物与岩、土体的相互作用（根系锚固作用）对边坡表层进行防护、加固，使之既能满足对边坡表层稳定的要求，又能恢复被破坏的自然生态环境，如图 14-18 所示。

图 14-18 生态护坡

生态护坡的功能如下：

(1) 护坡功能：植被有深根锚固、浅根加筋的作用；

(2) 防止水土流失：能降低坡体孔隙水压力、截留降雨、削弱侵蚀、控制土粒流失；

(3) 改善环境功能：植被能恢复被破坏的生态环境，促进有机污染物的降解，净化空气，调节小气候。

本章小结

本章主要阐述了污染环境治理和生态修复的各种途径、原理、特点和分类。污染环境治理包括物理的、化学的和生物的，基于运行成本、二次污染和去除效果考虑，环境污染生物治理技术，特别是以植物和微生物为主要修复力量的技术备受关注，成为目前研究重点和热点。

污染环境介质的生态修复是近些年来发展起来的新型环境友好性方法，包括土地处理工艺、人工湿地处理工艺、稳定塘工艺、生态浮床工艺等，耦合了植物、动物、微生物各自特点，达到了污染治理、生态改善等效果；但是起关键作用的还是植物和微生物，如何提高植物、微生物在生态环境修复中的潜能是今后研究的重点，也是学习过程中应该积极思考的问题。

思考题

1. 作为污水处理的两种主流方法，根据课本内容和相关文献内容，阐述其异同点。
2. 植物在污染环境治理中的作用有哪些？
3. 稳定塘污水处理方法有哪些优点和缺点？查阅资料，简述避免缺点的工程技术方法有哪些？
4. 生态浮床的组成部分有哪些？各个部分的作用是什么？
5. 人工湿地的组成部分有哪些？各个部分的作用是什么？
6. 简述人工湿地去除氮的过程和机理。
7. 土地处理的优缺点有哪些？土地处理使用的范围有哪些？

第十五章 恢复生态学

20 世纪 60 年代以来，全球变暖、生物多样性丧失、资源枯竭以及生态破坏等已经严重威胁到人类社会的生存和发展。因此，如何保护现有的自然生态资源，整治与恢复退化的生态系统，重建可持续发展的人工生态系统，已经成为人类面临的重要任务。恢复生态学研究内容包括探究生态系统退化的原因、建立退化生态系统恢复与重建的技术方法、生态学恢复过程与机理的科学。

第一节 退化生态系统的定义及其形成原因

长期以来，由于人类违背生态学规律，对生态环境资源进行不适当的、过度的开发，引起了生态系统的退化与破坏，使其难以达到良性循环。退化生态系统是一种病态的生态系统，是指在一定的时空背景下，在自然因素、人为因素，或两者的共同干扰下，导致生态要素和生态系统整体发生的不利于生物和人类生存的量变和质变。生态系统的结构和功能发生与原有的平衡状态或进化方向相反的变化过程。

一、受损生态系统具体表现特征

受损生态系统就是生态系统的结构和功能发生变化和障碍、生物多样性下降、系统稳定性和抗逆性能力减弱、系统生产力下降。与自然生态系统相比，受损生态系统主要表现为以下特征。

1. 结构失衡

受损生态系统的种类组成、群落或系统结构改变，生物多样性、结构多样性降低，系统组成不稳定，生物间的相互关系变化，一些物种丧失。

2. 功能衰退

受损生态系统的转化率降低，系统贮存的能量低，能量交换水平下降，食物链缩短，多呈直线状。

3. 物质循环受阻

受损生态系统中的总有机质贮存量少，生产者子系统的物质积累降低，无机营养物质多贮存于环境库中，而较少地贮存于生物库中。

4. 稳定性降低

受损生态系统的组成和结构单一，生态联系和生态学过程简单。受损生态系统对外界的干扰显得敏感，系统抗逆能力和自我恢复能力低，系统变得十分脆弱。

城市河流由于复氧作用具有一定的自净能力，使进入河流中的各类污染物通过稀释、沉降、氧化还原、生物降解和转化等一系列复杂的过程而被去除，河水恢复到未污染前的状态，即水体自净能力。但是如果进入河流的污染物总量超过河流的环境容量，受损河流中的微生物结构失调，出现了大量的藻类、厌氧微生物代替了好氧微生物种群；水体自净功能衰退，甚至丧失；物质循环受阻，大量的氮、磷和有机物无法正常转化和降解；河流生态系统稳定性显著降低，生物种群数量和生物捕食网的复杂程度明显下降，水体自净和对污染的“免疫能力”显著下降。

二、受损生态系统形成成因

造成生态系统受损的直接原因是人类的干扰，部分来自自然因素，有时两者叠加发生作用。自然干扰包括全球环境保护、地球自身的地质地貌过程以及区域气候变异；人为干扰包括滥伐、滥垦、过度捕捞、围湖造田、破坏湿地、污染环境、滥用化肥和抗生素、战争和火灾等。

第二节　受损生态系统的恢复与重建

通过人为努力使受损生态系统得到恢复，这是提高区域生产力、改善生态环境，是资源得到永续利用、经济得以持续发展的关键。由于生态系统具有一定的自我调节能力，如果外部的干扰小于生态系统的自我调节能力，那么生态系统就可以自我调节恢复和保持稳定的状态。如果外部的干扰超过生态系统的自我调节能力，那么，生态系统就可以通过自我调节能力恢复和保持稳定的状态。如果外部的干扰超过生态系统的最大抗干扰能力，生态系统就会发生逆向演替或退化，这时就难以恢复。

生态系统的自我恢复能力往往十分缓慢，而人为恢复和重建可在一定程度上改变和控制生态演替的进程和速度，缩短恢复时间。因此，对于退化生态系统实施人工恢复是非常必要的和重要的。

一、生态学原理

通过一定的生物、生态以及工程的技术与方法，人为地改变和切断生态系统退化的主导因子或过程，调整、配置和优化系统内部及其与外界的物质、能量和信息的流动过程，使生态系统的结构、功能和生态学潜力尽快地、成功地恢复到正常的或原有的乃至更高的水平。生态恢复过程是人工设计和进行的，并是在生态系统整体层面上进行的。

二、生态恢复和重建类型

生态恢复和重建主要分为三种类型，包括恢复、重建和改建。

生态恢复是着眼于建立环境自然稳定机制，使退化的生态系统向着与实现环境相适应的自然稳定生态系统，体现了尊重自然的思想。

生态重建是将退化的生态系统进行人工生态设计，增加人类所期望的某些特点，减少了人类不希望的某些自然特点，使生态系统进一步远离它的初始状态。

生态改建是将恢复和重建措施有机地结合起来，使退化状态得到改造。

三、生态恢复和重建基本要求

第一，实现生态系统的地表基底稳定性。因为地表基底（地质地貌）是生态系统发育与存在的载体，基底不稳定的话，就不可能保证生态系统的持续演变和发展。

第二，恢复植被和土壤，保证一定的植被覆盖率和土壤肥力。“土生万物”说明土壤的质量决定了生命和生态的质量。

第三,合理优化配置动植物物种资源,增加生态系统的物种种类和生物多样性,保证生态系统具有良好的稳定性和抗干扰性。

第四,实现生物群落的自我恢复,提高生态系统的生产力和自我维持能力。

同时,应该减少或控制环境污染,防止因污染引起的生态系统退化和自我恢复能力的丧失。在此基础上,应该提高生态系统的视觉和美学享受。

第三节 退化生态系统恢复原理和技术理论

一、退化生态系统恢复原理

退化的生态系统恢复和重建是要求在遵循自然规律的基础上,通过人类的作用,根据生态上健康、技术上适当、经济上可行和社会可以接受的原则,使受损或退化的生态系统重新获得健康并有益于人类生产与生活的生态系统重构或再生过程。生态恢复与重建的原则包括自然原则、社会经济技术原理和美学原则等三个方面。

自然原则是生态恢复和重建的基本原则,强调将生态工程学原则应用于系统功能的恢复,最终达到系统的自我维持。社会经济技术原则是生态恢复和重建的基础,在一定程度上制约恢复重建的可能性、水平和深度。美学原则是退化的生态系统和重建应给人带来美的享受。

二、退化生态系统恢复技术理论

退化的生态系统恢复和重建吸取了生态学、系统工程学、经济学等多学科的技术理论,但是起主要作用的还是生态学理论。

(一)整体性原理

生态恢复研究作为一个有机整体的生态系统或社会-经济-自然复合生态系统,以整体观为指导,以整体调控为处理手段,在系统水平上进行研究。在整体观指导下统筹兼顾,统一协调和维护当前与长远、局部与整体、开发利用与环境和自然资源之间的和谐关系,以保障生态系统的相对稳定性。

(二)物质循环原理和再生功能

实行有计划的物质迁移、能量转化工作,并研究自净效力及环境容量,通过充分发挥各物质的生产潜力来增产节约,以促进物质的良性循环和再生利用。

(三)生态位原理

任何一个种群在一个生态系统中都有自己的生态位,生态位反映了种群对资源的占有程度以及种群的生态适应特征。自然群落一般由多个种群组成,它们的生态位是不同的,但也有重叠,这有利于相互补偿,充分利用各种资源,以达到最大的种群生产力。

在植物引种中,要避免引进生态位相同的物种,尽可能使各物种的生态位错开,形成错位发展,使各种群在群落中具有各自的生态位,避免种群之间的直接竞争,以保证群落的稳定。在受损的生态系统重建中,考虑各种群的生态位,选择最佳的植物组合。如:立体河道水质净化技术,采用生态护坡+河岸净化+河流中心修复等组合方式进行,就是充分利用生态位原理的例子。生态护坡就是利用土壤-植物-微生物吸收、拦截、氧化等作用控制面源污染；河岸净化就是利用一些挺水植物组成的湿地等对生态护坡处理后的污染物进行进一步的处理和净化，也处理来自河流上游的污染物；河流中心修复就是利用一些沉水植物组成水底森林或生态浮床等技术修复河流中的污染，同时也抑制河流底泥中污染物的释放。立体河道水质净化技术按照不同植物种群的部分格局，充分利用多层次空间生态位，使有限的空间和资源得到合理利用，最大限度地减少资源浪费和修复效果。

（四）食物链和生物多样性原理

食物链原理和生物多样性原理是生态工程要遵循的两个重要原理。复杂的生态系统和丰富的生物种群是最稳定的生态系统，通过种群间的相互关系，交织成一个复杂的生物关系网，提高了生态系统的抗污染干扰能力和自净能力。

组合式生态浮床技术（图 15-1）是在传统生态浮床技术的基础上发展起来的，将传统单一植物生态浮床修改成由植物（或多种植物）、动物（河蚌等）、微生物膜相互耦合的复杂的生态浮床，通过多种植物搭配、动物分解和吸附、微生物降解等相互协同工作，既达到水质净化强化目的，又达到生态系统稳定效果。

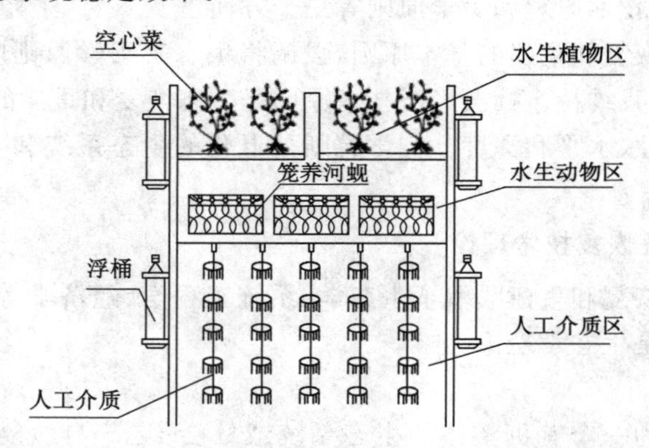

图 15-1　组合式生态浮床结构示意图（李先宁，环境科学，2007）

（五）最小风险和最大效益原则

由于生态系统的复杂性和某些环境要素的突变性，加上人们对生态过程及其内在运行机制认识的局限性，人们往往不可能对生态恢复和重建的后果以及生态最终演替方向进行准确的估计和把握。在某种意义上说，退化的生态系统恢复和重建具有一定的风险性。例如：20 世纪 70 年代，为了解决饲养生猪饲料不足，从国外引进了一种繁殖力极强的水上浮生植物——凤眼莲（又名：水葫芦）。如今这种浮生植物已经泛滥成灾，被称为“绿色污染元凶”，如图 15-2 所示。凤眼莲有着巨大的生命力，至今几乎没有昆虫病毒和其他天敌能控制它的生长。其繁殖速度极快，以每周繁殖一倍的速度滋生。目前在江河纵横的珠江三角洲地区，有河难见水，百里凤眼莲将大部分河涌所覆盖，造成河道、水库、排灌站等堵塞，饮用水源被污染，影响航道运输，出现鱼类死亡等生态环境问题。

生态恢复往往是一个高成本投入工程，在考虑当前经济承受能力的同时，必须考虑生态恢复和收益周期，保持最小风险并获得最大效益，这就要求生态效益、经济效益和社会效益完美统一。

图 15-2　凤眼莲的大量繁殖及生态破坏

第四节　受损生态系统恢复和重建的程序及方法

在生态恢复实践中需要确定一些指导生态恢复和重建的基本程序和步骤。其基本程序是:确定恢复对象的时空范围,诊断生态系统受损的原因,提出控制和减缓受损的方法,制定生态恢复和重建的目标等。

根据基本程序可以确定以下基本步骤:

(1) 明确被恢复对象,确定生态系统边界;

(2) 生态系统受损原因的诊断,确定生态系统受损原因、类型、过程、阶段和强度等;

(3) 制定恢复方案,确定恢复目标、生态工程的具体项目、关键技术、可行性论证、生态经济、风险评估、优化方案等;

(4) 实地试验、示范和推广,定期现场调查研究恢复效果,进行调整和改进;

(5) 恢复后进行监测和效果评价以及建立管理措施。

受损生态系统的恢复与重建技术是恢复生态学的重要部分,但目前仍是一个薄弱环节。由于不同受损生态系统存在地域差异性,加上外部干扰类型和强度的不同,结果导致生态系统所表现出来的受损类型、阶段、过程及其相应机理也不同。因此,在不同的受损生态系统中应用的关键技术是不同的。

在实际工程中,生物措施应是恢复和重建生态系统的一些常用或者基本的技术。具体包括以下三类:① 是靠自然恢复,比如:封山育林、退耕还林等;② 人工生物恢复,比如:煤矿塌陷区的生态湿地利用;③ 两者的结合。

总之,生态恢复中必须综合考虑实际情况,充分利用各种技术,通过研究尽快恢复生态系统的结构,进而恢复其功能,实现生态、经济、社会和美学效益的统一。

本 章 小 结

本章结合了环境生态学原理、生态修复基础和景观重建等知识,主要阐述了受损生态系统恢复的原理、过程和程序等内容。

思 考 题

1. 什么叫受损生态系统？受损生态系统有哪些特征？
2. 生态恢复的基本原则有哪些？
3. 受损生态环境恢复和重建的程序包括哪些？

实验一　种间关系分析、群落演替分析和重金属在水生食物链中的积累和分布

一、实验目的

(1) 了解种间竞争的含义；

(2) 通过一组录像和一组取自演替不同阶段的照片，了解群落演替、发生演替以及各种不同的演替过程；了解重金属在藻类、蚤类等水生生物体内的积累的动态变化。

二、实验仪器

平板交互智能一台。

三、实验方法

通过观看视频及老师的讲解。

四、实验内容

分批分组组织学生观看多媒体课件：

(1) 认识什么是种间竞争：种间竞争是不同种群之间为争夺生活空间、资源、食物等而产生的一种直接或间接抑制对方的现象。

(2) 什么群落演替：在生物群落发展变化的过程中，一个优势群落代替另一个优势群落的演变现象，称为群落的演替。

(3) 为什么会发生演替以及各种不同的演替过程：当一个群落的总初级生产力大于总群落呼吸量，而净初级生产力大于动物摄食、微生物分解以及人类采伐量时，有机物质便要积累。于是，群落便要增长直达到一个成熟阶段而积累停止、生产与呼吸消耗平衡，这整个过程称为演替。

(4) 演替分类：可分为原生演替和次生演替。

(5) 了解金属在藻类、蚤类等水生生物体内的积累的动态变化：通过食物链逐级富集。

五、结果与讨论

(1) 什么是种内与种间关系？种间关系有哪些基本类型？

(2) 举例说明原生演替与次生演替的区别。

(3) 重金属是如何通过食物链富集的？

实验二 不同污染水体中植物叶绿素含量与水质关系的研究

一、实验目的

通过不同污染水体中植物叶片，分析各自叶绿素的含量，分析结果与采样位置的关系，讨论环境对叶片叶绿素含量的影响。

二、仪器设备与材料

实验取样：

主要从不同污染程度的水体中获取水生植物的绿色叶子。

图 1 取自不同污染水体中的睡莲

仪器设备：分光光度计。

化学药品：石英砂、碳酸钙、乙醇。

三、实验原理与方法

1. 实验原理

(1) 将各种色素溶解在有机溶剂（无水乙醇等）中形成溶液，使色素从生物组织中脱离出来。

(2) 利用分光光度计，首先测定叶绿素提取液在最大吸收波长下的吸光值，叶绿素 a 在 645 nm 和 665 nm 处有最大的吸光值。然后利用朗伯-比尔定律计算出提取液中各色素的含量。朗伯-比尔定律的数学表达式为

$$A=\lg(l/T)=Kbc$$

其中，A 为吸光度；l 为吸收介质的厚度；T 为透射比，K 是投射光强度与入射光强度的比值；c 为吸光物质的浓度；b 为吸收层厚度。

2. 试验方法

(1) 取两种不同水体的相同植物叶片。

(2) 去除中脉剪碎。称取剪碎的新鲜样品 0.2 g，放入研钵中，加少量石英砂和碳酸钙粉及 3 mL 95%乙醇，研成匀浆，再加乙醇 10 mL，继续研磨至组织变白。静置 3～5 min。

(3) 取滤纸 1 张置于漏斗中，用乙醇湿润，沿玻棒把提取液倒入漏斗，滤液流至 25 mL 棕色容量瓶中；用少量乙醇冲洗研钵、研棒及残渣数次，最后连同残渣一起倒入漏斗中。

(4) 用滴管吸取乙醇，将滤纸上的叶绿体色素全部洗入容量瓶中，直至滤纸和残渣中无绿色为止。最后用乙醇定容至 100 mL，摇匀。

(5) 取叶绿体色素提取液在波长 665 nm、645 nm 下测定吸光度，以 95%乙醇为空白对照。

(6) 按照实验原理中提供的经验公式，分别计算植物材料中叶绿素 a、b 和总叶绿素的含量。计算方法：

$$\text{叶绿色 A}(C_a)=13.95\times A_{665}-6.88\times A_{645}\ (\text{mg/mL})$$

$$\text{叶绿色 B}(C_b)=24.96\times A_{645}-7.32\times A_{665}\ (\text{mg/mL})$$

其中：叶绿素含量＝(色素的浓度×提取液体积×稀释倍数)/样品鲜重或干重(mg/mL)

$$\text{色素浓度}=C_a+C_b$$

$$\text{提取液体积}=0.025\ \text{mL}$$

$$\text{稀释倍数}=1$$

$$\text{样品鲜重或干重}=0.2\ \text{g}$$

四、结果与讨论

(1) 计算结果。

(2) 分析两种植物叶绿素的含量与水质的关系。

(3) 水体的污染情况如何影响植物叶片中叶绿素含量？

(4) 通过对水体中植物叶片的叶绿素的测定，是否能够反映水体的受污染情况？

实验三　种群空间分布格局的调查(湿地调研)

一、实验目的和意义

通过本实验,使学生认识群落中不同种群个体在空间分布上表现出的不同类型,了解检验种群空间分布类型的方法,并掌握种群最小面积确定方法和利用计算机处理生态学数据的基本方法。通过本实验掌握群落数量特征的调查方法,通过这些基本数量特征掌握如何得出群落的其他特征。

二、实验器材

皮尺、铅笔、野外记录表格、计算器、计算机。

三、实验原理及方法

1. 实验原理

种群的数量特征是群落调查的重要内容,在植物生态学定量分析中尤为重要。在调查中取样非常重要,一般有两种取样方法:主观取样法和客观取样法。后者包括随机取样(较理想的方法)、规则取样(系统取样)和分层取样。

选定取样方法后,取样技术确定。常用的取样技术有样方法、样线法(植物组成分析及植被动态研究多用)、点样法(常用于草本群落的调查)及点四分法(森林和灌丛调查中多用)。本实验采用样方法。

样方即方形样地,是面积取样中最常用的形式,也是植被调查中使用最普遍的一种取样技术。

物种丰富度:群落所包含的物种数目。

多度:群落内各物种的个体数量。

密度(D):单位面积上特定种的株数。

相对密度(R_D)=100×某种植物的个体数目/全部植物的个体数目。

高度(H):植物体自然高度。

相对高度(R_H)=某个种的高度/所有种高度之和。

高度比(H_R)=某个种的高度/群落中高度最大的种之高度。

频度指某物种在样本总体中的出现率(F)=某物种出现的样本数/样本总数×100%。

盖度、相对盖度、盖度比、优势度、相对优势度、重量、相对重量、重量比、总优势比、相对频度、频度比。

2. 实验方法

(1) 准备工作:每两个学生一组选择所需研究的植物或动物种群,并确定合适的样地位置。调查前先画好野外记录表格,并带齐调查所需物品。

(2) 确定样地面积：应根据最小面积确定，草本 1 m×1 m，灌木 5 m×5 m，乔木可 20 m×20 m。

(3) 采用邻近格子法在所选出样地中划分小样方：草本 0.1 m×0.1 m 或 0.2 m×0.2 m，灌木 1 m×1 m，乔木可 4 m×4 m 或 5 m×5 m。至少测 8 个小样方。

(4) 计数：将每一小样方中待测植物的株数记录在野外记录表格中。

四、结果与讨论

(1) 画出所确定种-面积曲线图，其中最小面积为多大？

(2) 采用方差/平均数比例法得出所调查物种的空间分布格局，比值=0 时为均匀分布；比值=1 时为随机分布；比值大于 1 时为成群分布。

(3) 列出原始数据表格，并打印出植物丰富度的柱形图及折线图数据处理。

实验四 植物群落中种的多样性测定

一、实验目的

(1) 通过对群落中种的多样性的测定,认识多样性指数的生态学意义;

(2) 掌握测定种的多样性的方法。

二、实验原理

物种的多样性是反映群落结构和功能特征的有效指标,是生态学稳定性的量度,因此研究群落中种的多样性对认识生态系统的结构、功能和稳定程度有着重要的意义。种的多样性反映了群落自身的结构和演替特征。群落的自身发展均趋于最大限度地利用环境资源,构成最复杂的结构特征,以适应当地环境空间的异质性。因此,要充分发挥生物种间的相互作用和调节能力,以维持生态系统的稳定和平衡。

多样性指数是以数学公式描述群落结构特征的一种方法,一般仅限于植物种类数量的考察。在调查了植物群落的种类及其数量之后,选定多样性公式,就可计算反映植物群落结构特征的多样性指数。

计算多样性的公式很多,形式各异,而其实质是差不多的。大部分多样性指数中,组成群落的生物种类越多,其多样性的数值越大。

种的多样性有以下几个方面的生态学意义:① 是刻划群落结构特征的一个指标;② 用来比较两个群落的复杂性,作为环境质量评价和比较资源丰富程度的指标;③ 对演替阶段的多样性比较,可作为演替方向、速度及稳定程度的指标。

本实验采用 Simpson 多样性指数:

$$D = 1 - \sum_{i=1}^{S}\left(\frac{n_i}{N}\right)^2$$

式中,D 为多样性指数;N 为所有物种的个体总数;n_i 为第 i 个物种的个体数;S 为物种的数目(种数)。

Shannon-Wiener 多样性指数

$$H = -\sum p_i \ln(p_i)$$

$$p_i = n_i / N$$

式中,p_i 表明第 i 个种的相对多度;n_i 为第 i 个种的个体数目;N 为群落中所有种的个体总数。

三、实验器材

平方米方框、铅笔、野外调查记录表格、计算器(自备)。

四、实验步骤

(1) 每 4 个学生一组，在已知的群落类型里用 1 m^2 样方测定其种数、每个种的个体数及每个种的高度。重复取样 8 次，样方随机放置。

(2) 整理合并数据，并分别计算 Simpson 和 Shannon-Wiener 多样性指数。

(3) 比较不同群落类型的种多样性指数，并给以生态学意义上的解释。

五、实验结果

计算出群落的多样性指数。

六、思考题

(1) 阐述多样性指数在群落分析中的作用；

(2) 比较不同组之间的结果，分析相同或相异的原因。

实验五　水质净化过程中常见生物种类及其作用

一、实验目的

(1) 掌握活性污泥中微生物的培养、驯化和运行管理；

(2) 掌握活性污泥法运行维护的方法；

(3) 掌握活性污泥法微生物镜检的方法和基本流程，通过对活性污泥中微生物种数、数量、污泥结构、菌胶团等状况的显微镜观察，加深对废水处理微生物学原理的理解。

二、实验原理

活性污泥和生物膜是生物法处理废水的主体，微生物的生长繁殖代谢以及微生物之间的演替情况往往反映污水处理情况。因此可借助于显微镜的观察来判断废水处理的运行状况。

活性污泥中生物相比较复杂，以细菌、原生动物为主，还含有真菌、后生动物等。某些细菌能分泌胶黏物质形成菌胶团，进而组成污泥絮绒体(绒粒)。在正常的成熟污泥中，细菌大多聚集于菌胶团絮绒体中，游离细菌较少，此时，污泥絮绒体可具有一定形状、结构稠密、扩光 率强、沉降性能好。当运行条件和环境因素发生变化时，原生动物种类和形态随之发生变化，因此常用原生动物来指示活性污泥系统的运行状况和处理效果。

三、实验器材

接种活性污泥、充氧曝气机、烧杯、玻璃棒、载玻片、盖玻片、滴管、吸收纸、显微镜(光学)、相机。

四、实验步骤

(一) 微生物观察前对活性污泥进行培养

根据微生物生长特点和营养需要，在接种河底悬浮污泥的情况下，采用人工配制水体为营养液(主要成分为：葡萄糖、磷酸二氢钾、氯化钠和奶粉等)，COD 约为 400 mg/L。

按照分批微生物培养方式进行连续培养 30～40 d，每个批次为 24 h，其中曝气 22 h，沉淀 1.5 h，排水和进水为 0.5 h。用于微生物培养的烧杯容积为 1 L，每天更换水量为 800 mL。在此过程中，烧杯中的溶解氧保持在 3.5～4 mg/L，MLSS 为 2 000～3 000 mg/L。

(二) 成熟活性污泥的微生物观察(镜检)

污泥中微生物玻片的制备→观察前的准备→低倍镜观察→高倍镜观察→将显微镜各部分还原，放回箱中。具体步骤如下：

(1) 取活性污泥曝气池混合液一小滴，放在洁净的载玻片中央(如混合液中污泥较少可待其沉淀后，取沉淀的活性污泥一小滴加到载玻片上，如混合液中污泥较多，则应稀释后进行观察)。

(2) 盖上盖玻片，即制成活性污泥压片标本。在加盖玻片时，要先使盖玻片的一边接触水滴，然后轻轻加下，否则易形成气泡，影响观察。

(3) 在制作生物膜标本时，可用镊子从填料上刮取一小块生物膜，用蒸馏水稀释，制成菌液。

(4) 低倍镜观察。视野较大，容易发现目标和确定检查的位置。主要观察生物相的全貌，要注意污泥絮粒的大小，污泥结构的松紧程度，菌胶团和丝状菌的比例及其生长状况，并加以记录和作出必要的描述。观察微型动物的种类、活动状况，对主要种类进行计数。

(5) 高倍镜观察。用高倍镜观察，可进一步看清微型动物的结构特征。观察时注意微型动物的外形和内部结构，例如钟虫体内是否存在食物胞，纤毛环的摆动情况等。观察菌胶团时，应注意胶质的厚薄和色泽，新生菌胶团出现的比例。观察丝状菌时，注意菌体内是否有类脂物质和硫粒积累，以及丝状菌生长，丝体内细胞的排列、形态和运动特征，以便判断丝状菌的种类，并进行记录。

(6) 将显微镜各部分还原，放回箱中。

五、实验结果

微生物的种类(照片)。

六、思考题

(1) 活性污泥中微生物类群的组成特性是什么？

(2) 活性污泥中原生动物、微型后生动物、菌胶团和细菌四者之间的生态关系是什么？微生物通过观察原生动物、微型后生动物、菌胶团等特性即可掌握细菌哪些特性？

(3) 简述活性污泥法工艺中原生动物、微型后生动物、菌胶团等演变情况。并解释其原理。

参考文献

[1] 蔡晓明,尚玉昌.普通生态学(下册)[M].北京:北京大学出版社,1995.
[2] 蔡晓明.生态系统生态学[M].北京:科学出版社,2002.
[3] 曹凑贵.生态学概论[M].北京:高等教育出版社,2002.
[4] 常杰,葛滢.生态学[M].杭州:浙江大学出版社,2001.
[5] 陈灵芝,陈伟烈.中国退化生态系统研究[M].北京:中国科技出版社,1995.
[6] 程胜高,罗泽娇,曾克峰.环境生态学[M].北京:化学工业出版社,2003.
[7] 崔启武,刘家冈,等.生物种群增长的营养动力学[M].北京:科学出版社,1991.
[8] 丁岩钦.昆虫数学生态学[M].北京:科学出版社,1994.
[9] 韩凝玉等. 传播学视阈下城市景观设计的传播[M].南京:东南大学出版社 2015.
[10] 何兴元,等.应用生态学[M].北京:科学出版社,2004.
[11] 姜云,等.城市生态与城市环境[M].哈尔滨:东北林业大学出版社,2005.
[12] 鞠美庭.生态城市建设的理论与实践[M].北京:化学工业出版社, 2007.
[13] 沈清基,等. 城市生态与城市环境[M].上海:同济大学出版社,2000.
[14] 宋永昌,由文辉,王祥荣.城市生态学[M].上海:华东师范大学出版社,2000.
[15] 苏智先等.生态学概论[M].北京:高等教育出版社,1993.
[16] 孙儒泳,李庆芬,牛翠娟.基础生态学[M].北京:高等教育出版社,2002.
[17] 王焕校,吴玉树.污染生态学研究[M]. 北京:科学出版社, 2006.
[18] 温国胜.城市生态学[M].北京:中国林业出版社,2013.
[19] 杨荣金.生态城市建设与规划[M].北京:经济日报出版社, 2007.
[20] 杨士弘,等.城市生态环境学[M].第2版.北京:科学出版社,2003.
[21] 杨贤智,李景银,等.环境管理学[M].北京:教育出版社,1990.
[22] 杨小波,吴庆书,等.城市生态学[M].第2版.北京:科学出版社,2006.
[23] 郑卫民,等.城市生态规划导论[M].长沙:湖南科学技术出版社,2005.
[24] 周长发. 生态学精要[M]. 北京:高等教育出版社, 2010.
[25] 邹冬生,赵运林.城市生态学[M].北京:中国农业出版社,2008.